First published in English under the title
ASIC Design and Synthesis: RTL Design Using Verilog
by Vaibbhav Taraate

著者简介

瓦伊巴夫·塔拉特

“1 Rupee S T”的企业家和导师。1995年在Kolhapur的Shivaji大学获得电子学士学位。1999年毕业于印度理工学院孟买分校，主修航空航天控制与制导，获得理工硕士学位。在半定制ASIC和FPGA设计方面拥有超过18年的经验，主要使用的HDL语言有Verilog、SystemVerilog和VHDL。曾在几家跨国公司担任顾问、高级设计工程师和技术经理。专业领域包括使用VHDL、Verilog和SystemVerilog进行RTL设计、基于FPGA的复杂设计、低功耗设计、综合优化、静态时序分析、微处理器系统设计、高速VLSI设计以及复杂的SoC结构设计。

献给我的朋友——Ajit Shelat。Ajit Shelat 希望在超大规模集成电路设计领域有所作为，2010 年 9 月 1 日因车祸不幸去世，承其遗愿，我继续从事 ASIC 和超大规模集成电路的设计工作。

数字IC设计工程师丛书

ASIC设计与综合

使用Verilog进行RTL设计

〔印〕瓦伊巴夫·塔拉特　著

孙　健　魏　东　译

科　学　出　版　社

北　京

图字：01-2024-0478号

内 容 简 介

本书全面介绍使用Verilog进行RTL设计的ASIC设计流程和综合方法。

本书共20章，内容包括ASIC设计流程、时序设计、多时钟域设计、低功耗的设计考虑因素、架构和微架构设计、设计约束和SDC命令、综合和优化技巧、可测试性设计、时序分析、物理设计、典型案例等。本书提供了大量的练习题和案例分析，可以帮助读者更好地理解和掌握所学的知识。

本书适合数字IC设计工程师阅读，也可作为高等院校微电子、自动化、电子信息等相关专业师生的参考用书。

图书在版编目（CIP）数据

ASIC设计与综合 : 使用Verilog进行RTL设计 / (印) 瓦伊巴夫·塔拉特 (Vaibbhav Taraate) 著 ; 孙健, 魏东译. -- 北京 : 科学出版社, 2024. 6. -- (数字IC设计工程师丛书). -- ISBN 978-7-03-078828-3

Ⅰ. TN402

中国国家版本馆CIP数据核字第20247XN884号

责任编辑：杨　凯 / 责任制作：周　密　魏　谨
责任印制：肖　兴 / 封面设计：杨安安

科 学 出 版 社 出版
北京东黄城根北街16号
邮政编码：100717
http：//www.sciencep.com
河北鑫玉鸿程印刷有限公司印刷
科学出版社发行　各地新华书店经销

*

2024年6月第　一　版　　开本：787×1092　1/16
2024年6月第一次印刷　　印张：18
字数：360 000

定价：78.00元
（如有印装质量问题，我社负责调换）

前　言

在过去的十年中，ASIC 设计的复杂性呈指数级增长，同时，我们正在体验基于 AI/ML 的设计和基于 AI 的处理器核带给设计性能的提升。

本书是我思考过程的总结，我试图通过本书展示一些设计的概念以及实际遇到的一些问题，同时针对这些问题给出对应的解决方案。

本书主要介绍 ASIC 设计概念、半定制 ASIC 设计流程和案例研究，这些对于研究生和专业人士会有所帮助。本书使用 Synopsys 公司 DC 和 PT 的命令，同时，给出了它们在综合和时序收敛过程中的应用。

为了便于读者更好地了解整个 ASIC 研制流程，本书涵盖了物理设计流程的基本步骤。

本书共分 20 章，涵盖 ASIC 设计的基础，以及从 RTL 设计到 GDSII 过程中的所有相关概念。

第 1 章介绍全定制和半定制 ASIC 的设计流程，让读者对 ASIC 有一个基本的了解，同时介绍设计团队应该关注什么内容。

第 2 章通过一些示例，讨论 ASIC 的设计流程，有助于读者理解逻辑设计（前端设计）流程、物理设计（后端设计）流程。

第 3 章讨论设计过程中使用的一些元件及其在设计中的应用，以及在 ASIC 设计中改进电路面积的技术。

第 4 章讨论设计阶段使用的同步时序电路和异步时序电路。为了更好地理解，本章讨论了时序元件及其在设计中的应用。

第 5 章介绍时序参数、时钟偏差、时钟延迟和其他设计注意事项（如并行性和并发性）的基础知识。

第 6 章主要讨论 ASIC 架构和微架构设计中比较有用的技术。

第 7 章讨论架构和微架构设计中多时钟域的设计和策略方法。

第 8 章介绍 ASIC 设计过程中低功耗设计技术和重要策略方法。

第 9 章讨论 ASIC 设计阶段架构和微架构的设计概念及策略。

第 10 章讨论设计约束和重要的 SDC 命令。SDC 是 Synopsys 公司提出的一种设计约束格式，用于指定设计意图，其中包括设计的时序、功率和面积约束等。

第 11 章讨论 ASIC 和 FPGA 的综合，以及设计优化和 RTL 设计阶段的重要概念。

第 12 章介绍逻辑综合过程中使用的不同优化技术，以及在优化设计时 Synopsys DC 命令的使用。

第 13 章结合实际设计场景讨论速度和面积的优化。

第 14 章讨论 DFT 和用于 ASIC 设计的可测试性基础。

第 15 章讨论 STA 和性能改进技术。

第 16 章讨论物理设计流程、物理设计过程中遇到的一些重要问题以及如何解决这些问题。

第 17 章讨论中等复杂处理器从 RTL 到 GDSII 期间的设计策略，以及使用和不使用流水线时，设计性能改进和处理器架构策略。

第 18 章讨论 FPGA 及其在原型设计中的作用，有助于理解 FPGA 流程和 FPGA 综合。

第 19 章讨论原型设计和方法，以及多 FPGA 架构的使用、原型设计过程中多 FPGA 的使用及原型设计流程。

第 20 章讨论 IP 的开发和方法，以及 H.264 的架构设计和实现方法。

本书有助于理解 ASIC 设计流程，以及一些芯片从架构设计到布局布线过程中各阶段相关的设计概念。

瓦伊巴夫・塔拉特

致　谢

本书源于我从 2000 年开始在 FPGA 和 ASIC 设计方面的工作，开发算法和架构的工作在未来还将持续，希望对其他专业人士和工程师有所帮助。

本书的出版得到了许多人的帮助，感谢我在一些跨国公司教授 FPGA 和 ASIC 设计、综合和时序收敛时所有参与人员，还要感谢在过去 20 年里一起工作过的企业家、设计验证工程师及管理人员。

感谢我最亲爱的朋友和祝福我的人，感谢他们一直以来的支持。特别感谢我的团队和家人的支持与帮助！感谢 Niraj 和 Deepesh 在稿件完成阶段的支持与帮助！

最后，感谢 Springer Nature 的工作人员，尤其是 Swati Meherishi、Rini Christy、Jayanthi、Ashok Kumar 和 Jayarani，对我的信任、支持与帮助。

特别感谢所有购买、阅读和喜欢本书的读者！

目　录

第1章　概　述

电子设备的小型化源于1947年威廉·肖克利、巴丁和布拉顿在贝尔实验室（现在的AT&T）发明的第一个双极结型晶体管，他们因此于1956年共同获得了诺贝尔物理学奖。而第一块集成电路是德州仪器公司（TI）26岁的工程师杰克·基尔比发明的。

1963年，由于低功耗、高封装集成度和高速要求，CMOS器件的普及程度快速提高。

1965～1975年，戈登·摩尔提出了摩尔定律，即“集成电路上可容纳的晶体管数量每18～24个月翻一番”。戈登·摩尔发现的这一规律直到2015年还是有效的。但是对于10nm以下工艺节点来说，这个规律可能需要修改一下。根据我的观察，在未来几十年，晶体管数量翻倍可能需要将近36个月。

本章将介绍ASIC的设计和流程，展示ASIC的类型、不同的抽象层次，以及一些有助于理解ASIC设计方法的示例。

1.1 ASIC设计

从1960年到2020年，我们见证了许多发展和设计变化。我们需要理解的是，ASIC设计到底是什么？可以想象一个几微米或几纳米的小正方形“空盒子”，设计团队需要将实现特定功能的电路集成在这个“空盒子”中，而实现这项工作的就是前端逻辑设计团队。

后端或物理设计团队则在特定工艺节点的芯片级进行版图规划和物理验证工作。

制造单位，即代工厂，批量生产和封装芯片，最初的几个样品将由设计公司测试，以获得预期的设计结果。

那么以上这些是如何实现的呢？所有与设计相关的工作都是由芯片设计人员在芯片设计的各个阶段利用电子设计与自动化（EDA）工具来完成的。各种流行的EDA工具主要来自Synopsys和Cadence，这些EDA工具广泛用于芯片设计中，可以提升预期的设计性能。

伴随着芯片功能的不断发展，需要理解诸如面积、速度和功耗等约束条件，而逻辑设计团队和物理设计团队的主要目标就是要理解模块级和顶层的约束，并尽可能采取更好的方法实现芯片期望的性能。

为了能够有一个大致的了解，这里我们假设有一个流水线处理器，可以实现诸如加、减、乘、除、异或、或、与和非等算术和逻辑操作。我们需要在更高的层次上去设想功能模块设计的复杂性，要对面积进行粗略的估计，我们需要考虑应该采用哪些约束，以及我们将能够实现什么。在设计刚开始的时候，我们只有模块的基本概念，但是随着对设计的进一步理解，我们将逐步深入到芯片架构阶段。

对于上述芯片的架构思想，其基本布局如图 1.1 所示，在随后的章节中，我们将进一步讨论设计流程、芯片架构及微架构等。

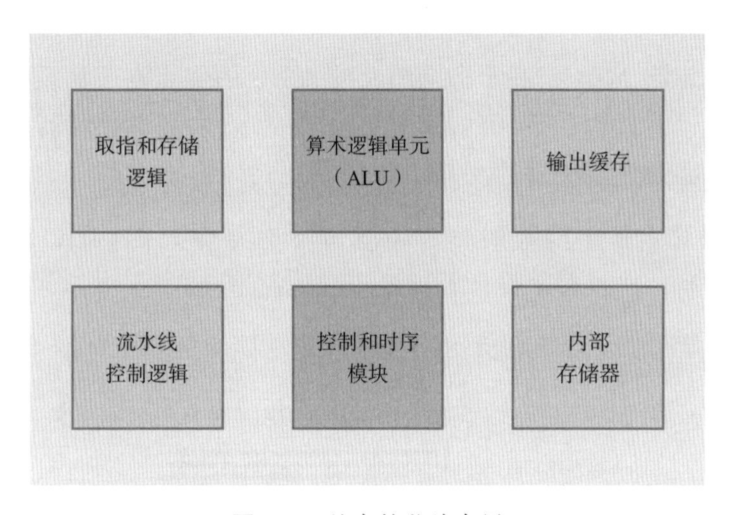

图 1.1 基本的芯片布局

1.2 ASIC的类型

ASIC（application specific integrated circuit，专用集成电路）可以实现特定的应用功能，例如用于处理特定信息的处理器或者控制器。ASIC 分为全定制 ASIC 和半定制 ASIC，半定制 ASIC 又可分为基于标准单元的 ASIC 和基于门阵列的 ASIC。

1. 全定制 ASIC

全定制 ASIC 基于特定的工艺节点，从头开始进行设计，每一个单元都是按照工艺节点的需要进行设计的。这种设计方法对于大批量生产非常有用，例如设计微处理器和浮点处理器等，就可以使用全定制的设计流程进行设计。

全定制 ASIC 的优点主要体现在大批量生产上，可以提供更低的功耗、更高的速度和最少的逻辑门数。因为所有的单元都是基于期望的工艺节点进行设计，所以对于速度、面积和功耗的约束实际上是可以满足的。

全定制 ASIC 的缺点是设计周期较长，而且具有较高的一次性工程费用。

2. 基于标准单元的 ASIC

在基于标准单元的 ASIC 的设计流程中，像与非门、异或门、或非门和触发器这些标准单元库中的单元在设计中会被经常使用。这种流程的好处在于它使用了预先定义和预先制造好的单元，例如 RAM 硬宏等，其中的晶体管和互连线都是定制的，也就是说所有的掩模层都是定制的。

相对于全定制 ASIC，基于标准单元的 ASIC 的优点在于其设计周期更短，这主要是因为设计过程中使用的基于特定工艺节点的像微处理器和宏这样的标准单元都是已经预先验证过的。

但是，相对于基于门阵列的 ASIC，基于标准单元的 ASIC 的缺点是一次性工程费用较高，并且每个设计都需要单独地制造掩模版。

图 1.2 是具有 1 个标准单元区与 4 个固定功能块的基于标准单元的 ASIC。

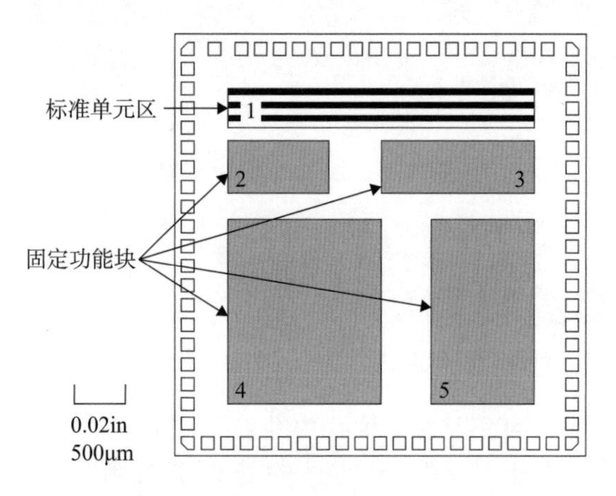

图 1.2 基于标准单元的 ASIC

3. 基于门阵列的 ASIC

在基于门阵列的 ASIC 中，预制的晶圆都是未连接的门阵列，也就是说，这样的晶圆对于所有的设计都是通用的。这种基于门阵列的 ASIC 又分为通道门阵列、无通道门阵列和结构化门阵列三种。

（1）通道门阵列：在这种 ASIC 中，互连使用的是基本单元行之间预定义的空隙，如图 1.3 所示。

（2）无通道门阵列：在这种 ASIC 中，一些顶层掩模层是定制的，如图 1.4 所示。因为同一块晶圆可以被多个设计使用，所以这种 ASIC 最大的优点就在于其更低的一次性工程费用，另一个主要优势就是周转周期短。无通道门阵列最大的缺点是集成度较低、容量较小、设计的优化程度较低。

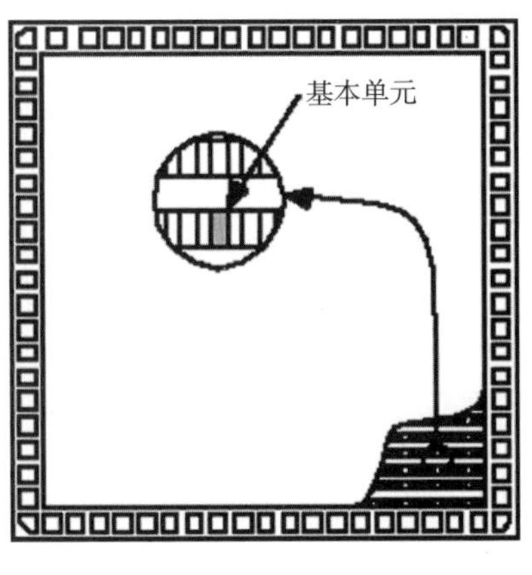

图 1.3 通道门阵列

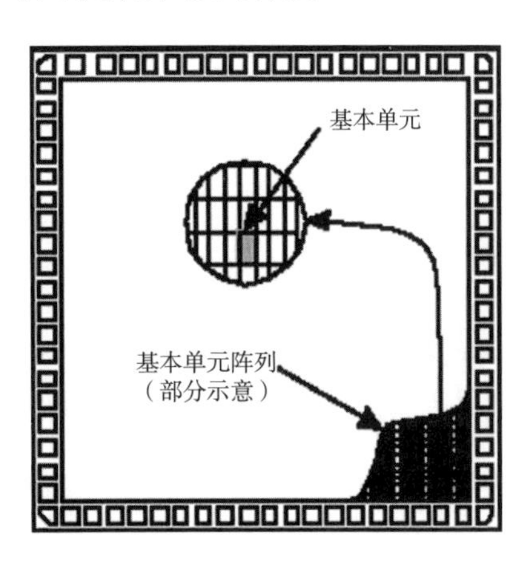

图 1.4 无通道门阵列

（3）结构化门阵列：这种 ASIC 的任务就是将设计映射到构建块的单元库中，并且将它们按照需要连接起来。结构化门阵列的主要特点是组件“几乎”通过各种预先定义的配置连接在一起，这样做的好处是大大缩短了周转时间。结构化门阵列的优点在于其较低的一次性工程费用、较低的复杂度、较低的功耗、不错的性能和更短的上市时间。结构化门阵列的缺点是，由于使用预制的设计单元，所以团队需要对设计约束有更深入的理解。

1.3 抽象层次

设计按照不同的抽象层次可以分为功能设计、逻辑设计、门级设计和开关级设计。本节详细讨论设计中的这些抽象层次。

1. 功能设计

假设我们要设计一个芯片，那么第一个想法就是从产品的构思中提取芯片的功能。功能设计基本上来自于功能规格说明，团队成员可以创建对应的高级和低级文档，并且采用 C 或者 C++ 等高级语言描述功能。例如 H.264 编码器的设计，功能设计团队可以参考如下描述，使用高级语言的方式创建对应的黄金参考模型：

（1）需要处理的帧类型。

（2）支持的框架结构。

（3）预计涉及的块和功能。

（4）需要使用的量化和转换算法。

（5）熵编码方法。

如果期望的功能已经被验证，那么该设计可以作为黄金参考模型在整个设计中使用。

2. 逻辑设计

逻辑设计团队只有了解了芯片的架构和划分机制之后，才能完成RTL（register-transfer level，寄存器传输级）设计。专业团队使用VHDL、Verilog和SystemVerilog等HDL（hardware description language，硬件描述语言）进行模块和顶层的RTL设计和验证。下面是使用HDL进行RTL设计的优势：

（1）HDL支持并行和顺序结构。

（2）HDL支持时间的概念。

（3）HDL支持使用input、output和inout描述接口和端口。

（4）HDL支持边沿和电平敏感的设计结构。

关于RTL设计和验证更详细的内容可以参考本书第3章和第4章，关于逻辑设计流程的内容将在第2章讨论。

下面的示例是使用Verilog中的非阻塞赋值语句描述的一个两位移位寄存器的RTL设计。

示例1.1 使用Verilog描述的RTL设计

```
module non_blocking_assignments (
    input data_in,clk,reset_n,
    output reg data_out
);
  reg tmp;
  always @(posedge clk or negedge reset_n) begin
    if (~reset_n) begin
      {data_out, tmp} <= 2'b00;
```

```
    end else begin
      data_out <= tmp;
      tmp <= data_in;
    end
  end
endmodule
```

3. 门级设计

RTL 代码作为综合工具的输入，会被综合为门级网表，综合是从一个高级设计中获得低级抽象设计的过程，图 1.5 是示例 1.1 对应的 RTL 电路原理图。

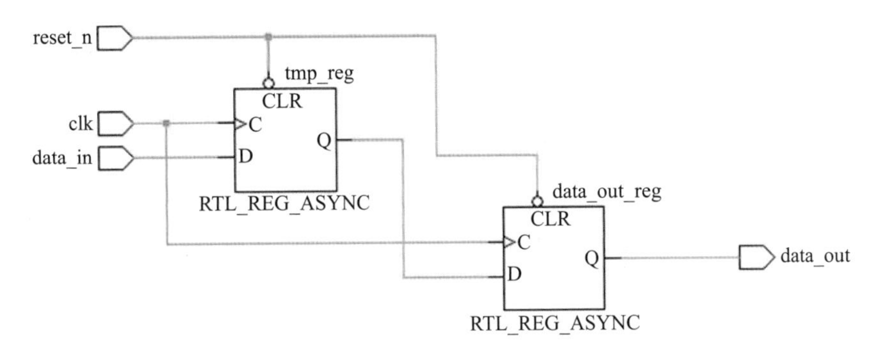

图 1.5 示例 1.1 对应的 RTL 电路原理图

4. 开关级设计

开关级设计主要采用 CMOS 标准单元和开关实现设计。简单地说，物理设计或者后端设计就是与特定工艺节点的开关和标准单元、宏打交道，关于后端或者物理设计的流程将在第 2 章讨论，图 1.6 是由 CMOS 标准单元和开关实现的逻辑门。

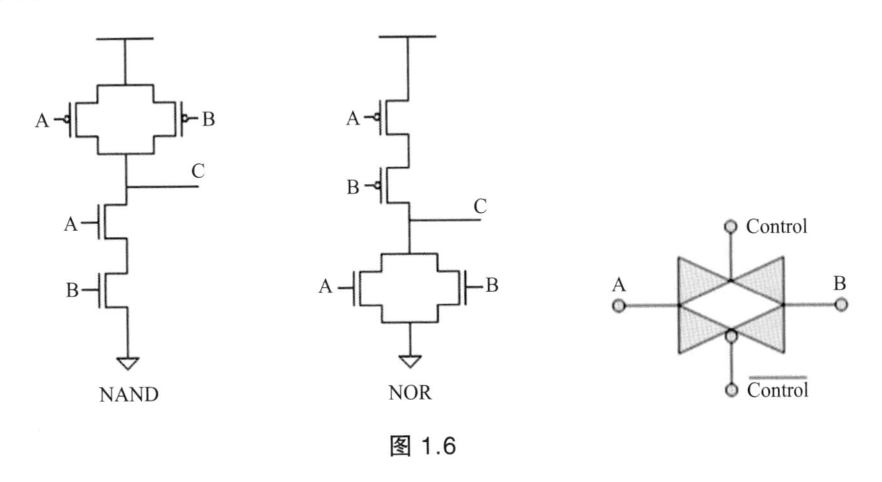

图 1.6

1.4 设计实例

面对 H.264 编码器和译码器的 ASIC 设计，我们应该做些什么工作呢？可以参考如下：

（1）市场调查，了解市场上各种产品的供应情况。

（2）准备 H.264 编解码器的功能规范。

（3）完成功能设计文档，例如高层次设计（HLD）的描述、低层次设计（LLD）的描述和设计的规划。

（4）逻辑设计：规划设计。

① 理解设计规格说明和架构设计。

② RTL 设计和验证。

③ 综合、DFT（可测试性设计）和时序验证。

（5）物理设计：从版图规划到物理验证的设计。

① 设计规划（版图规划和电源规划）。

② CTS（clock tree synthesis，时钟树综合）。

③ 布局布线。

④ 物理验证和时序验证。

⑤ GDSII（数据库文件格式）。

（6）制造和测试：设计的制造和测试环节。

① 制造。

② 封装。

③ 测试。

H.264 编码器的初始布局可参考图 1.7。

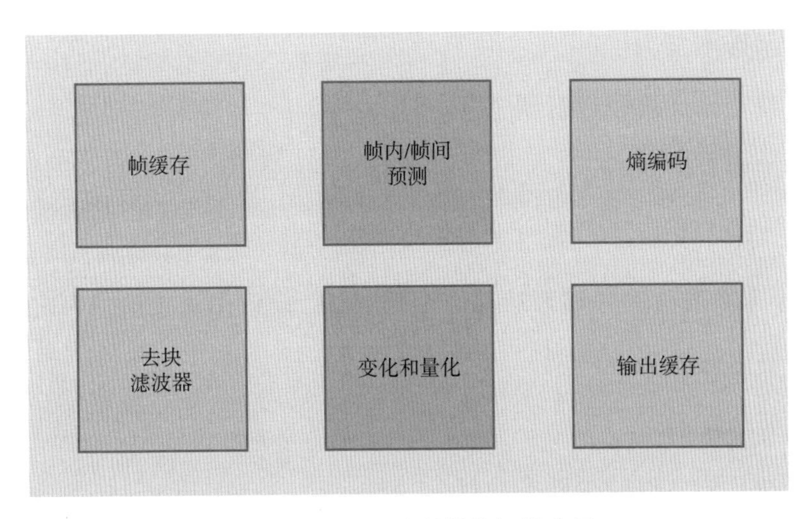

图 1.7 H.264 编码器的初始布局

1.5 应该知道的内容

在 ASIC 研制周期中进行功能设计和验证的时候，需要关注面积、速度和功耗等方面的要求。

1. 面 积

在几平方微米的空间中，芯片的面积和逻辑的面积决定了设计的密度，因此，在逻辑和物理综合阶段最重要的工作之一就是满足电路面积的要求，面积优化可以从以下几个方面实现：

（1）架构调整。

（2）RTL 调整。

（3）使用综合命令。

（4）物理设计时使用专用单元。

2. 速 度

速度是另外一个重要的约束，可以通过以下几种方式来满足速度约束的要求：

（1）Synopsys PT 命令。

（2）RTL 调整。

（3）架构调整。

（4）物理设计阶段进行调整。

（5）使用专用的 IP。

3. 功 耗

功耗分为静态功耗和动态功耗，也是 ASIC 设计中重要的约束之一。

（1）使用低功耗架构。

（2）低功耗单元。

（3）RTL 调整以减少动态功耗。

（4）使用低功耗格式文件。

4. 时钟偏差

时钟偏差是指到达不同时钟树终点的时间差。

（1）正时钟偏差：发送触发器的时钟先于接收触发器的时钟产生的偏差。

（2）负时钟偏差：接收触发器的时钟先于发送触发器的时钟产生的偏差。

5. 裕 量

裕量指要求时间和到达时间之间的差异。

（1）建立时间裕量：数据要求时间和数据到达时间之间的差。

（2）保持时间裕量：数据到达时间和数据要求时间之间的差。

6. 门控时钟

使用门控单元减小设计中的动态功耗。

7. 同步设计

设计中的所有触发器由同一时钟源触发。

8. 异步设计

设计中的所有触发器由不同时钟源触发。

1.6 研制过程中的一些重要术语

下面是 ASIC 研制过程中必须要知道的术语：

（1）architecture：设计的模块级表示。

（2）micro-architecture：设计的子模块级表示。

（3）RTL：寄存器传输级。

（4）RTL 设计：使用 HDL 可综合结构描述的设计。

（5）RTL 验证：使用不可综合结构实现的自动化测试平台。

（6）综合：从 RTL 获得门级网表的过程，也是一个从高抽象层次设计转换成低抽象层次设计的过程。

（7）DFT：用于发现制造缺陷的可测试性设计。

（8）STA：布局布线前和布局布线后的静态时序分析。

（9）floor planning：布局规划。

（10）power planning：电源规划。

（11）CTS：时钟树综合，时钟树主要用于时钟偏斜均匀分布的方法。

（12）P and R：布局布线，对标准单元、宏和 IP 进行放置，并对其进行布线连通。

（13）物理验证：即 LVS 和 DRC 验证。

（14）LVS：版图与原理图一致性检查。

（15）DRC：设计规则检查。

（16）反标：RC 参数提取。

（17）GDSII：一种数据库文件格式，实际上是集成电路或 IC 版图数据交付的行业标准。

1.7 总 结

下面是对本章重要知识点的汇总：

（1）摩尔定律指出，集成电路上可容纳的晶体管数量每 18 ~ 24 个月翻一番。

（2）ASIC 是专用集成电路的缩写。

（3）FPGA 是可编程门阵列的缩写。

（4）全定制设计的优点主要体现在大批量生产上，可以提供更低的功耗、更快的速度和最少的逻辑门数。

（5）半定制 ASIC 相对于全定制 ASIC 的优点在于其设计周期更短，这主要是因为设计过程中使用的基于特定工艺节点的像微处理器和宏这样的标准单元都是已经预先验证过的。

（6）基于门阵列的 ASIC 可以使不同的设计使用相同的晶圆，所以其优势是具有更低的一次性工程费用。

（7）设计的主要约束有面积、速度和功耗。

第 2 章　ASIC设计流程

本章我们将详细讨论半定制 ASIC 设计流程和可编程 ASIC 设计流程。在接下来的几节中还将讨论一些重要的设计示例，这些示例在 ASIC 和 FPGA 设计过程中也非常有用。

2.1 ASIC设计流程

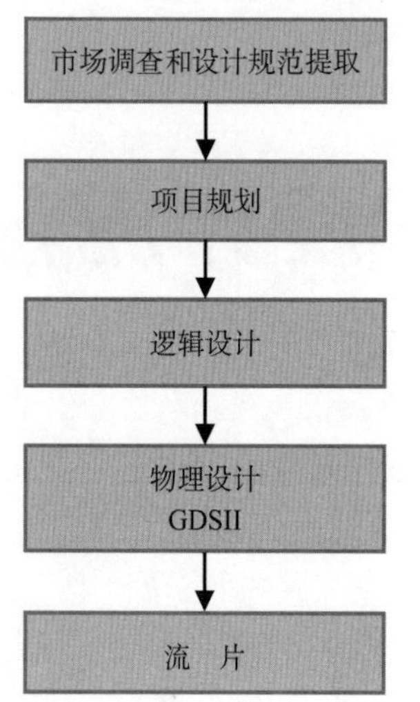

图 2.1 半定制 ASIC 设计流程

半定制 ASIC 设计中包含了标准单元和预先定义的宏。正如第 1 章讨论的，ASIC 可以分为不同的类型，例如全定制、半定制，具体选择哪一种流程取决于我们设计的需求。图 2.1 描述了半定制 ASIC 设计流程的主要设计阶段。

1. 市场调查和设计规范提取

这一阶段是设计周期的重要阶段之一。在逻辑设计之前，团队需要进行市场调研，了解市场上有哪些同类的不同产品。任何设计想法或者产品都需要在短时间内快速实现，并且产品要在各个方面都很出众，这也是任何组织机构的主要目标。卓越的设计和产品创新是许多研发组织的目标。例如，英特尔作为处理器设计企业，主要研究的是其芯片产品的处理能力、低功耗架构设计、高速设计、信号完整性，以及高可靠性。

关于新想法的实施，确定芯片的规格说明和架构是首要任务，市场调查在其中扮演着重要的角色，因此，团队在市场调查时可以从以下几方面着手：

（1）对产品进行详细了解，包括产品的功能、速度、功耗和面积、电气特性、组装和封装，以及用户接口。

（2）产品的数量和成本。

（3）终端客户群。

（4）相较已经存在的产品，新产品有何优势。

以上提到的这些可以从不同方面提供产品或者芯片在各个层次上所需要的规格说明，因为我们的目标是致力于芯片的功能设计，所以，我们需要认真考虑芯片的功能规格说明。

为此，我们以 32 位处理器为例，来了解下需要考虑哪些内容：

（1）处理器执行的操作，例如算术运算、逻辑运算、数据传递，以及分支和浮点数相关内容等。

（2）总线接口的组成，例如地址总线和数据总线。

（3）性能提升的机制，例如流水线和支持配置。

（4）接口的电气参数，例如转换速率、电压和功耗。

（5）外部接口信息和兼容性。

（6）内部存储信息和数据处理方法。

（7）可用 IP 及其规格说明。

（8）ASIC 工艺节点及性能。

（9）在面积、速度和功率等方面有什么限制？

通过上述内容的考虑准备，产品的规格说明就已基本形成，并且团队可以更好更准确地理解产品的可行性和相关的参数。例如对于速度这个参数，现存的芯片组的工作频率是 400MHz，采用的工艺是 10nm，那么理想的产品是否可以运行在 450MHz？因为工艺库单元特性的限制，答案是否定的，所以只能选择在 400MHz 工作。但是如果我们有更多的并行计算单元或者可以使用更低的工艺，例如 7nm，那么我们就可以实现 450MHz 的工作频率。

2. 项目规划

项目规划在技术术语中指的是架构和微架构的设计规划，但实际上我们在项目规划和芯片投放市场的过程中都需要进行规划方面的工作。因此，技术团队、人力管理团队和交付团队需要共同努力完成设计任务。在本书的讨论中，不涉及项目规划，因为我们的主要目标是理解设计规范，确定设计的顶层架构，从而规划逻辑设计、物理设计、芯片制造和测试等各方面的工作。

在这个阶段，规范文档可以为我们提供以下信息：

（1）设计的架构和微架构。

（2）架构调整以粗略评估面积和可能遇到的限制。

（3）提供顶层接口的相关信息和时序。

（4）了解存储结构和需求。

（5）有助于项目规划和交付里程碑规划。

为得到具有更好架构的设计，我们还将不断考虑项目规划的结果，因为设计架构和微架构都在不断地发展。

3. 逻辑设计

逻辑设计阶段是 ASIC 非常重要的阶段，这是因为 RTL 设计和验证的质量直接决定了芯片的质量。在逻辑设计阶段，我们需要完成以下几方面的内容：

（1）RTL 设计。

（2）RTL 验证。

（3）逻辑综合。

（4）DFT 和扫描链插入。

（5）等价性检查。

（6）布局布线前 STA（static timing analysis，静态时序分析）。

4. 物理设计和 GDSII

（1）布局规划。

（2）电源规划。

（3）CTS。

（4）布局布线。

（5）LVS（layout versus schematics，布局与原理图一致性检查）。

（6）DRC（design rules checking，设计规则检查）。

（7）签核阶段 STA。

（8）GDSII。

5. 流　片

要从代工厂获得芯片，还需要经过多道制造和封装工序，以及测试机构对样品芯片的测试。

2.1.1 逻辑设计

逻辑设计过程中需要用到功能设计规范和 ASIC 使用的工艺库对应的门级

网表。逻辑设计的流程如图 2.2 所示，下面我们针对这些重要步骤进行讨论。

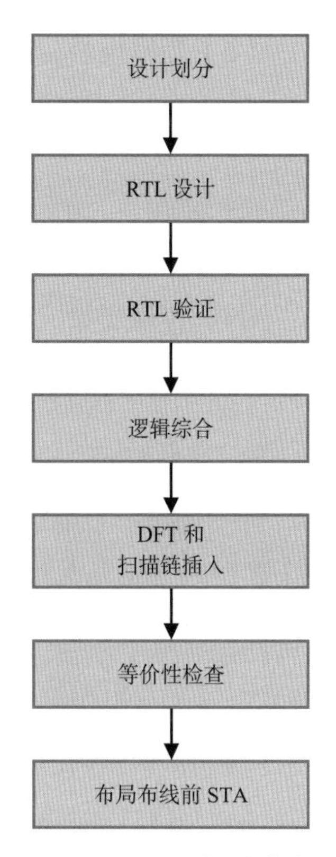

图 2.2 ASIC 逻辑设计流程

1. 设计划分

ASIC 设计体系结构十分复杂，由数百万或数十亿个门组成，因此设计的划分最好是在架构级别进行。架构和微架构文档是从设计规范提取出来的，是设计的参考。

设计划分的目标是将设计模块化，从而实现高质量的 RTL 代码。在进行设计划分时，设计划分团队需要考虑以下几方面内容：

（1）模块的复杂度。

（2）使用的 IP。

（3）单时钟和多时钟。

（4）使用的低功耗设计方法。

（5）软硬件划分。

（6）功能模块约束。

综上所述，将设计划分成多个块，是进行 RTL 设计和验证的基础。更优的设计划分有利于设计高效的 RTL 代码，从而促进芯片的开发。设计的划分可以在不同的级别上实现，例如架构、RTL 和网表级等。

2. RTL 设计

正如第 1 章讨论的，RTL 是一种使用硬件描述语言实现设计功能的表示方式。本书我们主要讨论使用 Verilog 作为硬件描述语言实现 ASIC。在 RTL 设计阶段，设计团队需要完成以下几方面内容：

（1）理解设计的功能和设计的划分。

（2）模块级 RTL 设计。如果模块的功能比较复杂，则可以考虑通过子模块的 RTL 实现微架构。

（3）为了获得较好的时序，可以对输入和输出进行寄存。

（4）在 RTL 级可以通过资源共享和流水线等方法改进面积和速度。

（5）使用模块化方法实现 RTL 设计。

（6）不同时钟域之间传递数据需要使用同步器。

（7）使用低功耗单元和低功耗方法进行 RTL 设计。

（8）理解所需 IP 的用法和集成，从而获得所需的功能。

（9）在顶层集成各功能模块，从而获得期望的功能和时序。

（10）进行全面的验证，以确认设计功能的正确性。

3. RTL 验证

对于任何类型的芯片，验证团队都需要在模块级、顶层和芯片级验证功能的正确性，这也是验证团队的最主要目标。以下是验证团队在验证周期中应该完成的一些重要任务：

（1）芯片的验证计划。

（2）验证架构。

（3）编写用于模块级和顶层功能验证的测试用例和测试向量。

（4）为了实现期望的覆盖率目标，在测试平台中采用基于断言的验证方法和自动化方法。

（5）与设计团队之间保持有效的报告和沟通机制。

因此，验证团队所做的最简单的事情就是制定更好的验证计划和采用对应的验证策略,使用健壮的自动化测试平台来检查模块级和顶层设计功能的正确性。

4. 逻辑综合

综合是一个从高级抽象转换到低级抽象的过程。在逻辑设计过程中，设计的目标是将 Verilog 描述的 RTL 代码转换成门级网表。在本书中，我们在进行 FPGA 综合时使用的是 Xilinx 公司的 EDA 工具 Vivado，进行 ASIC 综合时使用的工具是 Synopsys 公司的 Design Compiler，这是一款使用广泛的 EDA 工具，常被称为 Synopsys DC。

在进行 ASIC 综合时，使用以下输入来获得门级网表：

（1）RTL 设计源代码（.v 文件）。

（2）优化的（对于面积、速度和功耗等）约束。

（3）工艺库。

综合工具应该可以高效达到特定的面积、速度和功耗的约束要求。如果约束条件没有达到，那么建议进行架构调整和 RTL 调整。

下面是一些关于架构的调整：

（1）改进设计划分方法。

（2）采用流水线设计。

（3）在时序边界进行设计划分。

（4）将设计划分到多个块中提高并行性。

下面是一些关于 RTL 设计的调整：

（1）采用资源共享的方法。

（2）使用死区消除和常量折叠技术。

（3）为了获得满足要求的时序采用流水线技术。

（4）在模块级设计阶段采用时序边界和模块化设计方法。

最终生成的网表可以以 .v 的形式或者 Synopsys 数据库的格式保存。

5. DFT 和扫描链插入

DFT 主要从设计中找出单点固定型故障、双点固定型故障和三点固定型故障。DFT 主要检查设计中不同节点的可控性和可观测性，因此，DFT 是找出设计缺陷信息的一个重要里程碑。DFT 有多种类型：

（1）特定目标可测试性设计。

（2）结构化可测试性设计：

① 基于扫描链的可测试性设计：包括部分扫描和全扫描。

② 内建自测试：包括 LBIST（逻辑自检）和 MBIST（内存自检）。

（3）JTAG（joint test action group，联合测试工作组）。

在接下来的章节中将会讨论 DFT 方法和一些实例，主要目的是理解 DFT 方法和相关 EDA 工具的使用和作用。

6. 等价性检查

等价性检查主要用于检查逻辑的等价性，是一种形式化验证技术，其目的是检查和验证 RTL 设计功能的一致性。

7. 布局布线前 STA

STA 是逻辑设计过程中重要的里程碑之一，其主要目的是从设计中找出时序违例，比较常见的时序违例有建立时间违例和保持时间违例。在布局布线前进行的 STA，因为没有相关的布线信息，所以此时的建立时间违例被排除掉。常用的 STA EDA 工具有 Synopsys 公司的 PT（PT shell），通过分析来自设计的所有时序路径来报告对应的时序信息。STA 工具通过其使用的输入文件进行时序分析，对应的输入文件主要有门级网表、时序库和带有时序约束的工艺库。

更多关于时序方面的内容，将在后续章节进行讨论。

2.1.2 物理设计

使用 Synopsys 公司的 IC Compiler 进行物理设计的流程将在第 16 章进行讨论，本节主要讨论设计团队在物理设计阶段主要进行的工作。

门级网表可以从逻辑设计流程中得到，在物理设计中需要使用带有约束的网表和对应的库文件。

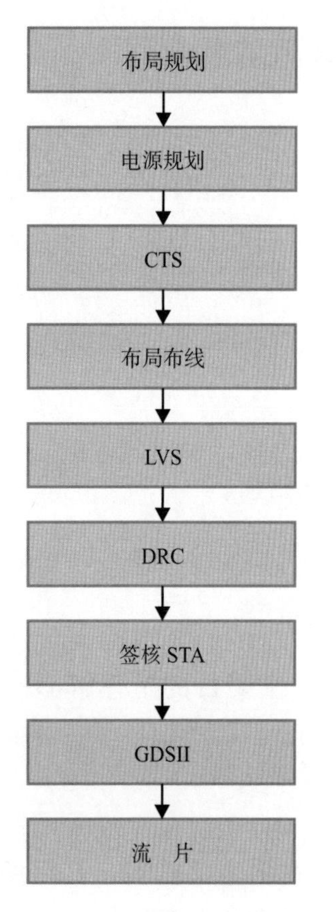

图 2.3 ASIC 物理设计流程

物理设计流程如图 2.3 所示。

布局规划实际上就是对设计映射的规划，目的是确保设计在布线时不会拥塞，并且逻辑块或者功能块都能够满足纵横比的要求。好的布局规划需要在面积、速度和功耗方面都要有更好的考虑，从而有效避免布线拥塞情况的出现。

电源规划阶段主要根据电源要求，对电源环（VDD 和 VSS）及电源带进行规划。

电源规划完成之后，就需要进行 CTS（时钟树综合），平衡时钟偏差，将时钟分配到设计中不同的功能模块中。时钟树一般有 H 型、X 型和平衡型，关于这部分内容我们将在第 16 章详细讨论。

布局布线是把 RTL 综合和插入可测试性设计后的网表文件转换为可生产的版图的过程。布局布线之后就完成了芯片的布局，因为布局布线后存在线延迟，所以需要进行多次的 STA，发现并解决设计中的时序违例。

布局布线完成后还要进行 LVS 和 DRC。

如果所有的设计规则都满足要求，并且 LVS 也通过了，那么团队就可以进行签核 STA。之所以还要进行 STA，是因为布局布线之后，设计的时序和频率不满足要求，这时流程中的各阶段都要进行相应的修改或者调整。这个过程是迭代的，直到满足芯片级的约束条件。

在签核 STA 完成之后，就会生成对应的 GDSII。GDSII 是一个二进制文件，其中含有版图的平面几何形状、文本或标签，以及其他有关信息，描述了布局布线后的连接关系。

代工厂收到 GDSII 之后，就可以制作芯片，即数据下线交付给代工厂。

2.2 FPGA设计流程

FPGA 的设计流程如图 2.4 所示，其流程可以被认为是一种可编程的 ASIC 流程。

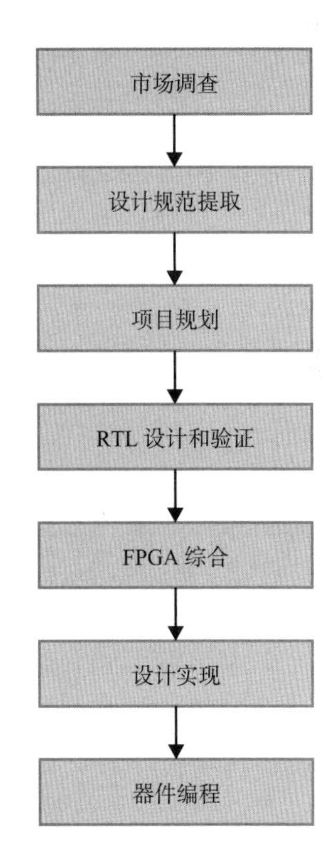

图 2.4 FPGA 设计流程

FPGA 设计的重要步骤如下：

（1）市场调查。

（2）设计规范提取。

（3）项目规划。

（4）RTL 设计和验证。

（5）FPGA 综合。

（6）设计实现，主要由以下几步组成：

① 逻辑功能映射。

② 布局布线。

③ 基于 SDF 的验证。

④ 签核 STA。

（7）器件编程。

图 2.5 给出了 FPGA 中一些重要的模块，现代复杂的 FPGA 一般由可编程逻辑块、IOB、开关盒、DSP、乘法器、处理器等模块组成。

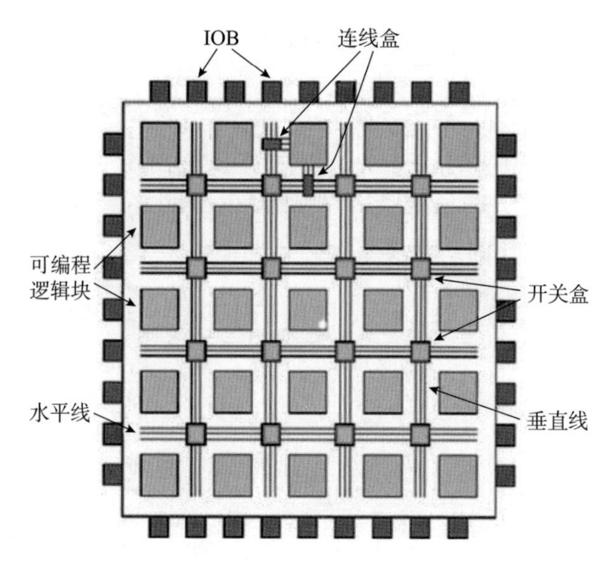

图 2.5 FPGA 结构

表 2.1 给出了 FPGA 和 ASIC 中的一些主要内容的比较。

表 2.1 ASIC 和 FPGA 比较

比较参数	ASIC	FPGA
每片成本	低	高
上市时间	慢	快
一次性工程费用	高	低
大 小	小	中等大小
设计复杂度	非常复杂	中等复杂
功 耗	低	高
性 能	高	中 等

2.3 思考实例

本节我们将讨论在开始 ASIC 或者 FPGA 设计之前，我们需要做些什么，或者说我们需要哪些内容作为基础。对于复杂的 ASIC，我们可以从以下几方面进行考虑：

（1）ASIC 的目的或者说设计的目的。

（2）采用的工艺。

（3）详细的功能时序信息。

（4）一些重要的设计组件，例如标准单元、微处理器、IP 等。

（5）约束。

（6）半定制 ASIC 的可重用元件和组件。

（7）面积、速度和功耗需求。

（8）数据带宽。

（9）延迟和时钟需求。

（10）设计中，多时钟域中需要使用的同步器。

（11）低功耗设计架构和序列。

（12）RTL 设计、验证和可用 IP 的复杂性。

（13）需要使用的 EDA 工具和优化方法。

（14）测试需求和测试计划。

2.4 挑 战

面对数百万门的复杂 ASIC，需要面对的主要挑战如下：

（1）设计划分。

（2）过长的上市时间。

（3）设计和验证的复杂性。

（4）需要大量的资源。

（5）可用的经过时间证明的 IP。

（6）满足优化和设计约束的要求。

（7）高速 IO 设备的需求及互联延迟。

（8）测试时间和测试需求。

（9）噪声的影响和现场测试。

（10）OCV 分析和芯片测试。

在随后的章节中，将讨论 ASIC 设计中遇到的各种实际问题，以及如何在 ASIC 研制周期的各环节中解决这些问题。

2.5 总 结

下面是对本章重要知识点的总结：

（1）逻辑设计流程包括设计划分、RTL 设计、RTL 验证、逻辑综合、DFT 和扫描链插入、等价性检查和布局布线前 STA。

（2）物理设计流程包括布局规划、电源规划、CTS、布局布线、LVS、DRC、签核 STA、GDSII、流片。

（3）逻辑设计阶段不提供时钟网络信息。

（4）ASIC 的布局包括布局规划和设计的布局布线。

（5）布局布线前 STA 的主要目标是解决建立时间违例的问题。

（6）布局布线之后，设计的时序和频率不满足要求，因此需要进行布局布线后 STA。

（7）只有在时序和约束满足要求后，完成布局布线的 ASIC 芯片才能交付。

（8）DRC 主要用于确认是否满足代工厂设计制造要求。

（9）GDSII 描述了布局布线后的连接关系，交付给代工厂生产 ASIC。

（10）基本的 ASIC 设计流程包括了从 RTL 到 GDSII 的全流程，主要分为逻辑设计和物理设计两部分。

第 3 章　设计基础

在 RTL 设计阶段，我们会使用可综合的结构，而在综合的时候我们需要如实客观地依据约束进行综合。综合是一个将抽象层次较高的设计转换成抽象层次较低的设计的过程。在 ASIC 设计阶段，我们还会遇到各种抽象层次的设计，例如：

（1）功能设计。

（2）结构和逻辑设计。

（3）门级设计。

（4）开关级设计。

（5）物理设计。

为了理解这些不同的抽象层次，本章将讨论逻辑设计过程中经常遇到的各种重要设计元素。

3.1 组合逻辑设计

在组合逻辑设计中，输出是当前输入的函数，也就是说，如果输入发生变化，输出也将发生变化。在实际使用过程中，输出一般不会立即发生变化，但会在一定的延迟后发生变化，这个延迟我们一般称为门延迟或传播延迟。

逻辑门的传播延迟是当输入从 1 变成 0 或者从 0 变成 1 时，逻辑门产生有效输出所需要的时间量，传播延迟一般定义在标准单元或者逻辑门的时序库中。

重要的元件都是使用逻辑门设计的，而其中的 NAND 和 NOR 等逻辑门一般作为通用逻辑门被使用。常见的重要组合元件有多路选择器、多路分配器、解码器、编码器、数码转换器，以及算术逻辑单元中的加法器、减法器和乘法器等。

表 3.1 列出了重要的组合逻辑元件，以及它们在设计阶段的作用，同时它们也常作为胶合逻辑使用，以实现特定的功能要求。对于其中的一些元件，本章将剖析其设计方法，以及在 RTL 设计阶段的作用。

表 3.1 组合逻辑元件

元 件	说 明
NAND、NOR 等	通用逻辑门，主要用于组合逻辑设计或者布尔表达式
XOR、XNOR	用于实现输入补码或者奇偶校验器中
加法器、减法器、乘法器	算术运算资源

续表 3.1

元　件	说　明
多路选择器	具有多个输入和单个输出，可用作数据选择器或通用逻辑门来实现布尔函数。可用于引脚的多路选择和时钟多路选择
多路分配器	具有单个输入和多个输出，用作分配逻辑。可用于引脚分配和时钟分配
解码器	广泛用于解码数据或者一次使能一个功能块
编码器	用于对二进制数据进行编码，其操作与解码器相反
优先级检测器	根据输入电平的优先级分配输出

下一节将在 ASIC 和 FPGA 设计的背景下讨论上述这些逻辑器件。

3.2　逻辑结构理解和使用

在 ASIC 的研制周期中，了解每一个功能模块的功能是非常重要的。无论是逻辑门规模适中的设计还是复杂的设计，在 RTL 设计阶段，理解这些结构对于选择合适的结构都起着重要的作用。例如，对于组合逻辑建模，我们可以选择 assign 结构，assign 语句是连续赋值语句，它既不是阻塞赋值语句也不是非阻塞赋值语句。多个 assign 赋值结构将推断出组合逻辑，并且多条连续赋值语句是并发执行的。

语法结构如下：

```
assign expression_1;
assign expression_2;
```

其中，assign 是关键字，这些关键字一般用在 Verilog（.v）文件中。

下面两条连续赋值语句都会在激活事件队列中执行和更新，这两条语句并行执行，推断出的组合逻辑由 XOR 和 AND 门组成。

```
assign sum = a_in ^ b_in;
assign carry = a_in & b_in;
```

3.3　算术资源和面积

这里我们以加减法为例，讨论一下算术资源的问题。为了优化面积，减法操作实际上是使用加法器实现的，即使用 2 的补码方式。例如，如果我们有 8 位二进制输入 A，那么 A−1 操作实际上是按照 A+11111110+1=A+1111_1111 的方式实现的。

现在，我们讨论一下如何使用 2 的补码实现减法操作。例如，我们需要实现 4 位加法和减法，其中 A 是 4 位二进制输入，B 是 4 位二进制输入，Control_Input 用于控制具体的操作，表 3.2 给出了两种操作。

表 3.2 逻辑描述

Control_Input	操 作	说 明
0	A 与 B 之和	A+B
1	A 与 B 之差	A−B

1. 面积需求

如果减法操作不采用 2 的补码实现，那么我们需要使用的资源就包括加法器、减法器和用于产生输出的一些数据选择逻辑，因此会使用更多的资源，可以看一下图 3.1 所示的逻辑推断，该设计需要两个二选一的 MUX，一个 4 位加法器和一个 4 位减法器。

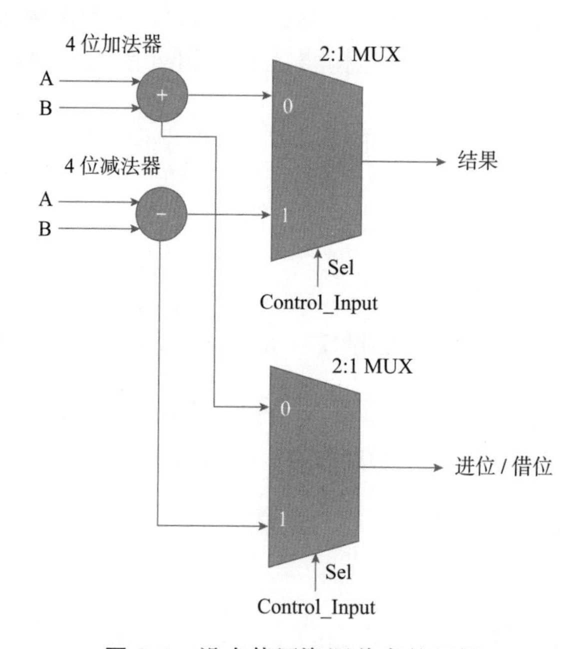

图 3.1 没有使用资源共享的逻辑

2. 设计问题

面临的主要设计问题是数据路径的控制比较复杂，同时数据路径将会使用较多的资源。加法器和减法器同时执行操作，并且根据 Control_Input 的值决

定输出结果和进 / 借位。由于缺乏资源的共享，数据路径优化效果较差。另一个问题是如图 3.1 所示，在输出端使用多路选择器。

下面我们使用资源共享的方法优化上面的逻辑。现在，为了消除二选一的数据选择器和减法器，我们使用全加器作为算术资源。减法可以使用 2 的补码方式来实现，因此，要执行 A–B，可以使用 A+(~B)+1，即使用 B 的反码和异或逻辑实现。如果异或门的一个输入为逻辑 1，那么如表 3.3 所示，此时异或门的输出为当前输入的补码。

表 3.3　资源共享

Control_Input	操　作	说　明
0	A 与 B 之和	A+B+Control_Input=A+B+0
1	A 与 B 之差	A–B=A+B+Control_Input=A+B+1

3. 优化面积的逻辑

由于采用了全加器实现加法和减法操作，所以消除了数据选择器和减法器的使用。图 3.2 所示是 4 位加减法优化后的逻辑，该逻辑的主要特点是具有更好的数据路径，并且可以根据 Control_Input 的值决定执行所需的操作。

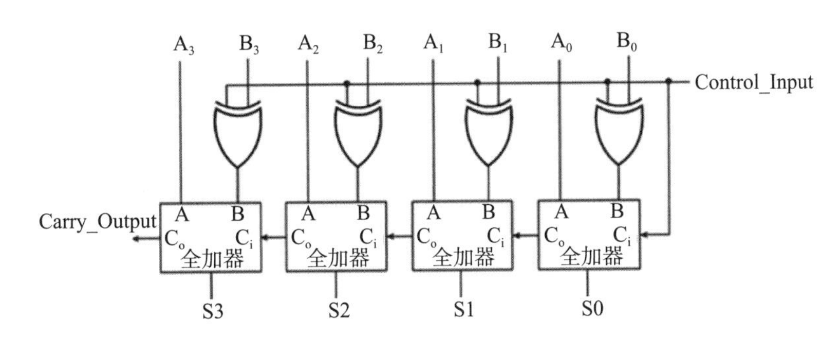

图 3.2　资源共享的逻辑

3.4　数码转换器

大多数时候，我们在设计过程中可能需要使用数码转换器将数据转换为合适的格式。例如我们在多时钟域的设计中传递数据或者控制信号时会经常用到格雷码。本节我们将讨论二进制码 / 格雷码转换器和格雷码 / 二进制码转换器。

在二进制码中，连续两个数字之间会有至少一位不同，但是在格雷码中，连续两个数字只有一位不同。因此，格雷码在 FIFO 中经常作为指针使用，在多时钟域中，经常用于传递控制信号。

3.4.1 二进制码/格雷码转换器

表 3.4 给出了二进制码转换成格雷码的对应关系。

表 3.4 二进制码转换成格雷码

二进制码（B3 B2 B1 B0）	格雷码（G3 G2 G1 G0）
0000	0000
0001	0001
0010	0011
0011	0010
0100	0110
0101	0111
0110	0101
0111	0100
1000	1100
1001	1101
1010	1111
1011	1110
1100	1010
1101	1011
1110	1001
1111	1000

将二进制码作为输入，为了得到格雷码，我们可以采用如下代码进行转换：

```
G3 = B3
G2 = B3 ∧ B2
G1 = B2 ∧ B1
G0 = B1 ∧ B0
```

上面代码中“∧”表示的是 Verilog 中的异或操作符，示例 3.1 是二进制码转换成格雷码的 RTL 代码，对应的逻辑电路如图 3.3 所示。

示例 3.1 二进制码转换成格雷码的 RTL 代码

```
module code_converter (
    input  B3,B2,B1,B0,
    output G3,G2,G1,G0
);
  assign G3 = B3;
  assign G2 = B3 ^ B2;
  assign G1 = B2 ^ B1;
```

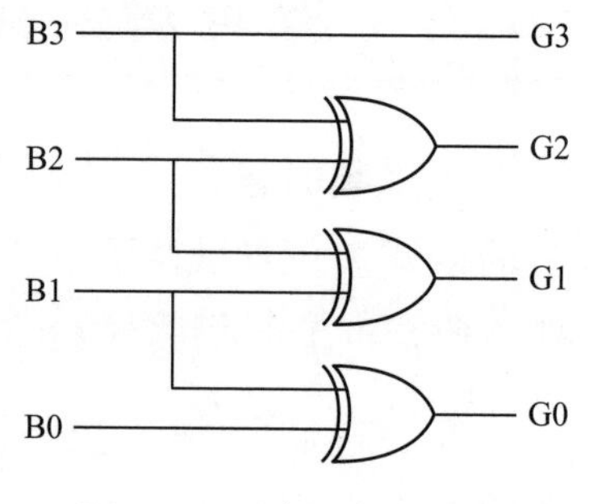

图 3.3 示例 3.1 对应的逻辑电路

```
  assign G0 = B1 ^ B0;
endmodule
```

3.4.2 格雷码/二进制码转换器

表 3.5 给出了格雷码转换成二进制码的对应关系。

表 3.5 格雷码转换成二进制码

格雷码（G3 G2 G1 G0）	二进制码（B3 B2 B1 B0）
0000	0000
0001	0001
0011	0010
0010	0011
0110	0100
0111	0101
0101	0110
0100	0111
1100	1000
1101	1001
1111	1010
1110	1011
1010	1100
1011	1101
1001	1110
1000	1111

将格雷码作为输入，为了得到二进制码，我们可以采用如下代码进行转换：

```
B3 = G3
B2 = G3 ∧ G2
B1 = (G3 ∧ G2 ∧ G1) = B2 ∧ G1
B0 = (G3 ∧ G2 ∧ G1 ∧ G0) = B1 ∧ G0
```

上面代码中“∧”表示的是 Verilog 中的异或操作符，示例 3.2 是格雷码转换成二进制码的 RTL 代码。

示例 3.2 格雷码转换成二进制码的 RTL 代码

```
module code_converter (
    output B3,B2,B1,B0,
    input  G3,G2,G1,G0
);
```

```
  assign B3 = G3;
  assign B2 = G3 ^ G2;
  assign B1 = G3 ^ G2 ^ G1;
  assign B0 = G3 ^ G2 ^ G1 ^ G0;
endmodule
```

图 3.4 和图 3.5 分别是 4 位格雷码 / 二进制码转换器的逻辑电路图和基于 FGPA 设计采用 LUT 的电路原理图。

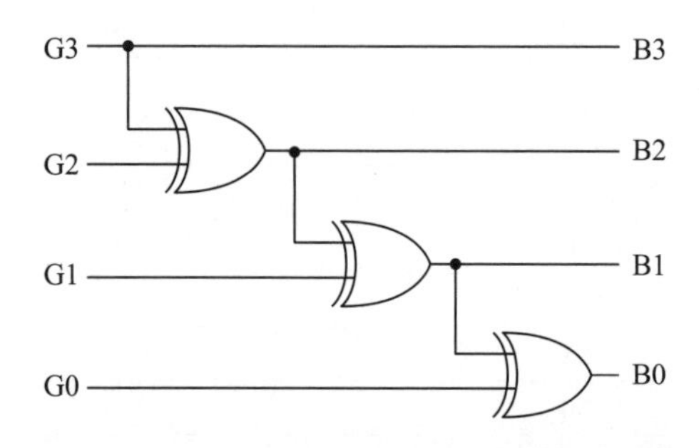

图 3.4　4 位格雷码 / 二进制码转换器的逻辑电路图

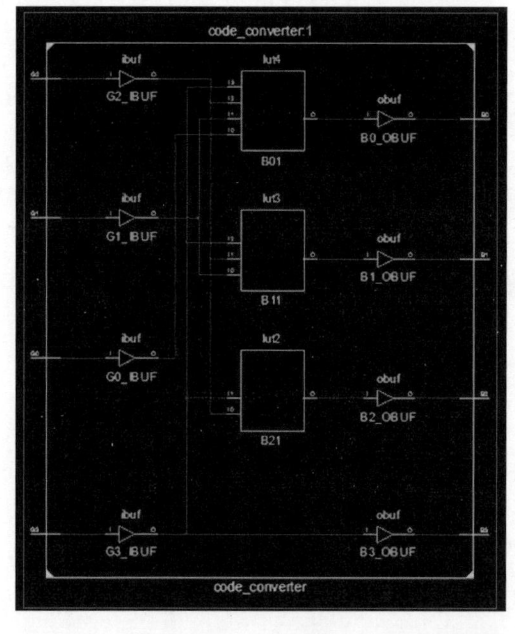

图 3.5　4 位格雷码 / 二进制码转换器原理图

3.5　选择器

选择器在 ASIC 和 FPGA 中经常用于数据选择，因此选择器常被视为一种通用逻辑。选择器常用于实现或逻辑功能。而实现数据选择器最有效的方法是使用条件运算符的连续赋值语句结构，表 3.6 给出了二选一选择器的逻辑关系，对应代码如示例 3.3 所示，电路如图 3.6 所示。

表 3.6 二选一选择器

输入控制信号（Sel）	输出（Y）	说 明
0	I0	Sel 为 0 时，Y=I0
1	I1	Sel 为 1 时，Y=I1

示例 3.3

```
module mux_2to1 (
    input  I1,I0,Sel,
    output Y
);
  assign Y = (Sel) ? I1 : I0;  // 条件运算符用于推断 2:1 MUX
endmodule
```

图 3.6

使用多条 assign 语句结构和条件操作符也可以实现四选一选择器，代码如示例 3.4 所示。

示例 3.4

```
module mux_4to1 (
    input  I3,I2,I1,I0,S1,S0,
    output Y
);
  wire Y1, Y0;
  assign Y0 = (S0) ? I1 : I0;
  assign Y1 = (S0) ? I3 : I2;
  assign Y  = (S1) ? Y1 : Y0;
endmodule
```

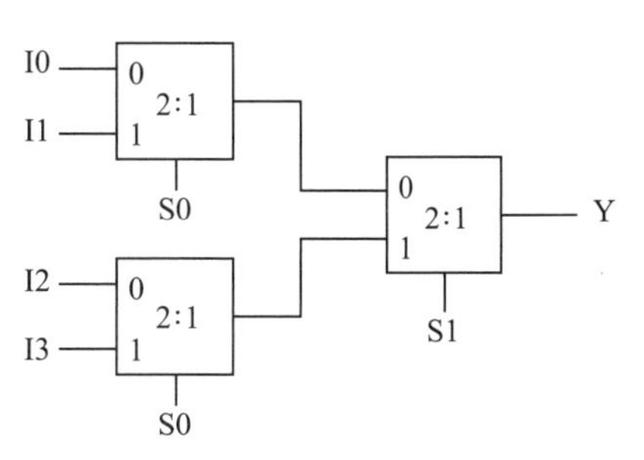

图 3.7

上述代码推断出来的逻辑如图 3.7 所示，可见，该选择器由 3 个二选一选择器组成。这里存在的问题是，这个设计是级联的，即如果每一个选择的传播延迟为 1ns，那么这个逻辑的总传播延迟将会是 2ns。

3.6 级联选择器

下面是多个选择器级联形成的一个多位选择器示例。

示例 3.5

```
module Mux_16to1 (
    input [15:0] I,
    input [3:0] S,
    output Y
);
  wire Y3, Y2, Y1, Y0;
  mux_4to1 U0 (
      .I3(I[3]),
      .I2(I[2]),
      .I1(I[1]),
      .I0(I[0]),
      .S1(S[1]),
      .S0(S[0]),
      .Y (Y0)
  );
  mux_4to1 U1 (
      .I3(I[7]),
      .I2(I[6]),
      .I1(I[5]),
      .I0(I[4]),
      .S1(S[1]),
      .S0(S[0]),
      .Y (Y1)
  );
  mux_4to1 U2 (
      .I3(I[11]),
      .I2(I[10]),
      .I1(I[9]),
      .I0(I[8]),
```

```
        .S1(S[1]),
        .S0(S[0]),
        .Y (Y2)
    );
    mux_4to1 U3 (
        .I3(I[15]),
        .I2(I[14]),
        .I1(I[13]),
        .I0(I[12]),
        .S1(S[1]),
        .S0(S[0]),
        .Y (Y3)
    );
    mux_4to1 U4 (
        .I3(Y3),
        .I2(Y2),
        .I1(Y1),
        .I0(Y0),
        .S1(S[3]),
        .S0(S[2]),
        .Y (Y)
    );
endmodule
```

根据上述逻辑和实例化关系推断出该设计由 5 个四选一选择器组成，结构如图 3.8 所示。

在基于 ASIC 的设计中，选择器可以用于完成以下任务：

（1）作为时钟选择器，从多个不同频率的时钟中进行选择。

（2）用于引脚的选择，从而减少设计中引脚的数目。

（3）作为组合逻辑，用于输入数据的选择。

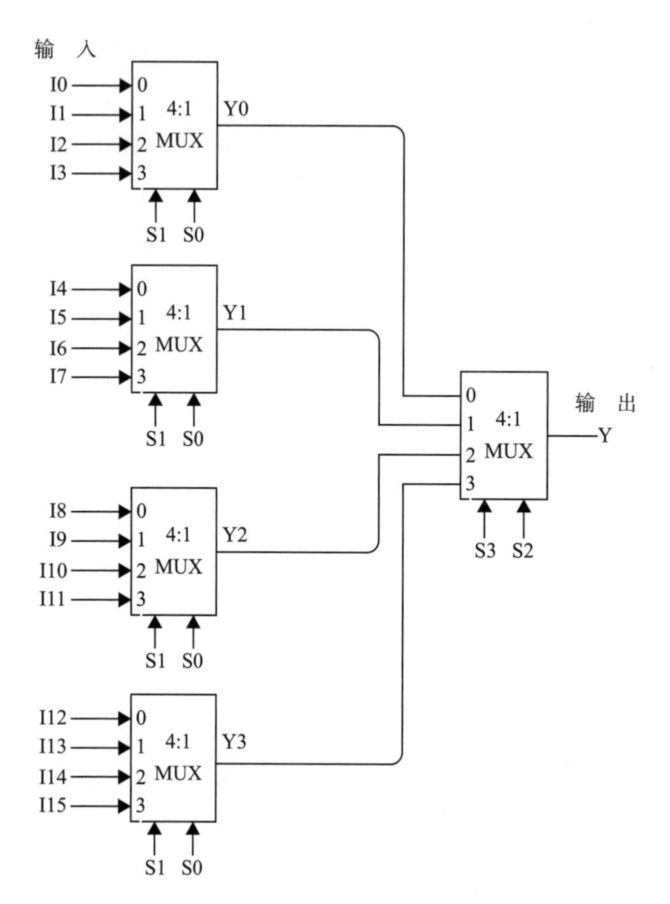

图 3.8 结构图

3.7 解码器

在基于 ASIC 和 FPGA 的设计中，解码器广泛用于通信设备的选择。在解码器中，根据选择输入的不同，一次只有一个输出是有效的。

假设有一个 2 个输入和 4 个输出的 2–4 解码器，该解码器的使能端为 Enable，Enable 为 1 时，该解码器选通。表 3.7 给出了选择信号和输出信号之间的关系。

RTL 设计方法

为了获得具有 16 个或者 32 个输入的解码器，我们可以使用逻辑复制的概念，其中解码器的输入使能 Enable 在解码器的输入侧进行控制。设计人员可以通过模块例化或者使用 case 结构实现的 RTL 代码来实现表 3.8 所示的输入输出逻辑关系。

表 3.7 2-4 解码器

Enable	选择输入（I1 I0）	输出（Y3 Y2 Y1 Y0）
1	00	0001
1	01	0010
1	10	0100
1	11	1000
0	xx	0000

表 3.8 4-16 解码器

Enable	选择输入（I3 I2 I1 I0）	输 出
1	000 0	0000_0000_0000_0001
1	000 1	0000_0000_0000_0010
1	001 0	0000_0000_0000_0100
1	001 1	0000_0000_0000_1000
1	010 0	0000_0000_0001_0000
1	010 1	0000_0000_0010_0000
1	011 0	0000_0000_0100_0000
1	011 1	0000_0000_1000_0000
1	100 0	0000_0001_0000_0000
1	100 1	0000_0010_0000_0000
1	101 0	0000_0100_0000_0000
1	101 1	0000_1000_0000_0000
1	110 0	0001_0000_0000_0000
1	110 1	0010_0000_0000_0000
1	111 0	0100_0000_0000_0000
1	111 1	1000_0000_0000_0000
0	xxxx	0000_0000_0000_0000

仔细观察上面的输入 I3 和 I2，它们从 0 开始的每连续四项的二进制值是不变的，因此这两个输入可用于设计输入解码器。输入解码器可按照表 3.9 所描述的关系，每次选择一个输出解码器。

图 3.9 是该解码器的结构图。

表 3.9 作为选择器的 2-4 解码器

Enable	选择输入（I3 I2）	输出（Y3 Y2 Y1 Y0）
1	00	选中解码器 1
1	01	选中解码器 2
1	10	选中解码器 3
1	11	选中解码器 4
0	xx	所有输出解码器都不使能

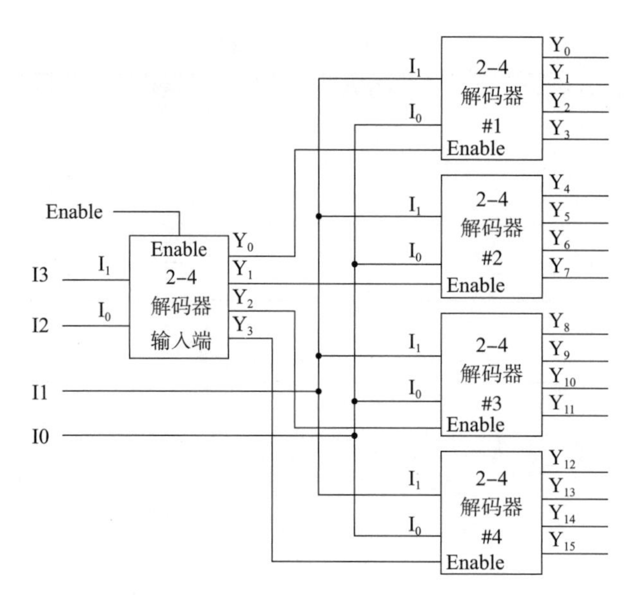

图 3.9 结构图

从图 3.9 可以清楚看出，输入端的解码器用于一次选中一个输出侧的解码器。而在 ASIC 和 FPGA 中有一种广泛应用的技术，即对于相同逻辑进行复制。特别是在基于 FPGA 的设计中，使用这种技术可以有效减少 LUT 的数量。例如，如果我们需要设计一个 8-256 解码器，那么就可以使用这种方法，构建这样的逻辑需要很多 LUT，所以，可以使用逻辑复制技术将较大的 case 结构拆分为多个。对于 ASIC，我们要考虑具体使用逻辑复制技术的场合，因为它可能会影响功能块的面积。

3.8 编码器

编码器实现的功能与解码器刚好相反。下面考虑四个电平敏感的输入，设计一个可以根据其中一个输入的高电平来决定输出的编码器。

如果 I3=1，I2、I1 和 I0 都是 0，那么编码器产生的有效输出 Y1 和 Y0 都为 1，作为输出有效信号的 status 为 0。

如果所有的输入都为 0，那么 status=1，表示此时的输出是无效的，应该被其他使用该输出的设计所忽略。

正如表 3.10 所示，一次只能有一个输入有效，但是在实际的系统中，这样的假设并不成立，这是因为一次可以有多个信号同时为高电平。所以，为了满足优先级调度的需要，有必要设计一个优先级编码器。

表 3.10 4-2 编码器真值表

选择输入（I3 I2 I1 I0）	输出（Y1 Y0）	状 态
1000	11	0
0100	10	0
0010	01	0
0001	00	0
0000	00	1

3.9 优先级编码器

优先级编码器在设计中主要用于采样高优先级的输入从而产生对应的有效输出。

有一个设计有四个输入 I3、I2、I1 和 I0，其中 I3 具有最高优先级。表 3.11 给出了对应的关系，其中 I3 具有最高的优先级，I0 具有最低的优先级。

表 3.11 4-2 优先级编码器真值表

选择输入（I3 I2 I1 I0）	输出（Y1 Y0）	状 态
1xxx	11	0
01xx	10	0
001x	01	0
0001	00	0
0000	00	1

下面是使用嵌套的 if-else 结构描述的 RTL 代码，该代码将会推断出具有优先级的逻辑结构。

示例 3.6

```
module priority_encoder (
    input I3,I2,I1,I0,
    output reg Y1,Y0,flag
);
  always @* begin
    if (I3) begin
      Y1   = 1;
      Y0   = 1;
      flag = 0;
    end else if (I2) begin
```

```
      Y1   = 1;
      Y0   = 0;
      flag = 0;
    end else if (I1) begin
      Y1   = 0;
      Y0   = 1;
      flag = 0;
    end else if (I0) begin
      Y1   = 0;
      Y0   = 0;
      flag = 0;
    end else begin
      Y1   = 0;
      Y0   = 0;
      flag = 1;
    end
  end
endmodule
```

FPGA 综合结果如图 3.10 所示，该原理图由三个查找表组成，这里需要注

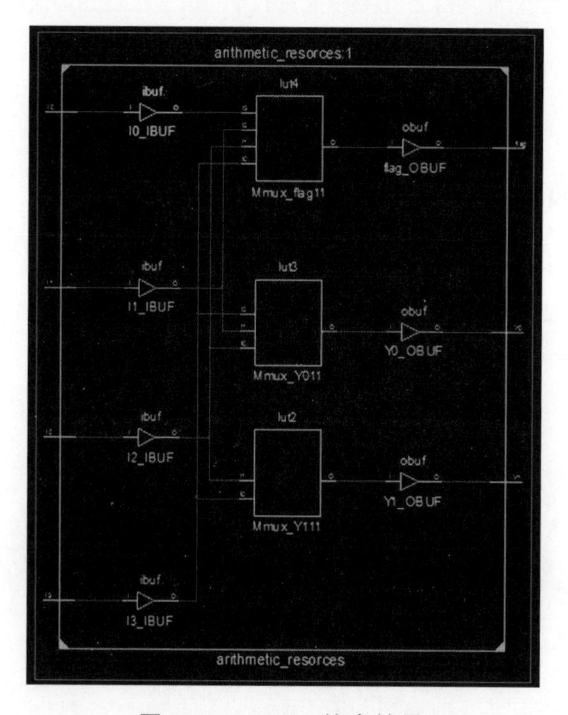

图 3.10 FPGA 综合结果

意，在 FPGA 中 CLB（configurable logic blocks，可编程逻辑功能块）是一种重要的资源，一般由 LUT（look-up table，查找表）和切片寄存器组成。

3.10 ASIC设计方法

在进行 ASIC 的 RTL 设计时，应采用如下策略：

（1）使用可综合的结构，不要在 RTL 设计中使用 #delay 延迟。

（2）尽量不要使用多条 assign 结构，因为并行执行会导致电路面积增大。

（3）在组合逻辑电路中，尽量使用 `always@*`，可以把所有过程块的输入信号都自动添加在敏感信号列表中。

（4）在 always 过程块中使用阻塞赋值进行 RTL 编码。

（5）尽量使用诸如 `net_name_in`、`net_name_out` 之类的命名方式，以提高带代码的可读性。

（6）尽量避免使用组合逻辑电路，因为这会导致振荡。

（7）使用 parameter 实现参数化设计。

（8）case 结构会推断出并行逻辑，而 if-else 会推断出优先级逻辑。

（9）在使用 casez 和 casex 时，需要注意悬空输入，以及综合和仿真不匹配的发生。

（10）使用 case 语句结构对大量的赋值语句进行分组。

3.11 练 习

（1）实现 8 位二进制数据偶校验的数字逻辑需要使用哪些 RTL 设计方法？

（2）设计一个 4 位乘法器，找出采用移位加法方法实现的乘法器所需资源。

（3）如果全加器产生和的传播延迟是 1ns，产生进位的延迟是 2ns，那么设计一个 16 位的行波进位加法器，获得 A 和 B 之和，需要耗费的总的传播延迟是多少？

（4）能否想到一种在流水线处理器、内存和 IO 之间传递数据的高级设计策略方法？如果有四块16kB的内存块和128个IO设备需要与处理器进行通信，那么可以采用什么样的解码逻辑？

（5）假如A和B是8位二进制输入，一次只能进行一种操作，同时该设计有2位输入控制信号（control_operation），实现下列逻辑，并按照面积需要对其进行优化：

（a）A OR B （b）A AND B （c）A XOR B （d）NOT A

3.12 总 结

下面是对本章重要知识点的汇总：

（1）使用资源共享技术优化逻辑，从而实现数据路径优化。

（2）多路选择器是一种通用逻辑，多个多路选择器组成的链可以用来从多个输入中进行选择。

（3）多路选择器常用于引脚的复用选择。

（4）解码器常用于在系统设计中进行逻辑选择。

（5）优先级编码器通过分析输入的优先级来产生对应的输出。

第 4 章　时序设计

如果我们要考虑ASIC的设计周期，那么在设计的各个阶段，需要使用时序逻辑电路，例如计数器、移位寄存器、存储器、其他基于时钟的电路和时钟分频器等。在这种情况下，我们可能会遇到一些问题——需要对RTL代码或者架构进行调整，以提高ASIC的性能。鉴于上述面临的问题，本章主要讨论时序元件的使用，以及同步和异步时序电路的设计。

4.1 时序设计基本元件

在时序逻辑电路中，输出是当前输入和之前输出的函数。表4.1给出了一些重要的时序逻辑元件和它们在设计阶段的应用。对于同步或者异步设计，我们使用对边沿敏感的D触发器，并且将速度作为时序电路的设计目标。

表4.1 时序元件

时序元件	说明
锁存器	电平敏感，用于基于锁存器的设计，例如，基于锁存器的门控时钟、DFT中的时序借用等
触发器	边沿敏感，用于同步或者异步的时序电路，例如，计数器、移位器、输入输出缓存的设计
计数器	分为同步计数器和异步计数器，计数发生在时钟有效沿。用于对预先定义的序列进行计数或者用于时钟分频器中
移位寄存器	基于D触发器实现，对时钟有效沿敏感，可以实现右移、左移和循环移位
异步电路	可以用于产生时钟，但是会增加延迟，所以避免使用异步电路
时钟分频器	锁相环时钟可以通过D触发器进行分频产生内部时钟（翻转触发器通过D触发器实现）
有限状态机控制器	大型ASIC中使用不同的FSM控制器检测没有毛刺的序列，同时产生干净的输出
随机数产生器	使用边沿敏感的元件和适当的组合逻辑元件实现满足特定需求的随机数的产生

4.2 阻塞和非阻塞赋值

在Verilog的过程块always和initial中使用的最重要的赋值语句是阻塞赋值（BA）和非阻塞赋值（NBA）。

阻塞赋值的解析和更新发生在激活事件队列中，非阻塞赋值左侧表达式的解析发生在激活事件队列中，但其更新发生在非阻塞赋值事件队列中。

阻塞的意思就是说该赋值操作将阻塞其他要执行的赋值操作，除非当前解析和更新完成，阻塞赋值操作不建议在时序逻辑设计中使用，建议用于组合逻辑电路设计中。

4.2.1 阻塞赋值

示例 4.1 是使用阻塞赋值设计的一个 3 位移位寄存器的 RTL 代码。但是这段代码推断出的是触发器，这是因为当前的赋值操作会阻塞将要执行的赋值操作。

示例 4.1 使用阻塞赋值语句实现的 RTL 代码

```
module blocking_assignments (
    input data_in,clk,reset_n,
    output reg data_out
);
  reg [1:0] tmp;
  always @(posedge clk or negedge reset_n) begin
    if (~reset_n) begin
      {data_out, tmp} = 3'b000;
    end else begin
      tmp[0]   = data_in;
      tmp[1]   = tmp[0];
      data_out = tmp[1];
    end
  end
endmodule
```

该 RTL 代码对应的电路原理图如图 4.1 所示，推断出了一个具有异步复位的单个触发器。

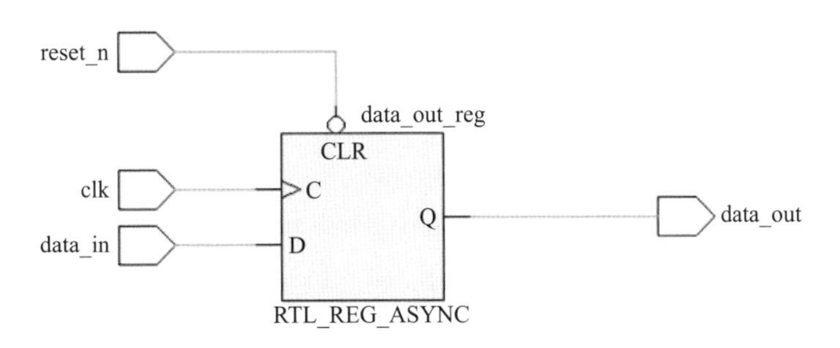

图 4.1 示例 4.1 对应的电路原理图

4.2.2 调整阻塞赋值顺序

如果我们将上述示例中阻塞赋值语句的顺序进行调整，如示例 4.2 所示，那么这段 RTL 代码将会推断出一个 3 位移位寄存器，由此可见 RTL 代码中阻塞赋值语句的执行顺序的重要性。

示例 4.2 调整阻塞赋值顺序的 RTL 代码

```
module blocking_assignments (
    input data_in,clk,reset_n,
    output reg data_out
);
  reg [1:0] tmp;
  always @(posedge clk or negedge reset_n) begin
    if (~reset_n) begin
      {data_out, tmp} = 3'b000;
    end else begin
      data_out = tmp[1];
      tmp[1]   = tmp[0];
      tmp[0]   = data_in;
    end
  end
endmodule
```

图 4.2 是上述 RTL 代码推断出的原理图，可见该电路实现了一个异步低电平复位有效的 3 位移位寄存器。

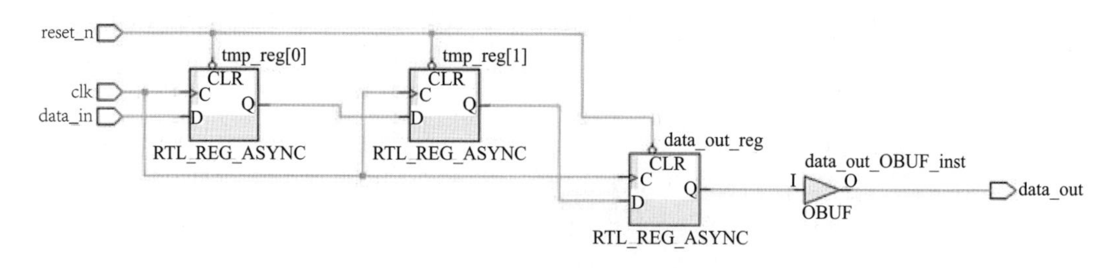

图 4.2 示例 4.2 对应的电路原理图

4.2.3 非阻塞赋值

示例 4.3 是使用非阻塞赋值设计的一个 2 位移位寄存器的 RTL 代码，并且因为位于 begin-end 中的赋值语句并行执行，所以推断出 2 位移位寄存器是由 D 触发器实现的。

示例 4.3 使用非阻塞赋值语句实现的 RTL 代码

```
module non_blocking_assignments (
    input data_in,clk,reset_n,
    output reg data_out
);
  reg tmp;
  always @(posedge clk or negedge reset_n) begin
    if (~reset_n) begin
      {data_out, tmp} <= 2'b00;
    end else begin
      data_out <= tmp;
      tmp <= data_in;
    end
  end
endmodule
```

图 4.3 是上述 RTL 代码推断出的原理图，可见该电路实现了一个异步低电平复位有效的 2 位移位寄存器。

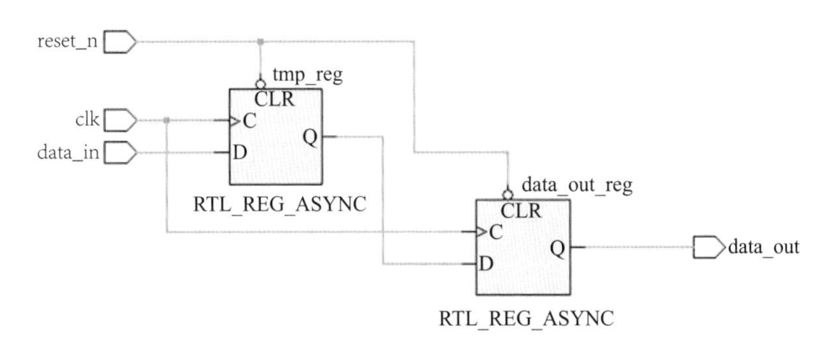

图 4.3 示例 4.3 对应的电路原理图

4.2.4 调整非阻塞赋值顺序

示例 4.4 将非阻塞赋值语句的执行顺序进行了重排，RTL 代码会综合出 2 位移位寄存器，这表明非阻塞赋值语句的顺序不会影响设计综合的结果，RTL 对应的原理图如图 4.3 所示。

示例 4.4 调整非阻塞赋值顺序的 RTL 代码

```
module non_blocking_assignments (
```

```
    input data_in,clk,reset_n,
    output reg data_out
);
  reg tmp;
  always @(posedge clk or negedge reset_n) begin
    if (~reset_n) begin
      {data_out, tmp} <= 2'b00;
    end else begin
      data_out <= tmp;
      tmp <= data_in;
    end
  end
endmodule
```

在进行 ASIC RTL 代码设计时，可参考如下建议：

（1）时序逻辑建模使用非阻塞赋值语句。

（2）组合逻辑建模使用阻塞赋值语句。

（3）不要混合使用阻塞赋值和非阻塞赋值语句。

4.3 基于锁存器的设计

锁存器对电平敏感，主要用于基于锁存器的设计中，例如低功耗 ASIC 设计中的门控时钟，以及使用锁存器借用时间的 DFT 扫描链等。

假设有一个高电平敏感的锁存器，时钟作为该锁存器的使能输入。当锁存器使能端为高电平时，这个锁存器相当于透明的，输出 Q 的值就是输入 D 的值，即 Q=D。当锁存器不使能，即 CLK=0 时，锁存器将保持之前输出端 Q 的值，这是因为此时 Q 受到偶数个非门组成的回路持续驱动着。

下面我们来了解一下高电平敏感锁存器的 CMOS 实现，CMOS 开关 1 在 CLK=1 时将产生有效的输出 Q=D，即锁存器在 CLK 为高电平时是透明的。因为前向路径上有偶数个非门，所以在 CLK 为低电平（即 CLK 为 0）时，CMOS 开关 2 打开，之前的输出 Q 将会保持。

为了帮助更好地理解，表 4.2 和图 4.4 对电路的功能进行了描述。

图 4.5 是高电平敏感锁存器的时序图，在 CLK 为高电平时，锁存器输出为 Q=D，在 CLK 为低电平时，输出将保持之前的值。

表 4.2 D 锁存器真值表

CLK 使能	D	Q	CMOS 开关状态
1	0	0	CMOS 开关 1 打开，CMOS 开关 2 关闭，Q=D
1	1	1	CMOS 开关 1 打开，CMOS 开关 2 关闭，Q=D
0	X	保持之前输出	CMOS 开关 1 关闭，CMOS 开关 2 打开，Q= 之前输出

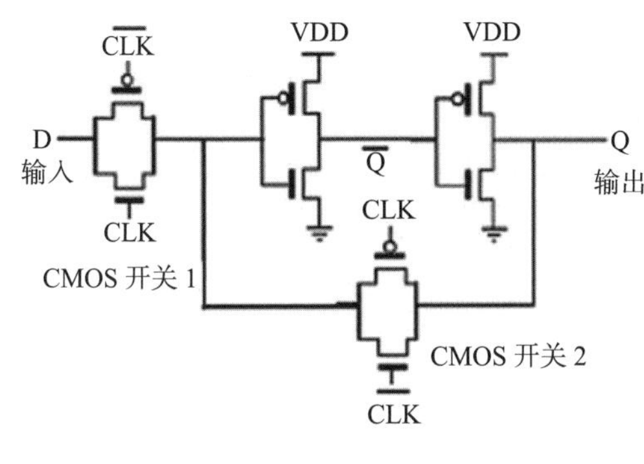

图 4.4 D 锁存器

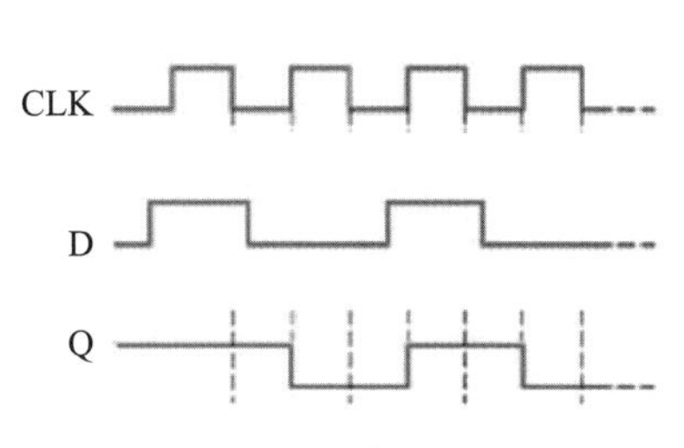

图 4.5 D 锁存器时序图

RTL 设计方法

如果在 RTL 设计时将 else 分支忽略掉，那么将会按照设计意图推断出锁存器。假设要在 always@* 过程块中使用 Verilog 中的 if-else 结构实现 4 位锁存器，可以参考第 3 章所讨论的“if-else”结构推断出的二选一多路选择器，现在，为了推断出锁存器，可以忽略掉“else”条件分支从而获取期望的锁存器。

在进行 ASIC 或者 FPGA 综合的时候，你将得到警告信息提示：因为 if 或者 case 语句条件不完全，将产生锁存器。在进行设计时，不建议使用锁存器，因为可能会导致一些时序问题。

示例 4.5 是使用 Verilog 可综合的结构实现 4 位锁存器的 RTL 描述。

示例 4.5 4 位锁存器的 RTL 代码

```
module latch_4bit (
    input [3:0] d_in,
    input clk,
    output reg [3:0] q_out
);
```

```
  always @* begin
    if (clk) q_out <= d_in;
  end
endmodule
```

4 位锁存器的电路原理图如图 4.6 所示，锁存器是电平敏感的，仅在 CLK 为高电平时 D 才会被采样。

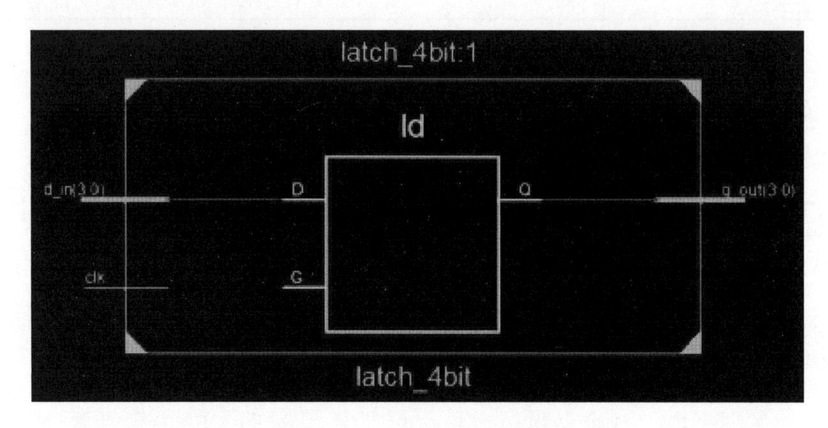

图 4.6 示例 4.5 原理图

4.4 基于触发器的设计

触发器是边沿敏感的，也就是说，触发器在上升沿（低到高的变化）或者下降沿（高到低的变化）运行，常用于同步或异步设计中时序逻辑元件的设计。

图 4.7 是一个下降沿 D 触发器，在 CLK 从高到低变化时，触发器将采样数据输入端 D，从而产生有效的输出。

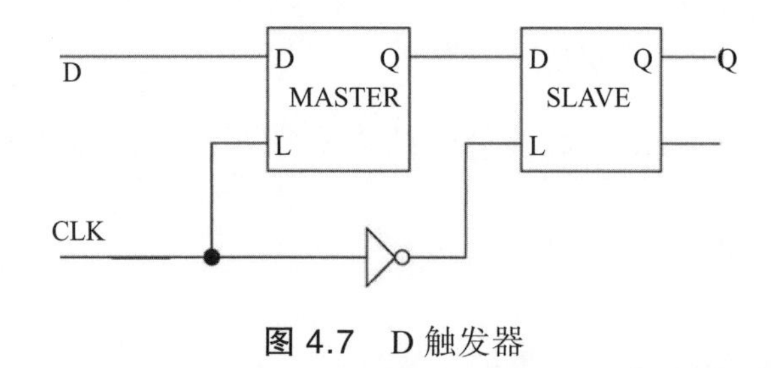

图 4.7 D 触发器

表 4.3 给出了在 CLK 下降沿输入和输出之间的关系。

图 4.7 所示的下降沿敏感触发器是基于锁存器实现的，这个触发器是由两个锁存器级联形成的。主锁存器高电平敏感，从锁存器低电平敏感。

表 4.3 下降沿触发器真值表

CLK	D	Q
下降沿	0	0
下降沿	1	1
上升沿或者电平	X	保持之前输出

图 4.8 是下降沿敏感触发器的时序图，其中主锁存器的输出 Q1 在时钟的高电平变换，从锁存器的输出 Q 在时钟的低电平变化。因此，触发器的输出 Q 是对 CLK 的下降沿敏感的。

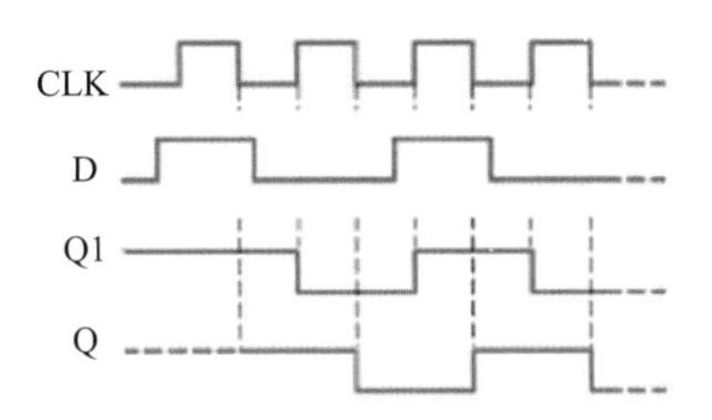

图 4.8 D 触发器时序图

触发器或并行输入并行输出寄存器在 ASIC 设计中用于在时钟有效沿发生变化时保持数据或者输出数据。

如果我们期望 always 过程块推断出边沿敏感的元件，那么过程块需要使用 posedge 或者 negedge 进行事件控制。

推断边沿敏感元件可以使用如下两种方式中的任何一种：

（1）always @ (posedge clk)。

（2）always @ (negedge clk)。

示例 4.6 描述了一个 4 位并行输入并行输出的寄存器，图 4.9 是 4 位寄存器对应的原理图，是由 4 个上升沿敏感的触发器实现的。

示例 4.6 4 位并行输入并行输出寄存器的 RTL 描述

```
module flip_flop (
    input [3:0] d_in,
    input clk,
    output reg [3:0] q_out
);
  always @(posedge clk) begin
    q_out <= d_in;
```

```
  end
endmodule
```

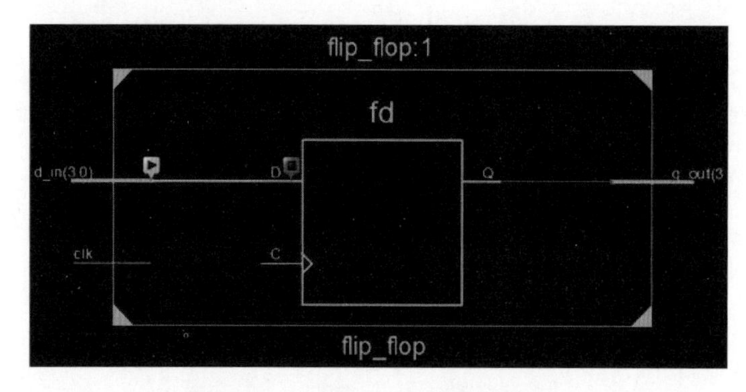

图 4.9 示例 4.6 对应的原理图

4.5 复位方法

在 FPGA 和 ASIC 设计中，复位对于设计的初始化发挥着重要作用。在 ASIC 实现过程中，需要在设计的各个阶段将内部复位与主复位同步，因此，我们必须使用复位同步器。

专用复位树和复位网络可用于产生不同功能块所需的复位信号。对于复位信号来说，我们必须关注以下两点：

（1）复位恢复时间。

（2）复位撤销时间。

复位分为异步复位和同步复位两种，下面分别进行讨论。

4.5.1 异步复位

如果初始化设计的复位与时钟的有效沿无关，那么这样的复位称之为异步复位。示例 4.7 是一个 D 触发器的 ASIC RTL 设计。

示例 4.7 异步复位的 D 触发器的 RTL 代码

```
module flip_flop (
    input d_in,
    input clk,reset_n,
    output reg q_out
);
```

```
  always @(posedge clk or negedge reset_n) begin
    if (~reset_n) q_out <= 1'b0;
    else q_out <= d_in;
  end
endmodule
```

图 4.10 是上述 RTL 代码对应的原理图。

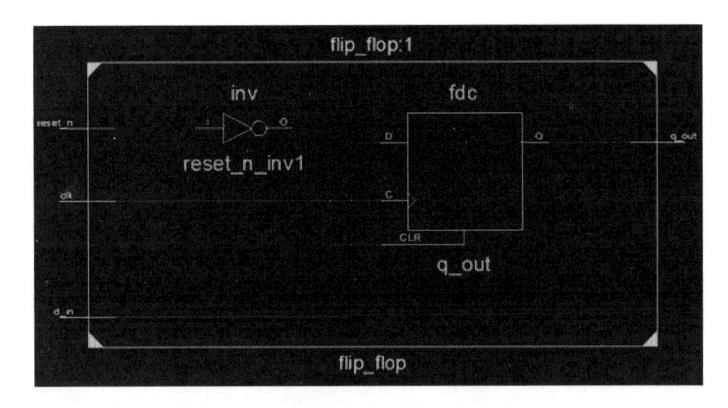

图 4.10 异步复位

示例 4.8 是使用不可综合结构实现的测试平台，图 4.11 给出了对应的仿真波形。

示例 4.8 D 触发器测试平台

```
module test_flip_flop;
  // 输入
  reg  d_in;
  reg  clk;
  reg  reset_n;
  // 输出
  wire q_out;
  // 待测设计例化
  flip_flop uut (
      .d_in(d_in),
      .clk(clk),
      .reset_n(reset_n),
      .q_out(q_out)
  );
  always #10 clk = ~clk;
```

```
  // 添加激励
  always #25 d_in = ~d_in;
  initial begin
    // 初始化输入
    d_in = 0;
    clk = 0;
    reset_n = 0;
    // 等待 100 ns 全局复位结束
    #100;
    reset_n = 1'b1;
    #500 reset_n = 1'b0;
    #400 $finish;
  end
endmodule
```

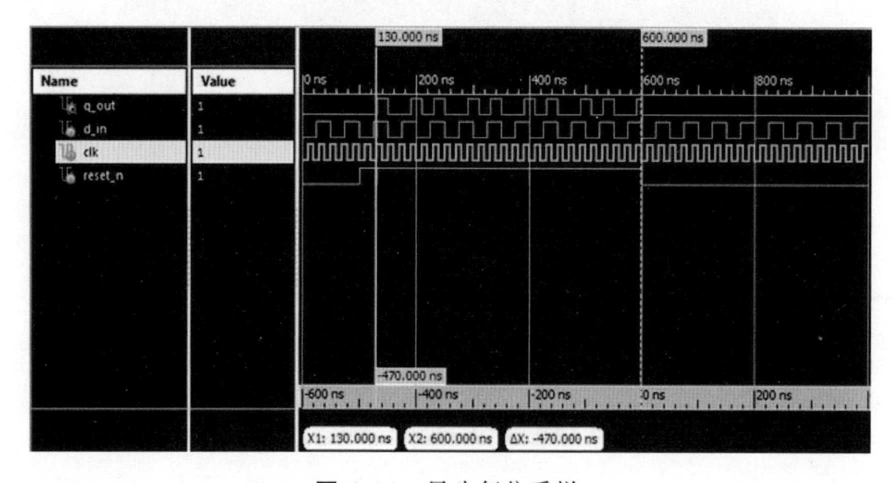

图 4.11 异步复位采样

正如仿真波形所示，复位信号的采样与时钟有效沿是不相关的，实现了将触发器初始化为 0 的操作。

4.5.2 同步复位

在时钟有效沿对设计进行复位操作，这样的复位称为同步复位。示例 4.9 是一个 D 触发器的 ASIC RTL 设计。

示例 4.9 同步复位 D 触发器的 RTL 代码

```
module flip_flop (
    input d_in,
```

```
    input clk,
    reset_n,
    output reg q_out
);
  always @(posedge clk) begin
    if (~reset_n) q_out <= 1'b0;
    else q_out <= d_in;
  end
endmodule
```

上述代码中 always 过程块仅对时钟的上升沿敏感，并在 always 过程块中对复位进行检查，判断 reset_n 是否为 0，如果为 0，则触发器的输出被初始化为 0。

图 4.12 给出了示例 4.9 对应的仿真波形。

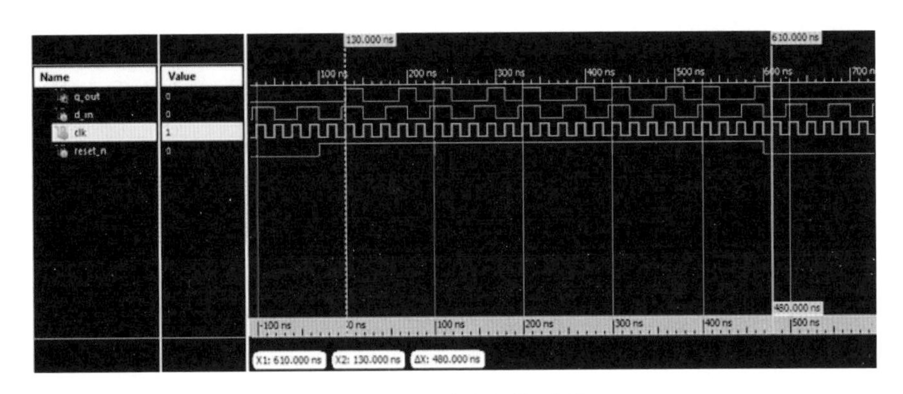

图 4.12 同步复位采样

正如仿真波形所示，复位信号在时钟有效沿被采样，实现了将触发器初始化为 0 的操作。

4.6 分频器

在使用触发器的 ASIC 或者 FPGA 设计中，我们可以给 D 触发器增加额外的组合逻辑从而实现设计需要的时钟分频器。

使用 PLL 产生一个 550MHz 的方波作为时钟，在电路内部，需要一个 225MHz 的时钟，然后我们可以据此设计一个二分频电路，该电路使用 D 触发器设计，将其输出反馈到输入 D 端，如图 4.13 所示。

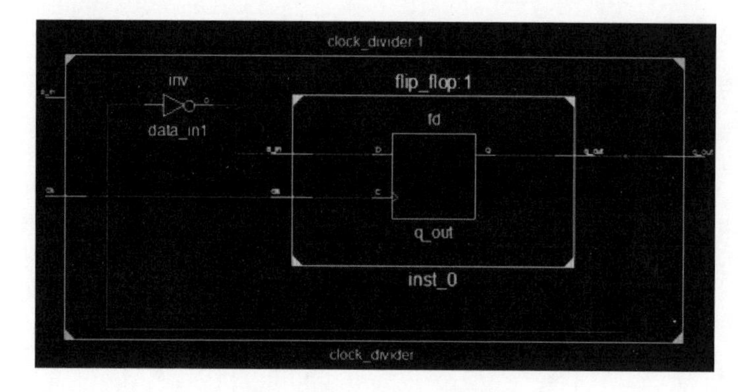

图 4.13 时钟分频器

示例 4.10 时钟分频器的 RTL 代码

```
module clock_divider (
    input  d_in,
    input  clk,
    reset_n,
    output q_out
);
  wire data_in;
  flip_flop inst_0 (
      .d_in(data_in),
      .clk(clk),
      .reset_n(reset_n),
      .q_out(q_out)
  );
  assign data_in = ~q_out;
endmodule
```

示例 4.11 是使用不可综合结构实现的二分频电路的测试平台，仿真波形如图 4.14 所示，电路的综合结果如图 4.15 所示。

示例 4.11 时钟分频器的测试平台

```
module divide_by_2_test;
  // 输入
  reg  clk;
  reg  reset_n;
  // 输出
  wire q_out;
```

```
// 待测设计例化
clock_divider uut (
    .clk(clk),
    .reset_n(reset_n),
    .q_out(q_out)
);
initial begin
  // 初始化输入
  clk = 0;
  reset_n = 1'b0;
  #100;
  // 等待 100 ns 全局复位结束
  reset_n = 1'b1;
  #500 reset_n = 1'b0;
end
always #10 clk = ~clk;
endmodule
```

ASIC 设计的 RTL 代码存在的问题：虽然我们可以通过上述 Verilog RTL 代码实现时序电路的二分频，并且该电路对时钟上升沿敏感，但是电路中非门的使用会增加数据需求时间，这将限制设计的最大时钟频率。

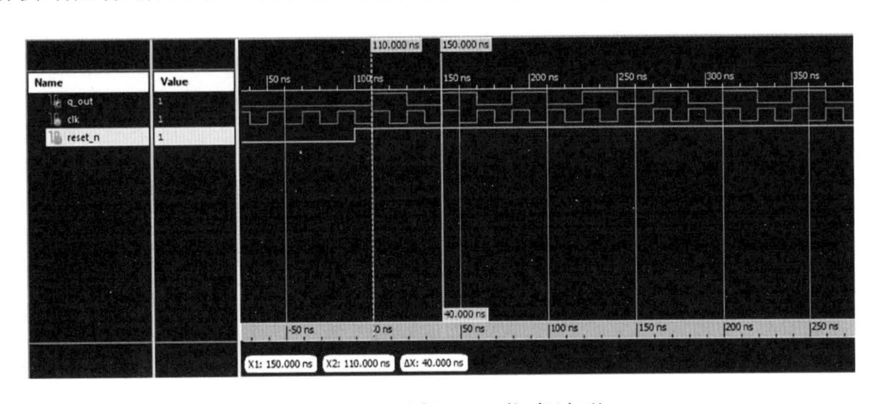

图 4.14　示例 4.11 仿真波形

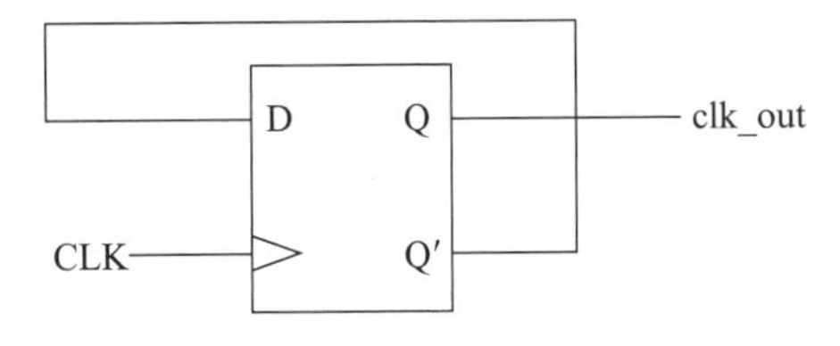

图 4.15　ASIC 二分频时钟产生逻辑

如何解决问题：为了提高时钟分频器的最高频率，可以将触发器输出端 $\overline{Q}$ 直接连到数据输入端 D。更多内容请参考第 5 章和第 10 章。

4.7 同步设计

在同步设计中，所有的时序元件（D 触发器）使用的时钟都来自于一个公共的时钟源。为了获得更好的 ASIC 性能和时序，建议采用同步设计。

示例 4.12 是一个使用可综合结构实现的 2 位加法计数器的 RTL 代码，其计数序列是 00-01-10-11-00...，该 RTL 代码采用的是低电平有效的异步复位。

示例 4.12 2 位同步计数器的 RTL 代码

```
module Binary_up_counter (
    input clk,
    reset_n,
    output reg [1:0] Q
);
  always @(posedge clk or negedge reset_n) begin
    if (~reset_n) Q <= 2'b00;
    else if (Q == 2'b11) Q <= 2'b00;
    else Q <= Q + 1;
  end
endmodule
```

上述 RTL 代码推断出的逻辑如图 4.16 所示，对应的 2 位计数器的仿真波形如图 4.17 所示。

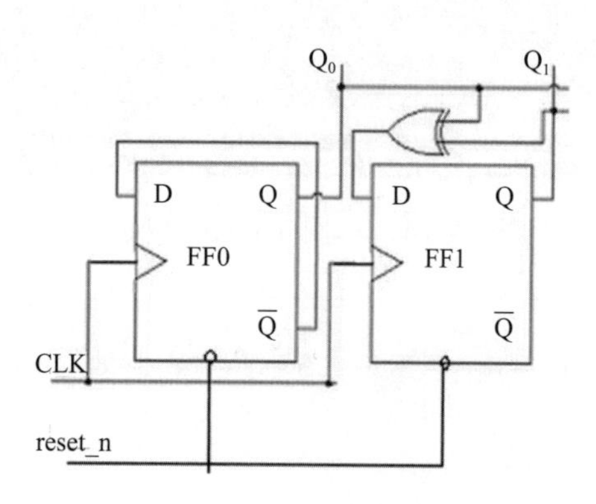

图 4.16 2 位同步二进制加法计数器

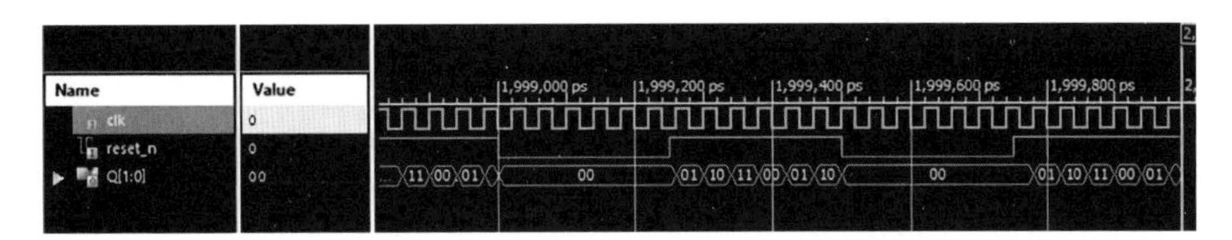

图 4.17 2 位二进制加法计数器时序图

4.8 异步设计

异步设计中，所有时序元件的时钟不一定都来自于一个公共的时钟源。如图 4.18 所示，设计中使用上升沿敏感的翻转触发器实现了内部时钟的产生。

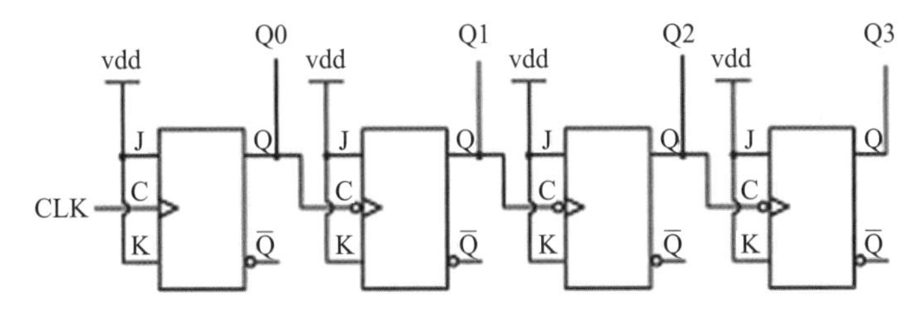

图 4.18 异步计数器实现的时钟分频器

如果我们的输出时钟是 500MHz，那么可以产生如下时钟：

（1）Q0 输出的时钟频率是 250MHz。

（2）Q1 输出的时钟频率是 125MHz。

（3）Q2 输出的时钟频率是 62.5MHz。

（4）Q3 输出的时钟频率是 31.25MHz。

这种类型的设计存在的问题是异步时钟，在 ASIC 中使用这种设计是十分危险的。

4.9 复杂设计的RTL设计和验证

复杂设计在进行 RTL 设计和验证时，可以采用如下策略：

（1）尽力去理解架构和微架构，并按照适当的门规模数对逻辑进行划分，从而获得更高效的 RTL 描述。

（2）采用自底向上的设计方法，在进行顶层设计时尽量使用同步器。

（3）进行 RTL 设计时使用可综合结构，进行 RTL 验证时使用不可综合结构。

（4）使用阻塞赋值进行组合逻辑建模（寄存器之间的胶合逻辑），非阻塞赋值主要用于时序设计建模。

（5）不要混用阻塞赋值和非阻塞赋值。

（6）使用 RTL 级别的优化约束来提高性能，这方面内容可参考后面章节，这将有助于更好地理解设计和优化。

（7）采用较好的验证体系架构，对设计制定验证计划。

（8）了解覆盖率的需求，并采用对应的验证策略以实现指定的覆盖率目标。

关于 RTL 验证的话题不是本书的目的，本书的下面几章有助于大家理解 ASIC 设计相关的术语和概念。

4.10 练 习

（1）使用可综合的 Verilog 结构实现图 4.19 所示的逻辑。

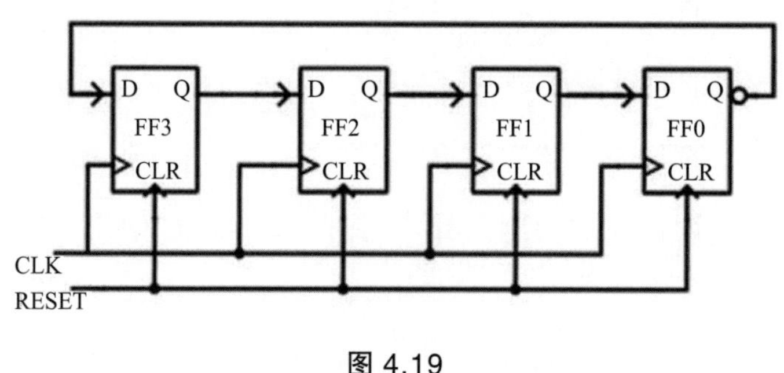

图 4.19

（2）使用可综合的 Verilog 结构实现图 4.20 所示的逻辑，注意采用低电平有效的异步复位，同时所用元件对上升沿敏感。

（3）使用可综合的 Verilog 结构实现图 4.21 所示的逻辑。

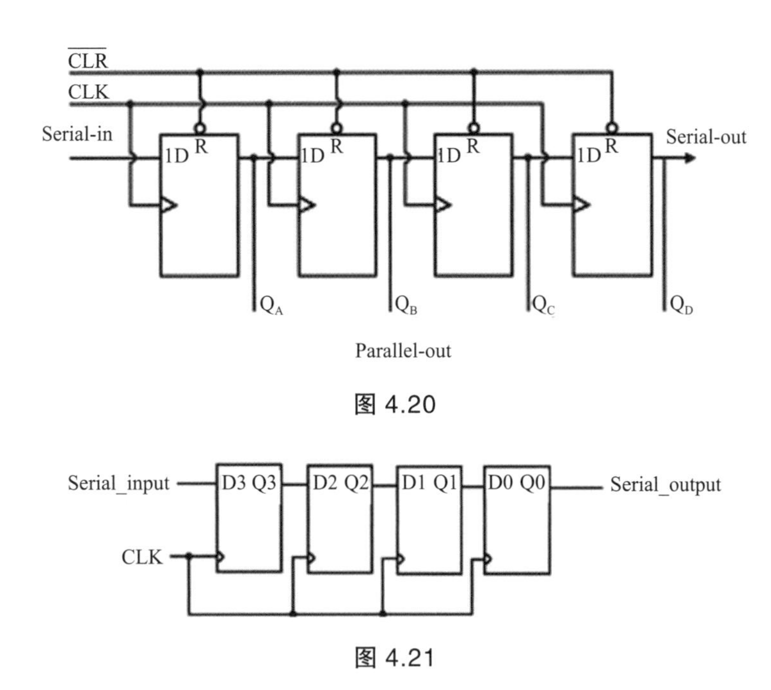

图 4.20

图 4.21

4.11 总 结

下面是对本章重要知识点的汇总：

（1）非阻塞赋值用于时序逻辑建模。

（2）阻塞赋值用于组合逻辑建模。

（3）不要将阻塞赋值与非阻塞赋值混用。

（4）有两种类型的复位：同步复位和异步复位。

（5）在同步设计中，D 触发器的所有时序元件使用公共时钟源产生的时钟。

（6）在异步设计中，所有时序元件的时钟不一定都来自同一个公共时钟源。

（7）避免在设计中使用内部产生的时钟或异步时钟。

第 5 章　重要的设计考虑因素

如果我们使用同步时序设计或任何 IP 去完成设计的最终架构和微架构，那么我们需要制定各种不同的策略，下面列出了其中的一些：

（1）设计的功能性和兼容性。

（2）并行性、并发性和流水线策略。

（3）外部 IO 和高速接口。

（4）面积和总设计门数的预估。

（5）速度和最大频率要求。

（6）功耗要求和使用的低功耗设计电路。

（7）时钟网络和延迟。

（8）接口、IO 延迟及建模策略。

（9）片上变化对设计的影响。

（10）所需的 IP 要求和时序要求。

（11）存储要求和不同的微处理器。

（12）顶层和模块级设计约束。

通过考虑以上所有因素，由经验丰富的技术成员组成的团队最终确定 ASIC/SoC 的架构和微架构设计。

注意：在架构和微架构的设计中，最重要的关注点是速度、功耗、面积。

为了便于理解系统架构和案例研究，本章将分别讨论这些设计因素。

5.1 时序参数

图 5.1 列出了针对上升沿触发器的重要的时序参数。

（1）建立时间（t_{su}）：在有效时钟之前，数据输入必须保持稳定的最小时间。此处的有效时钟，低到高的时钟跳变对应上升沿触发器，高到低的时钟跳变对应下降沿触发器。在建立时间内，如果数据的输入端发生 1 到 0 或者 0 到 1 的改变，那么触发器的输出端将处于亚稳态，也就是建立时间违例。更详细的信息请参考第 12 章和第 15 章的内容。

（2）保持时间（t_h）：在有效时钟之后，数据输入必须保持稳定的最小时间。此处的有效时钟，低到高的时钟跳变对应上升沿触发器，高到低的时钟跳变对应下降沿触发器。在保持时间内，如果数据输入端发生 1 到 0 的改变或者 0 到 1 的改变，那么触发器的输出端将处于亚稳态，也就是保持时间违例。更详细的信息请参考第 12 章和第 15 章的内容。

（3）传播延迟时间（t_{pd}）：时序单元的传播延迟是指从时钟的有效沿到输出的上升或者下降沿。传播延迟通常称为 clock 到 q 的延迟，一般以 t_{cq} 的形式描述。

下面将详细讨论触发器的这些时序参数。

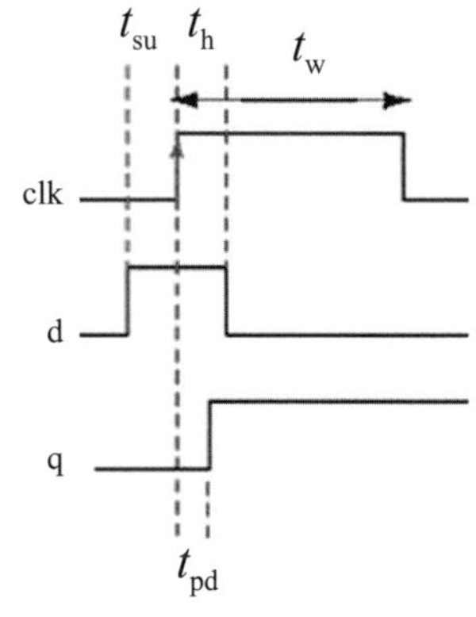

图 5.1 D 触发器的时序参数

5.2 亚稳态

如图 5.2 所示，如果 data_in 的数据是从另外一个不相关的时钟产生的，那么第一个触发器的数据输出端就是亚稳态。meta_data 表示这个触发器的输出是亚稳态，因此第一个触发器有时序违例。

触发器输出是亚稳态，表明这个输出是无效的，需要使用多级的触发器同步结构才能使这个无效状态变成有效状态。

第一个触发器和第二个触发器的时序顺序如图 5.3 所示，第一个触发器的输出是亚稳态，第二个触发器的 data_out 输出是一个有效合法的状态。

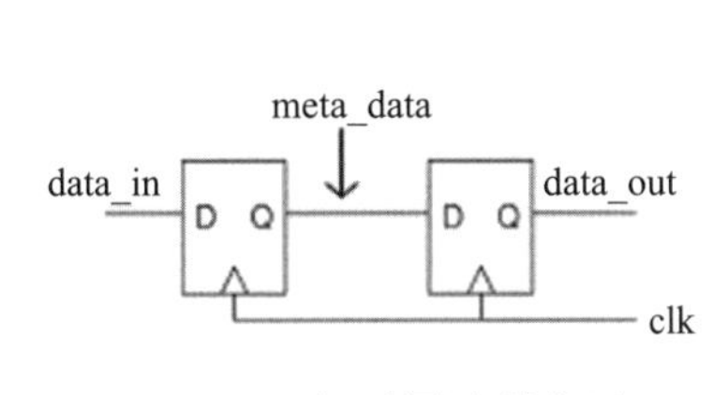

图 5.2 电平同步的概念

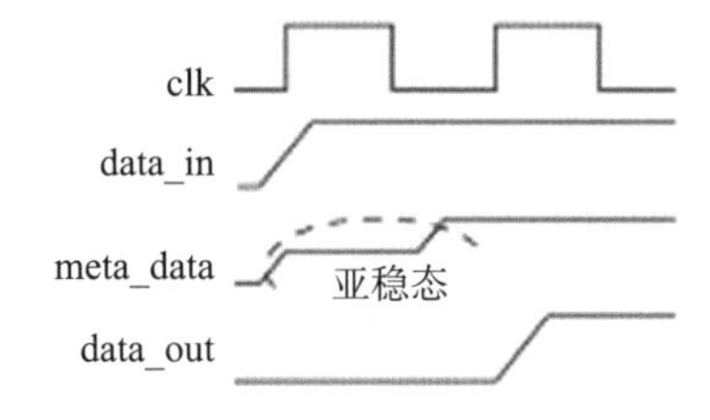

图 5.3 图 5.2 的时序顺序

5.3 时钟偏差

如果 ASIC 的设计当中有多个时钟，那么时钟的分布和时钟电路的综合将担当分配和平衡时钟偏差（clock skew）的重要角色。

CTS（时钟树综合）将在本书的第 16 章节进行讨论。首先我们需要了解一些基本的时钟网络信息，比如时钟偏差。

即使在单一的时钟域设计当中，布线产生的延迟和线本身的延迟是产生时钟偏差的主要原因。

如图 5.4 所示，时钟沿到达发射触发器的时间定义为 t0，时钟沿到达捕获触发器的时间定义为 t2。时钟信号到达的时间不同，导致 clk1 和 clk2 之间有相位差，这是产生时钟偏差的根本原因。

图 5.4 同步电路设计

晶体振荡器的老化是另外一个原因，它会产生频率的周期性变化，这会导致到达触发器的时间不同，我们一般将这种频差定义为频率抖动（jitter）。

在图 5.4 中，时钟偏差是由 clk1 管脚和 clk2 管脚之间的连线的延迟差异造成的。

在集成电路的设计当中，我们通常会遇到两种不同类型的时钟偏差（图 5.5）：

（1）正时钟偏差：发射时钟（clk1）来的比捕获时钟（clk2）早。t_{skew} 表示两个到达时钟 clk2 和 clk1 的差。换言之，我们可以想象正时钟偏差是数据和时钟在同一方向上运行，正时钟偏差有利于建立时间，但不利于保持时间！

（2）负时钟偏差：捕获时钟（clk2）来的比发射时钟（clk1）早。t_{skew} 表示两个到达时钟 clk2 和 clk1 的差。换言之，我们可以想象负时钟偏差是数据和时钟在相反方向上运行，负时钟偏差有利于保持时间，但不利于建立时间！

在 ASIC 设计中，我们经常能够体验到因频率抖动或者互连（布线延迟）导致的时钟偏差，以下两点非常重要：

（1）正时钟偏差有利于建立时间，但不利于保持时间。

（2）负时钟偏差有利于保持时间，但不利于建立时间。

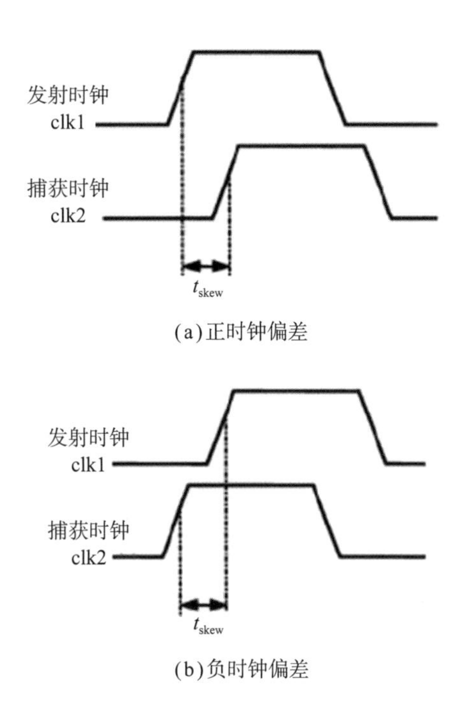

图 5.5 集成电路设计中的时钟偏差

5.3.1 正时钟偏差

如前所述，发射时钟来的比捕获时钟早，正是由于这样一个设计裕量的存在，可以用来提高设计的使用频率。设计频率的计算将在第 6 章讨论。

图 5.6 描述了正时钟偏差在同步电路设计中的实现，其中 clk1 和 clk2 之间的时钟偏差是 t_{buffer}。

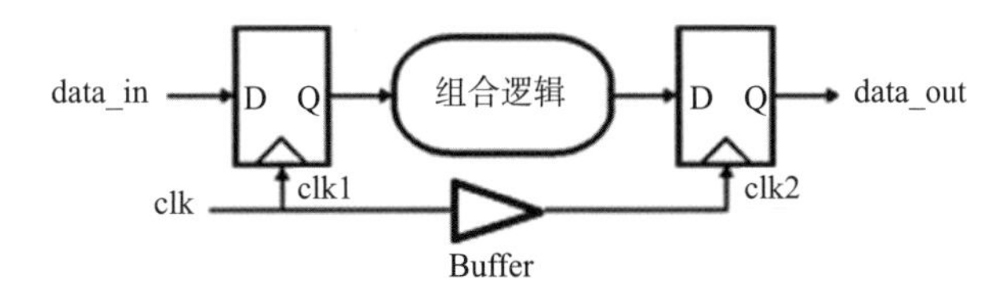

图 5.6 正时钟偏差

我们先来计算数据要求时间和数据到达时间。

$$\text{数据到达时间}(\mathrm{AT}) = t_{\mathrm{pff1}} + t_{\mathrm{combo}}$$
$$\text{数据要求时间}(\mathrm{RT}) = T_{\mathrm{clk}} + t_{\mathrm{buffer}} - t_{\mathrm{su}}$$

式中，T_{clk} 是时钟周期；t_{buffer} 是时钟路径上的缓冲延迟；t_{su} 是触发器的建立时间；t_{pff1} 是触发器的传播延迟；t_{combo} 是组合逻辑传播延迟。

建立时间裕量是指数据要求时间减去数据到达时间。正的建立时间裕量表示设计中没有建立时间违例。

为了避免设计中的建立时间违例，一般来说设计需要更快的数据和更早的发射时钟（clk1）及更晚的捕获时钟（clk2），即与数据要求时间相比，数据到达时间应该更快，如图 5.7 所示。

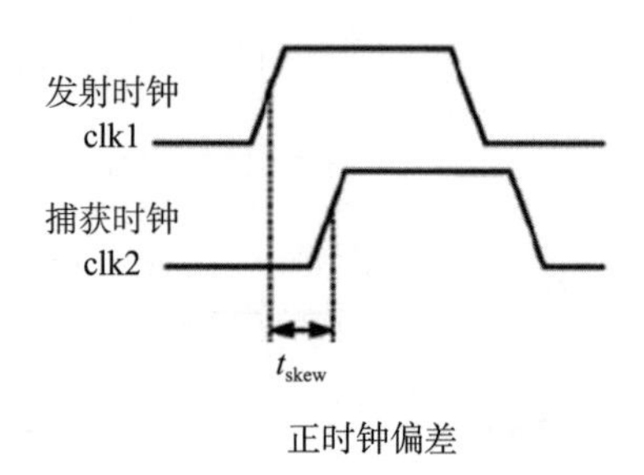

图 5.7 正时钟偏差中发射时钟和捕获时钟的关系

5.3.2 负时钟偏差

如前所述，发射时钟来的比捕获时钟晚，正是由于这样一个在时钟路径上的缓冲延迟的存在，会减少设计的使用频率。设计频率的计算将在第 6 章讨论。

图 5.8 描述了负时钟偏差在同步电路设计中的实现，其中 clk1 和 clk2 之间的时钟偏差是 t_{buffer}。

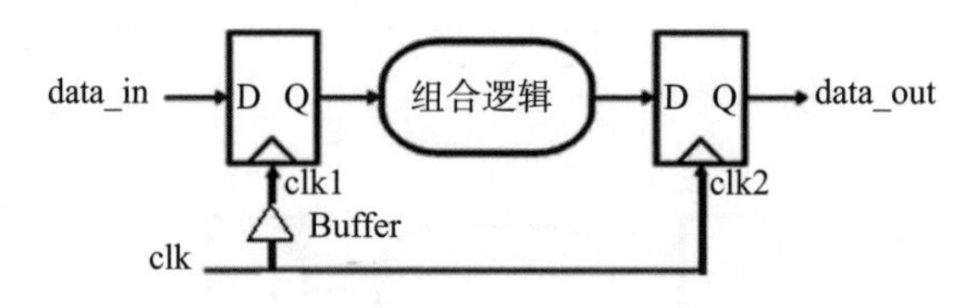

图 5.8 负时钟偏差

我们先来计算数据要求时间和数据到达时间。

$$\text{数据到达时间}(\text{AT}) = t_{buffer} + t_{pff1} + t_{combo}$$
$$\text{数据要求时间}(\text{RT}) = T_{clk} - t_{su}$$

式中，T_{clk} 是时钟周期；t_{buffer} 是时钟路径上的缓冲延迟；t_{su} 是触发器的建立时间，t_{pff1} 是触发器的传播延迟；t_{combo} 是组合逻辑传播延迟。

负时钟偏差中发射时钟和捕获时钟的关系如图 5.9 所示。

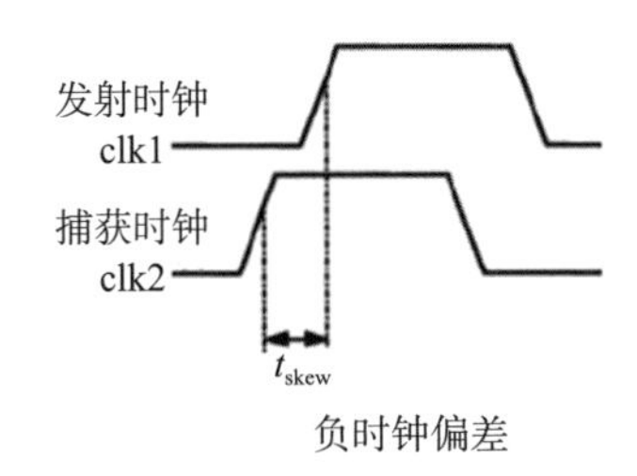

图 5.9 负时钟偏差中发射时钟和捕获时钟的关系

5.4 裕 量

在整个 ASIC 设计周期内，两个重要的裕量考核指标是建立时间裕量和保持时间裕量，如图 5.10 所示。

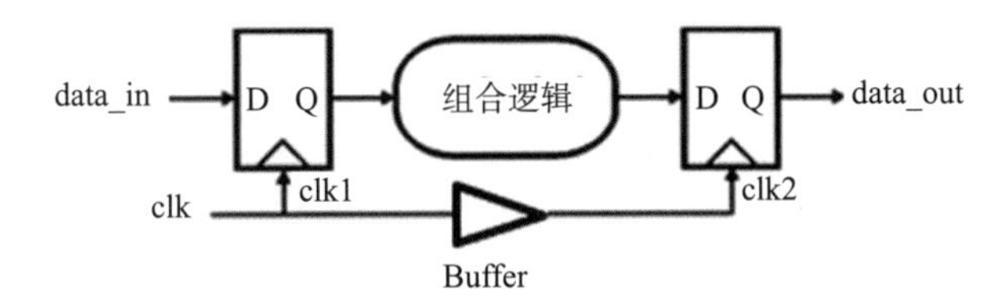

图 5.10 同步电路设计中的寄存器到寄存器时序路径

1. 建立时间裕量

建立时间裕量是数据要求时间和数据到达时间的差值，这个值要求为正值，正值表示设计中没有建立时间裕量的违例。

$$\text{数据到达时间}(\text{AT}) = t_{\text{buffer}} + t_{\text{pff1}} + t_{\text{combo}}$$
$$\text{数据要求时间}(\text{RT}) = T_{\text{clk}} - t_{\text{su}}$$
$$\text{建立时间裕量} = \text{RT} - \text{AT}$$

2. 保持时间裕量

保持时间裕量是数据到达时间和数据要求时间的差值，这个值要求为正值，正值表示设计中没有保持时间裕量的违例。

5.5 时钟延迟

在单时钟域设计中，时钟通常由锁相环（PLL）产生，针对多时钟域的情况，通常设计中会由多个锁相环分别产生不同的时钟。锁相环通常由模拟的设计团队单独设计，不在本书的讨论范围。

时钟网络引入了延迟的概念，它实际上是时钟通过时钟网络到达芯片上的触发器的时间，如图 5.11 所示。

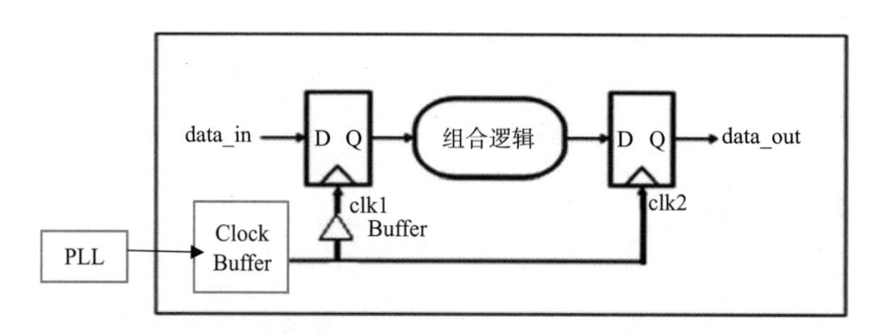

图 5.11 时钟网络延迟

5.6 设计面积

ASIC 的面积，通常由标准单元、模块和不同类型的 IP 核组成。在设计百万门级或者十亿门级的芯片时，为了得到更佳的性能，芯片面积的约束和更合适的布局就显得至关重要。我们可以在不同的设计阶段针对性地进行面积优化，比如：

（1）在架构设计阶段，不同的功能模块之间交互采用更佳的策略。

（2）在代码（RTL）设计阶段，尽可能采用资源共享的策略和技巧。

（3）在物理设计的布局阶段，由于受到布线资源的限制，需要尽可能将相关的模块放置在靠近的位置，从而减少线延迟和芯片面积。

5.7 速度要求

芯片的运行速度是芯片设计的核心指标。ASIC 芯片性能的提升可以通过很多方法来实现。例如，针对需要工作在 500MHz 频率下的处理器，我们需要考虑如下策略：

（1）在架构和微架构设计中，针对时序电路的边界部分进行合理划分和优化。

（2）在布局的初始阶段，尽量将相互关联的模块放置在一起，从而减少布线距离，线延迟的减少必然会增加芯片的工作速度。

（3）在 RTL 设计阶段，通过寄存器复用和优化的方式减少面积，从而提升芯片的性能。

（4）在 RTL 设计阶段，严格遵循寄存器输入和寄存器输出的编码规则，从而获得更好的芯片性能。

（5）条件允许的情况下，使用流水线的处理方法和架构。

（6）如果设计中用到了有限状态机（FSM）和微控制器，尝试采用控制通路综合和数据通路综合，从而获得更佳的时序和性能。

（7）使用同步设计取代异步设计获得更佳的性能指标。

（8）尽量避免生成内部时钟，在 CTS 阶段从时钟树的角度去优化时钟。

（9）在布线阶段，尽量使用基于工具的优化技巧，比如工具特殊指令的方法去优化时钟偏差。

5.8 功耗要求

在任何一个ASIC设计或者SoC设计中，功耗都是重要的关注点。客观地讲，设计团队将尝试最大限度地减少静态功耗和动态功耗。在物理设计阶段，首先必须完成功耗的约束和规划。在整个 ASIC 的设计流程中，不同的阶段会用到不同的功耗约束方法：

（1）在 ASIC 的设计中，采用低功耗的设计架构。

（2）在不同的设计等级，针对性地使用 UPF 文件进行电源管理。

（3）在 RTL 阶段，为了降低动态功耗，使用专用的门控时钟单元进行电路设计。

（4）在 RTL 阶段，可以通过减少使用赋值语句和降低数据翻转率的方法来优化功耗。

（5）在物理设计阶段，针对多电源域的情况，需要优化电源管理和上电顺序。

（6）在物理设计阶段，使用更好的电源管理策略。

相关的详细信息，请参考第 7 章。

5.9 什么是设计约束？

设计约束通常意义上指生产厂家根据工艺条件定义的基本设计规则和针对设计的优化规则。

1. 设计规则约束（DRC）

DRC 由生产厂家根据自身的生产条件制定，属于设计人员必须遵循的设计规则。这些约束主要包括：

（1）电平转换。

（2）扇出。

（3）等效电容负载。

2. 优化约束

优化约束主要使用在设计和优化阶段，这些约束主要包括：

（1）面积。

（2）速度。

（3）功耗。

逻辑综合工具 DC（design compiler）使用面积约束和速度约束尝试在不同的优化阶段去优化设计。

物理综合工具 ICC（IC compiler）使用面积约束、速度约束、功耗约束使整个芯片处于一个满足时序干净的状态，相关部分的约束将在第 10 章讨论。

5.10 练　习

（1）设计一个针对两个操作数的 ALU（算术逻辑单元）。要求满足加法、减法、递增、递减和相关逻辑操作（OR、AND、XOR、补码等操作），同时满足面积最优的方案。

（2）找到图 5.12 设计中的数据到达时间和数据要求时间。

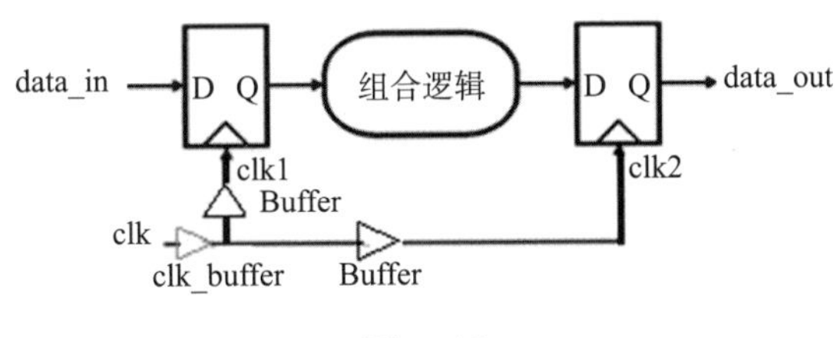

图 5.12

5.11 总 结

下面是对本章重要知识点的汇总：

（1）建立时间裕量是数据要求时间和数据到达时间的差值，这个值要求为正值，正值表示设计中没有建立时间裕量的违例。

（2）保持时间裕量是数据到达时间和数据要求时间的差值，这个值要求为正值，正值表示设计中没有保持时间裕量的违例。

（3）触发器传播延迟时间，即时钟（clk）到寄存器输出（q）的时间，通常用 t_{clktoq} 来定义。

（4）时钟偏差是时钟到达不同寄存器的偏差。

（5）正时钟偏差即数据和时钟在同一方向上运行，正时钟偏差有利于建立时间，但不利于保持时间。

（6）负时钟偏差即数据和时钟在相反方向上运行，负时钟偏差有利于保持时间，但不利于建立时间。

（7）建立时间裕量是数据要求时间和数据到达时间的差值，这个值要求为正值。

（8）保持时间裕量是数据到达时间和数据要求时间的差值，这个值要求为正值。

第 6 章　ASIC设计中重要的设计考虑因素

为了获得更佳的ASIC芯片性能，ASIC架构或者微架构的设计就显得至关重要。每一个设计都希望具有更小的面积、更高的性能和更低的功耗。在这样的背景下，我们需要理解以下设计考虑从而完成合理的架构设计：

（1）时钟源。

（2）时钟的延迟和网络延迟。

（3）单时钟域和多时钟域的设计。

（4）针对低功耗设计的架构和实现方法。

（5）时钟偏差对芯片速度的影响。

（6）时钟和RESET系统的策略。

（7）数据的同步和完整性的检查。

在之前的章节，我们已经讨论了很多相关的概念，其他部分将在本章讨论，方便读者更好地理解结构和微结构的设计！

6.1 同步设计中的考虑

就像在第4章和第5章讨论的那样，异步电路更容易产生毛刺，运行速度也较慢。在ASIC的设计流程中，异步时钟是不推荐的。为了真实有效地理解同步设计，我们看一下图6.1所示的电路，时钟频率是决定触发器到触发器的频率的重要因素。

图6.1 同步时序电路

第一个触发器的时钟为clk1，用于发射数据；第二个触发器的时钟为clk2，用于捕获数据。本设计的最大工作频率是满足没有任何的时序违例下的时钟频率。时序路径的概念将在第10章进行讨论。

1. 满足正确功能的时序需求

捕获数据触发器的数据端要满足没有建立时间违例的要求，才能满足设计的需求。因此，数据要求时间RT=$T-t_{su}$。事实上的数据到达时间（AT）依赖于 D 触发器的延迟时间（$t_{ctoq}=t_{pff}$）和中间组合逻辑（combo_logic）的时间。因此，到达时间（$t_{ctoq}+t_{combo}$）就是这个设计的时序限制。

2. 同步电路的最大工作频率

在设计中，RT 和 AT 的差值必须为正，也就是建立时间裕量必须为正。

$$\text{建立时间裕量} \geqslant 0$$

$$\text{RT} - \text{AT} \geqslant 0$$

$$\left(T - t_{su}\right) - \left(t_{ctoq} + t_{combo}\right) \geqslant 0$$

$$T = t_{ctoq} + t_{combo} + t_{su}$$

触发器的时序参数中，t_{su} 是建立时间；t_{ctoq} 是触发器的传输时间；t_{combo} 是组合逻辑的传播延迟时间；T 是时钟的周期。

因此，最大工作频率 $f_{max}=1/T$。

6.2　正时钟偏差对速度的影响

由前面的讨论可知，正时钟偏差有利于满足建立时间而不利于满足保持时间。

在图 6.2 中，clk1 和 clk2 属于正时钟偏差，clk2 经过 t_{buffer} 之后到达捕获触发器，因此，它将提高电路的工作频率，如图 6.3 所示。

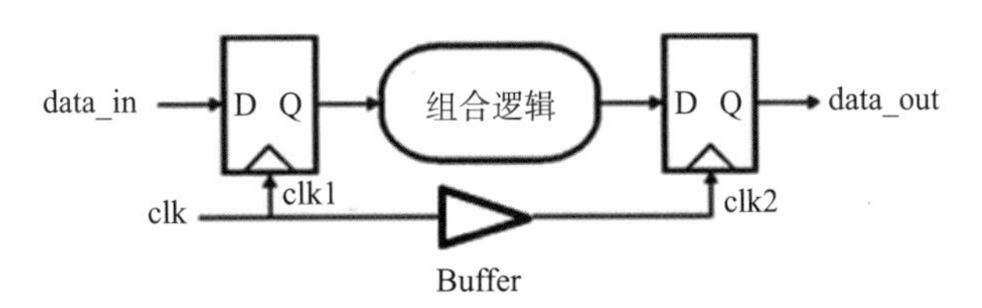

图 6.2　正时钟偏差

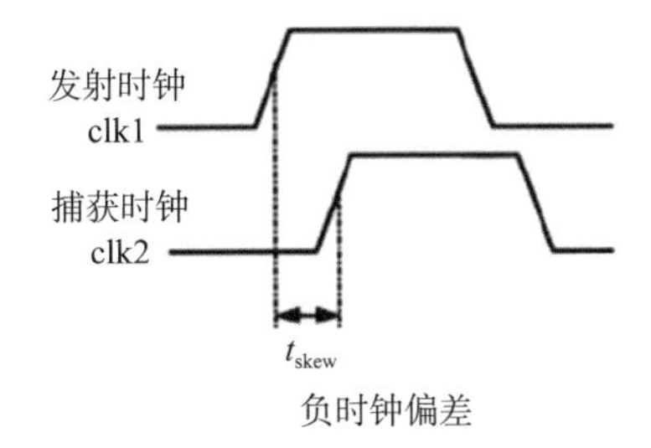

图 6.3　正时钟偏差示意图

考虑到要求的工艺节点下的触发器的时序参数，设计在特定工艺节点下的最大工作频率的计算公式如下：

$$建立时间裕量\geqslant 0$$
$$\mathrm{RT}-\mathrm{AT}\geqslant 0$$
$$\left(T+t_{\text{buffer}}-t_{\text{su}}\right)-\left(t_{\text{ctoq}}+t_{\text{combo}}\right)\geqslant 0$$
$$T=t_{\text{ctoq}}+t_{\text{combo}}+t_{\text{su}}-t_{\text{buffer}}$$

触发器的时序参数中，t_{su}是建立时间；t_{ctoq}是触发器的传播时间；t_{combo}是组合逻辑的传播延迟时间；t_{buffer}是时钟路径上的延迟时间。

6.3 负时钟偏差对速度的影响

如前所述，发射时钟来的比捕获时钟晚，在这种情况下，我们假定发射触发器作为源触发器，捕获触发器作为目的触发器。

在图6.4中，clk1和clk2属于负时钟偏差，clk1经过t_{buffer}之后到达捕获触发器，因此，它将降低电路的工作频率，如图6.5所示。

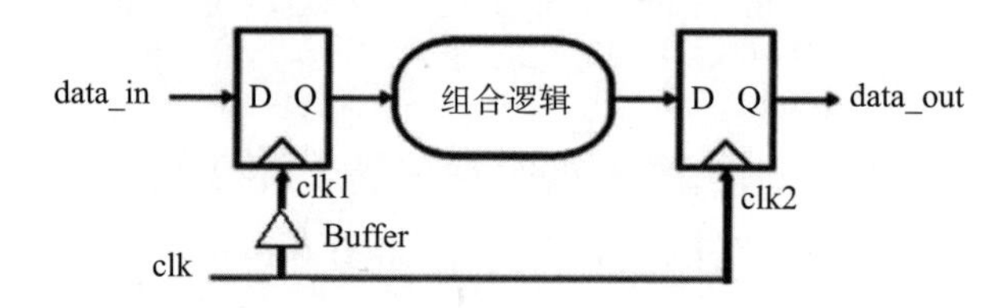

图6.4 负时钟偏差

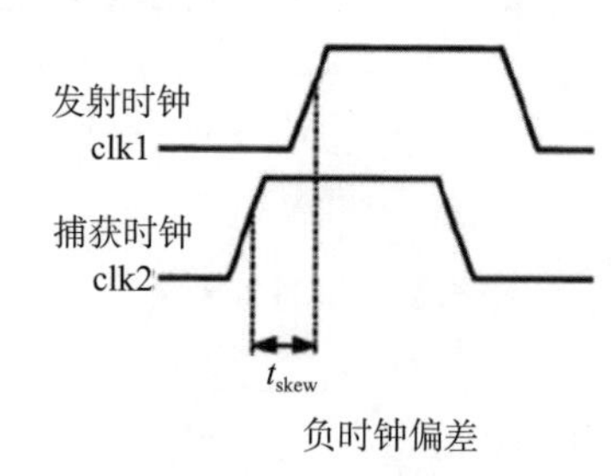

图6.5 负时钟偏差示意图

考虑到要求的工艺节点下的触发器的时序参数，设计在特定工艺节点下的最大工作频率的计算公式如下：

$$
\begin{aligned}
&\text{建立时间裕量} \geqslant 0 \\
&\mathrm{RT}-\mathrm{AT} \geqslant 0 \\
&\left(T-t_{\text{buffer}}-t_{\text{su}}\right)-\left(t_{\text{ctoq}}+t_{\text{combo}}\right) \geqslant 0 \\
&T=t_{\text{ctoq}}+t_{\text{combo}}+t_{\text{su}}+t_{\text{buffer}}
\end{aligned}
$$

触发器的时序参数中，t_{su} 是建立时间；t_{ctoq} 是触发器的传播时间；t_{combo} 是组合逻辑的传播延迟时间；t_{buffer} 是时钟路径上的延迟时间。

6.4 时钟和时钟的网络延迟

正是由于时钟网络的存在，我们在设计中引入了时钟网络延迟的概念。在物理设计阶段，至关重要的工作就是设计和优化时钟网络，使时钟分布均匀并且偏差保持基本一致。

如果时钟的策略不是非常高效的话，那么物理综合工具也不能非常好地对时钟网络进行优化，考虑到时钟网络上产生的时钟偏差，将会产生大量的时序违例，从而导致芯片不能正常工作。

在静态时序分析的签收阶段，对物理设计团队而言，时钟导致的时序违例问题的分析和解决像噩梦一样存在，如图 6.6 和图 6.7 所示。

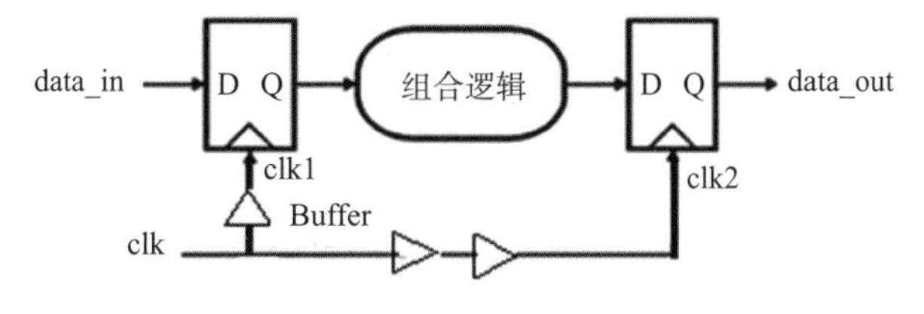

图 6.6 时钟网络中的缓冲器

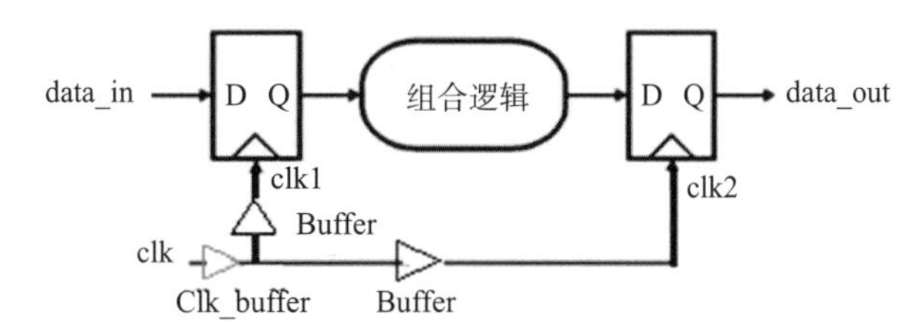

图 6.7 时钟的网络延迟和时钟网络中的缓冲器

6.5 设计中的时序路径

下面我们开始尝试理解同步电路设计中的时序路径。由图6.8可以看出，存在4种时序路径：

（1）输入到触发器的时序路径。

（2）触发器到输出的时序路径。

（3）触发器到触发器的时序路径。

（4）输入到输出的时序路径。

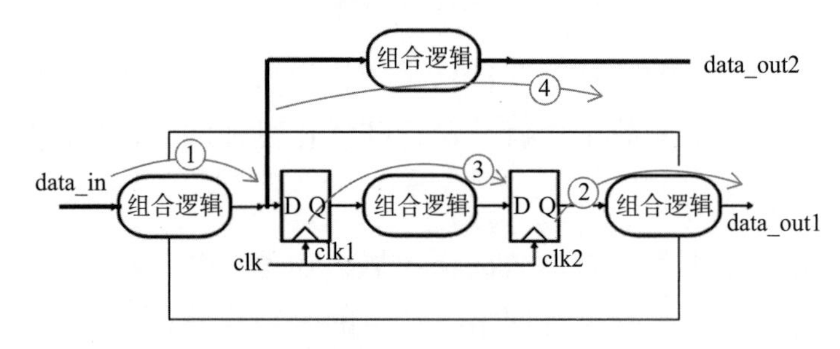

图6.8 同步设计

为了识别出设计中的时序路径，设计师首先应该知道正确的时序路径起点和时序路径终点。

（1）时序路径起点：触发器结构的时钟端和时序电路的数据输入端通常情况下被认为是时序路径的起点。工具默认以这种方式划分设计的时序起点和时序终点。

（2）时序路径终点：触发器结构的数据输入端（D）和时序电路的数据输出端通常情况下被认为是合理的时序路径终点。

1. 输入到触发器的时序路径

图6.8中标注为1的路径，从data_in到触发器的数据输入端，如图6.9所示。

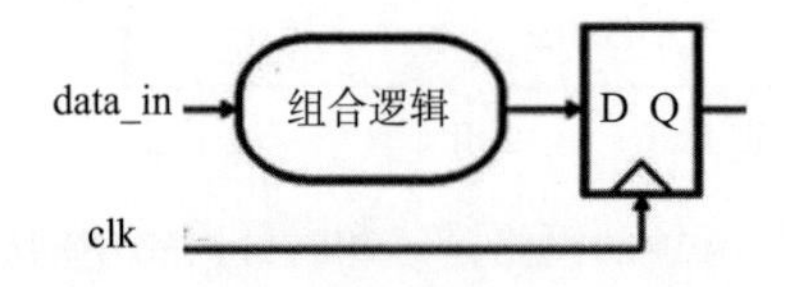

图6.9 输入到触发器的时序路径

2. 触发器到输出的时序路径

图 6.8 中标注为 2 的路径，从触发器的 clk2 端到 data_out1，如图 6.10 所示。

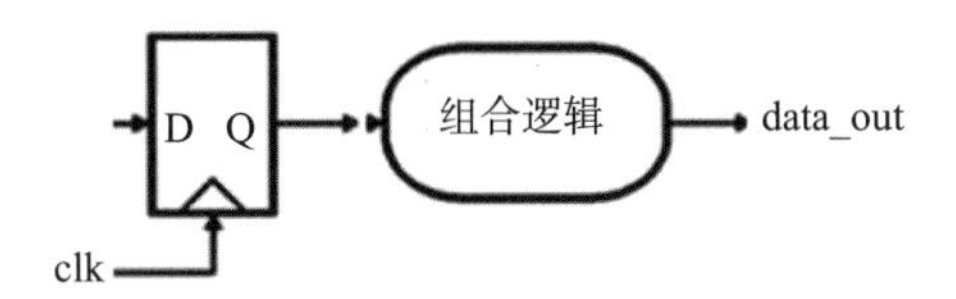

图 6.10 触发器到输出的时序路径

3. 触发器到触发器的时序路径

图 6.8 中标注为 3 的路径，从触发器的时钟管脚 clk1 到接 clk2 的触发器的输入端 D，如图 6.11 所示。

图 6.11 触发器到触发器的时序路径

4. 输入到输出的时序路径

图 6.8 中标注为 4 的路径，这种非约束的时序路径通常被称为组合逻辑时序路径，从 data_in 到 data_out，如图 6.12 所示。

图 6.12 输入到输出的时序路径

6.6 频率的计算

为了计算出图 6.13 所示电路的最大工作频率，我们首先假定以下的触发器时序参数：

$$t_{\mathrm{ctoq}} = 2\mathrm{ns}$$
$$t_{\mathrm{combo}} = 2\mathrm{ns}$$
$$t_{\mathrm{su}} = 1\mathrm{ns}$$
$$t_{\mathrm{buffer}} = 1\mathrm{ns}$$
$$t_{\mathrm{h}} = 0.5\mathrm{ns}$$

从设计可以看出，数据到达时间为

$$\begin{aligned} AT &= t_{ctoq} + t_{combo} + t_{buffer} \\ &= 2ns + 2ns + 1ns = 5ns \end{aligned} \tag{6.1}$$

数据要求时间为

$$\begin{aligned} RT &= T - t_{su} + 2 * t_{buffer} \\ &= T - 1ns + 2 * 1ns = T + 1ns \end{aligned} \tag{6.2}$$

建立时间为 RT−AT，必须大于等于 0，由式（6.1）和式（6.2）可知，T 至少为 4ns，因此，电路的最大工作频率是 250MHz。

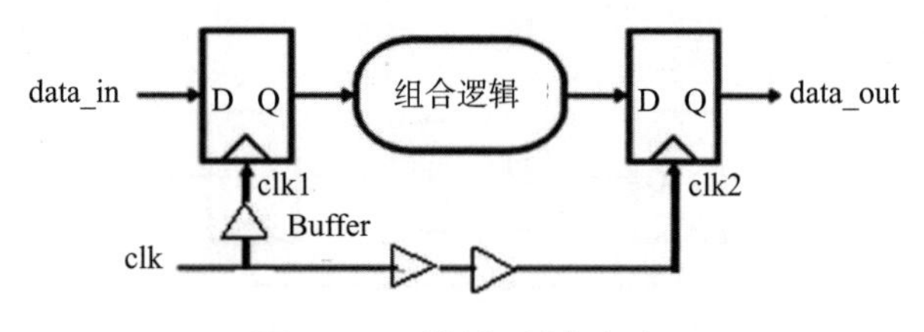

图 6.13 设计示例（1）

如图 6.14 所示，由于 clock_buffer 是公共路径，因此可以被认为是时钟的共有延迟部分，因此数据到达时间为

$$\begin{aligned} AT &= t_{ctoq} + t_{combo} + t_{buffer} \\ &= 2ns + 2ns + 1ns = 5ns \end{aligned} \tag{6.3}$$

数据要求时间为

$$\begin{aligned} RT &= T - t_{su} + t_{buffer} \\ &= T - 1ns + 1ns = T \end{aligned} \tag{6.4}$$

建立时间为 RT−AT，必须大于等于 0，由式（6.3）和式（6.4）可知，T 至少为 5ns，也就是说最大的工作频率是 200MHz。

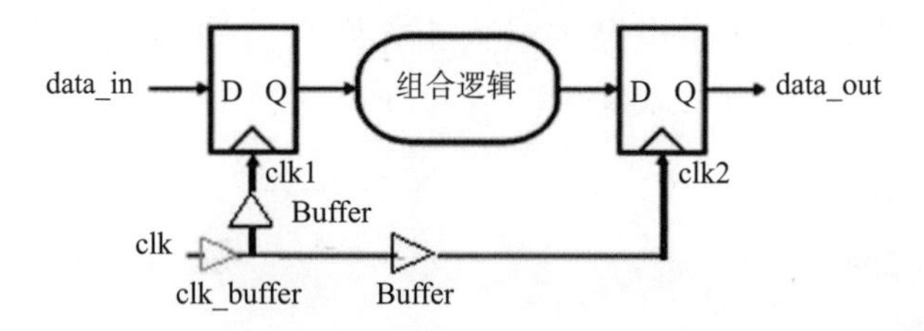

图 6.14 设计示例（2）

6.7 片上变化

在实际的 ASIC 设计当中，OCV 通常被认为是 PVT 的变化导致的。P 是工艺制程，V 是工作电压，T 是温度。

（1）制程：生产制程，比如氧化层厚度、器件尺寸偏移、掺杂浓度变化等。

（2）电压：由于 IR-Drop 的影响，我们通常认为每一个芯片的工作电压是不一样的，这里表示不同的工作电压对芯片正常工作的影响。

（3）温度：用来表示芯片工作的不同的温度范围。

这些不同的 PVT 会产生不同的芯片工作条件，我们一般定义为 min 和 max。

这就是说，在芯片的综合阶段和时序分析阶段，要保证我们设计的芯片在最好、最差和室温标准状态下都可以满足时序要求。

芯片的工作条件，通常定义在库单元文件中，用来描述不同 PVT 条件下的延迟信息。每一种不同的 PVT 变化，都会被定义为一种不同的工作条件。针对片上变化，可以认为是在芯片设计的综合和时序分析阶段，增加了时序减免系数，从而使芯片的良率得到提升。

库单元的设计和特征化超出了本书的讨论范围。库单元的开发者通常情况下会在库的设计中增加不同的工作条件，从而满足设计的时序鲁棒性，方便提升芯片良率。

6.8 练 习

（1）请参考如下基本信息，计算图 6.15 中电路的最大工作频率？

t_{ctoq}=2ns，t_{combo}=2ns，t_{su}=1ns，t_{buffer}=1ns，t_{h}=0.5ns

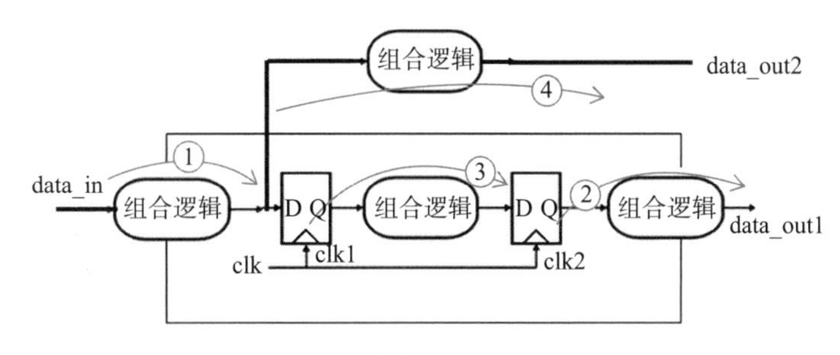

图 6.15

6.9 总 结

下面是对本章重要知识点的汇总：

（1）异步设计更容易产生毛刺，速度更低，建议使用同步设计。

（2）在负时钟偏差的设计中，发射时钟比捕获时钟来的晚。

（3）在正时钟偏差的设计中，发射时钟比捕获时钟来的早。

（4）时序路径有如下4种：

① 输入到触发器的时序路径。

② 触发器到输出的时序路径。

③ 触发器到触发器的时序路径。

④ 输入到输出的时序路径。

（5）ASIC设计师通常情况下需要考虑PVT变化引起的片上变化对时序的影响，其中P指工艺制程，V指工作电压，T指温度。

第 7 章　多时钟域设计

一个复杂的 ASIC 设计通常由以下几部分组成：

（1）处理器。

（2）存储设备。

（3）浮点运算单元。

（4）存储控制器。

（5）总线接口。

（6）高速接口。

假设设计中的处理器和存储设备在 500MHz 的工作频率下工作，浮点运算单元和存储控制器工作在 666.66MHz，总线接口和高速接口电路工作在 250MHz，这种情况下设计中会有多个时钟，我们把这种电路统称为多时钟域系统。

ASIC 芯片通常有非常多的时钟，在整个 ASIC 设计周期内，时钟域的管理和规划是最重要的工作。

7.1 多时钟域系统设计的基本策略

像之前描述的那样，在不同的时钟域之间传递数据和控制信号，会对数据的完整性产生重大的影响，以下所示的策略和方法针对 ASIC 的设计阶段是非常有帮助的：

（1）尝试在数据和控制路径上实施时序优化策略。

（2）尝试去定义和产生多时钟域的组。

（3）尝试在不同的时钟域之间增加同步器传递控制信号。

（4）尝试使用数据同步器（先进先出寄存器组或者缓冲器），从而提高数据的完整性。

随后的内容，我们将讨论在多时钟域条件下的重要的策略。

7.2 多时钟域设计的问题

考虑单时钟系统中等规模门数的设计或者处理器的时候，在 LAYOUT 阶段由互连线所产生的延迟会导致时序违例，这些时序违例可以通过在架构、RTL、综合及工具相关的优化中得到解决。

考虑到多时钟域情况下的设计需求，我们尝试去理解设计中的以下问题：

（1）在多时钟域的设计条件下，数据的完整性是主要的问题点。

（2）时钟域边界处的触发器，在没有数据同步器的情况下，会导致建立时间和保持时间违例，产生亚稳态。

（3）时序违例会导致电路输出错误信息，从而导致时序电路进入非法的状态。

下面我们尝试理解多时钟域系统中的时序电路。clk1 和 clk2 存在相位差异，从而导致 clk2 连接的触发器会产生建立时间和保持时间违例，使输出端 data_out 处于亚稳态。clk1 域的输出 q 在 clk2 时钟沿变化的建立时间和保持时间窗口内发生改变是导致这一问题的核心原因，这也将导致 data_out 进入亚稳态，如图 7.1 所示。

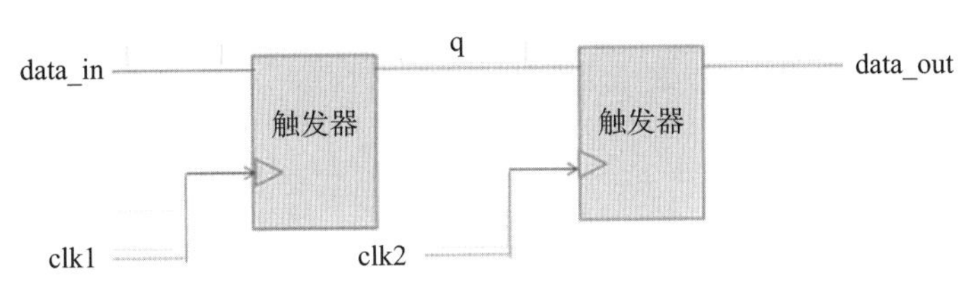

图 7.1　多时钟域概念

时序图如图 7.2 所示。

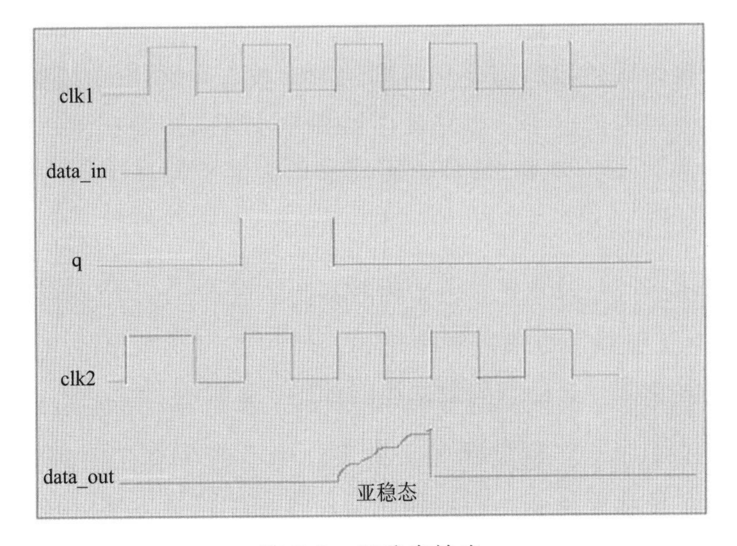

图 7.2　亚稳态输出

7.3 架构设计策略

考虑具有三个时钟域的设计，如图 7.3 所示，表 7.1 详细描述了在不同的时钟频率下工作时钟域的信息。更详细的架构和微架构设计信息请参考第 9 章。

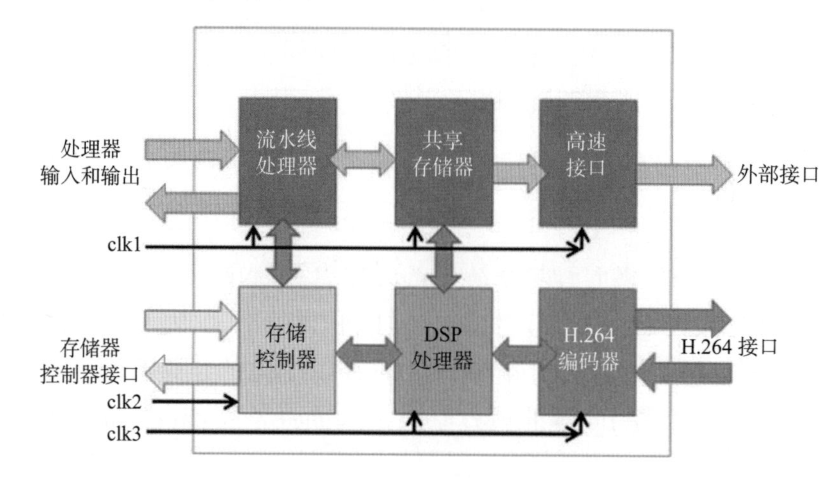

图 7.3 多时钟域架构

表 7.1 多时钟域时钟组

时钟域控制	频率 MHz	描 述
clk1	500	时钟域 1，工作频率 500 MHz
clk2	666.66	时钟域 2，工作频率 666.66 MHz
clk3	250	时钟域 3，工作频率 250 MHz

作为设计人员或者架构师，我们需要考虑多时钟域系统中的数据完整性的问题，需要为数据路径和控制路径提供干净的时序。

考虑到这些因素，我们需要在不同的时钟域之间增加同步器，以便在不同时钟域之间传输数据。电平、多路复用器和脉冲等同步器在多时钟域之间传递控制信号时非常有用。异步 FIFO 电路能够作为同步器在不同的时钟域之间传递数据。

以下是一些设计多时钟域系统的准则，以消除 CDC（跨时钟域）错误。

（1）避免亚稳态：传输控制信号时，使用寄存器输出的方式可以更好地避免毛刺和竞争冲突。亚稳态的阻塞逻辑如图 7.4 所示。

（2）使用 MCP（多周期路径）方案：为了避免在多时钟域之间传输数据和控制信号时出现亚稳态，强烈建议使用多周期路径方案。在发送时钟域和接收时钟域之间，通过建立控制信号和数据信号对的方式，控制信号可以使用

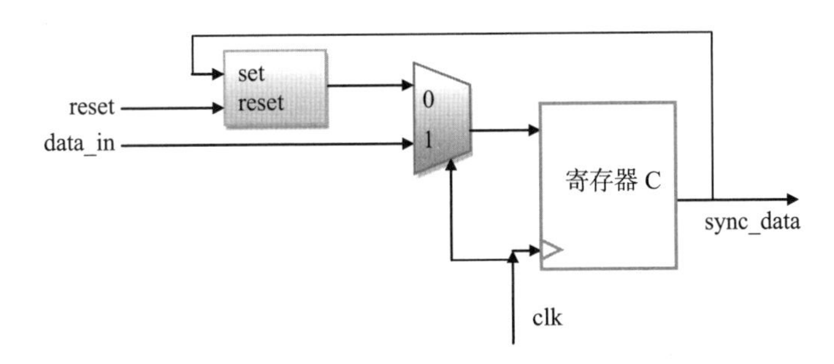

图 7.4 亚稳态阻塞逻辑

脉冲同步器在接收时钟域中采样，数据信号传递到接收时钟域不需要脉冲同步器。这项技术是高效的，原因在于数据可以保持多个时钟周期的稳定值，这些值可以很好地被接收时钟域的脉冲同步器处理。跨时钟域边界需要着重考虑以下几点：

① 控制信号必须使用多级同步器进行同步处理。

② 控制信号必须是没有毛刺和竞争的。

③ 跨时钟域边界应该有单次转换。

④ 控制信号应至少在一个时钟周期内保持稳定。

MCP 方案如图 7.5 所示。

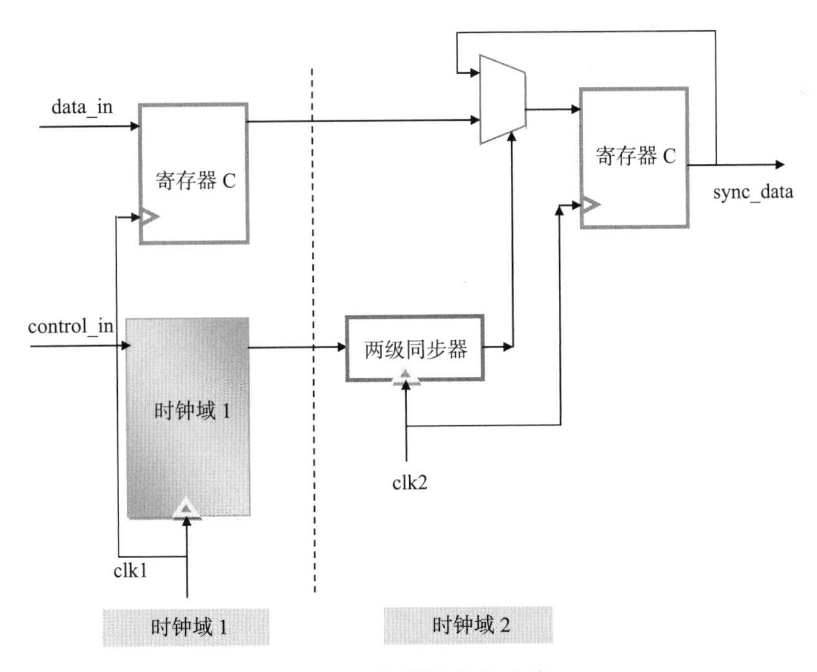

图 7.5 多周期路径方案

（3）使用FIFO：在传输多位宽的控制和信号时，使用异步FIFO是最有效的技术。当FIFO不满的时候，发送数据的时钟域会写入数据到FIFO中；当FIFO不空的时候，接收数据的时钟域会从FIFO中读取数据。

（4）使用格雷码计数器：在大多数具有CDC的复杂ASIC设计中，必不可少地会出现计数器值跨越不同时钟域的情况。如果二进制的计数器在时钟域的边界处被用来交换数据，那么由于切换了一个或多个比特位，数据交换很有可能会出错。在这样的情况下，通常建议在时钟域的边界处使用格雷码计数器去交换数据。在数据的接收时钟域，使用格雷码再转换成二进制码的方式从而获得正确的数据。

（5）设计分区：在多时钟域的设计中，使用时钟组的概念来进行模块划分。

（6）时钟命名的约定：强烈建议通过标识时钟源的方式来增加可读性。时钟命名时可以增加有意义的前缀，比如，针对发射数据的时钟域，可以采用clk_s的命名方式来定义时钟；对于接收数据的时钟域，可以采用clk_r的命名方式来定义时钟。

（7）同步复位：强烈建议在ASIC的设计中使用同步复位的方法。

（8）避免保持时间违例：为了避免保持时间违例，强烈建议仔细观察设计的结构，并且当有多周期的稳定数据跨越不同时钟域时，要有相关的策略应对。

（9）避免相关量的丢失：跨越时钟域的边界时，相关量的丢失会导致时序的异常。以下所列的方法都会导致相关量的丢失：

① 多位宽的总线。

② 多个握手信号。

③ 不相关的信号。

可以采用面向时钟的验证技术来避免这些在时钟边界上的多位宽数据。

7.4　控制信号路径和同步

本部分内容讨论ASIC设计中如何使用不同的同步器和使用策略。

7.4.1 电平同步器

大多数的情况下，快时钟域向慢时钟域传递数据时会产生时序违例。因此，最好的策略就是在 ASIC 的 RTL 设计阶段，使用同步器来解决数据跨越时钟边界的问题。

使用电平同步器的方式（两个或者三个触发器的结构）可以解决多时钟域之间交换数据的亚稳态的问题，图 7.6 中使用了两级同步器的结构。

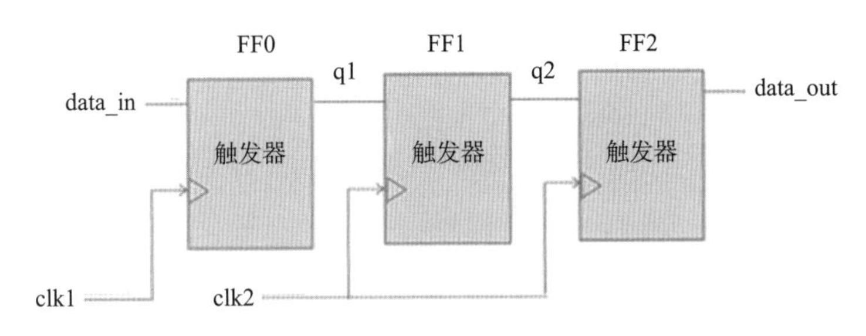

图 7.6 控制信号路径上的两级同步器设计

由图 7.6 可知，电平同步器使控制信号 q1 从时钟域 clk1 进入时钟域 clk2。电平同步器在 clk2 时钟域中采样 q1 的有效数值。clk2 时钟域中的第一个触发器由于建立时间和保持时间的违例，会导致 q2 处于亚稳态，这一点可以通过设置 EDA 工具的属性得到解决。data_out 通过使用同步器得到输出数据 data_out 的有效值。

图 7.6 电路的时序如图 7.7 所示。

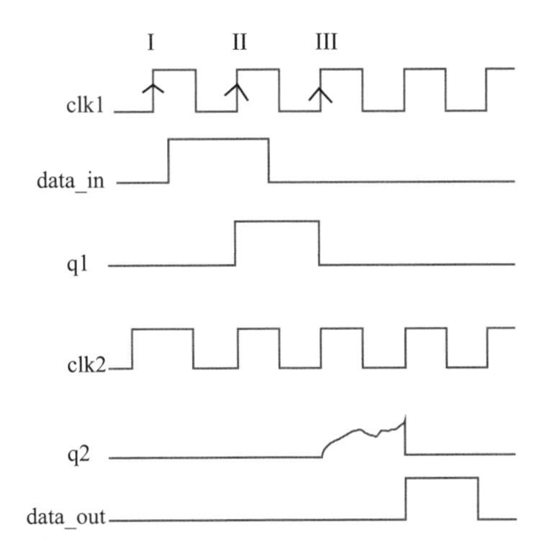

图 7.7 两级同步器的时序图

由图 7.7 可知，q1 是 clk1 时钟域的输出，在 clk2 的上升沿，q2 由于时序违例的问题将进入亚稳态，FF2 触发器的输出 data_out 在下一个时钟到来时将处于有效的状态。我们可以通过设置命令 set_false_path 的方式来解决该问题：

```
set_false_path -from FF0/q -to FF1/q
```

图 7.8 所示的电平同步器设计可以广泛应用于 ASIC 设计中。最佳的方式是在 RTL 设计阶段，单独将这个同步器电路进行模块封装。引入的延迟取决于触发器的数量，通过这种方式可以保证输出处于一个合理合法的状态。

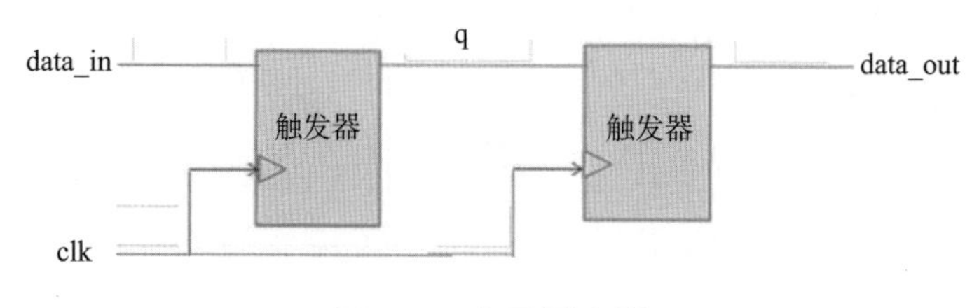

图 7.8　电平同步器

部分 RTL 代码如下所示：

```
always @ (posedge clk)
begin
q<=data_in;
data_out<=q
end
```

通常情况下，在 ASIC 设计中，控制信号从快时钟域传递到慢时钟域时会发生这种信号完整性问题。该问题是因控制信号从时钟域 1 传递到时钟域 2 时触发器输出的合法状态不收敛导致的。

使用脉冲展宽器可以解决从快时钟域到慢时钟域的信号采样问题。电平到脉冲发生器的电路如图 7.9 所示，它通常工作在时钟的上升沿。

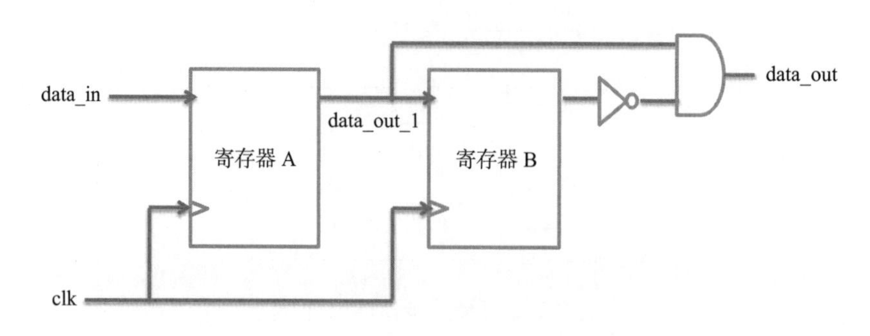

图 7.9　电平到脉冲发生器的电路

另一种机制是信号握手，可以用来获取数据并满足信号完整性的问题。

如图 7.10 所示，clk2 时钟域的采样信号通过握手信号的形式反馈回 clk1 时钟域。这种握手机制就像控制信号传递给更快的时钟域 1 的确认或通知，由较快的时钟域成功地将控制信号传送到较慢的时钟域进行采样。在大多数实际应用场景中，使用这种机制，即使是更快的时钟域也可以在接收到有效的通知或确认后发送另一个控制信号。

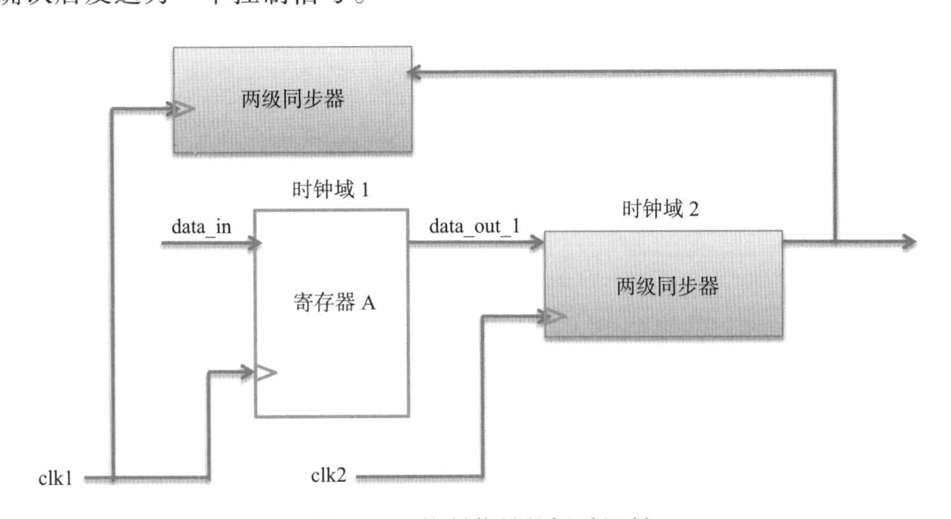

图 7.10 控制信号的握手机制

7.4.2 脉冲同步器

这种类型的同步器采用多级电平同步器的输出，输出触发器对两级电平同步器进行采样。这种同步器也称为开关同步器，用于将发送时钟域中生成的脉冲同步到目的时钟域中。在将数据从更快的时钟域传递到更慢的时钟域时，如果使用两级同步器，则跳过。在这种情况下，脉冲同步器是高效和有使用价值的。脉冲同步器如图 7.11 所示。

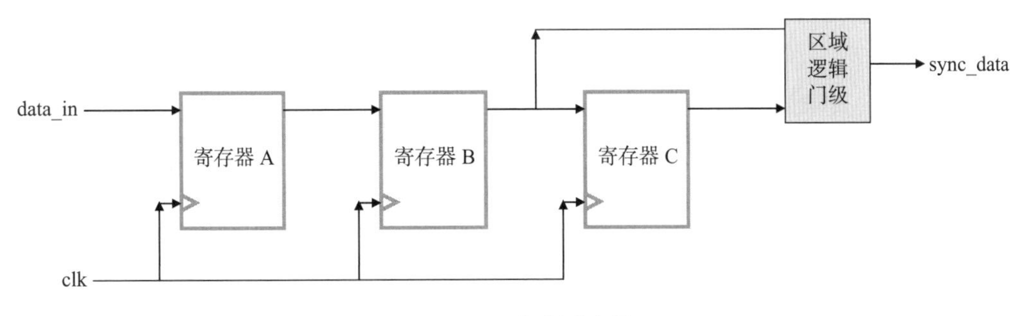

图 7.11 脉冲同步器

7.4.3 MUX同步器

将信息从时钟域 1 发送到时钟域 2 时使用多比特数据和单比特控制信号。在接收端，根据发送时钟和接收时钟的比率，使用电平或脉冲同步器产生控制信号给多路复用器。这种技术类似于 MCP，如果数据在跨越时钟边界的多个时钟周期内保持稳定，则证明该技术有效，如图 7.12 所示。

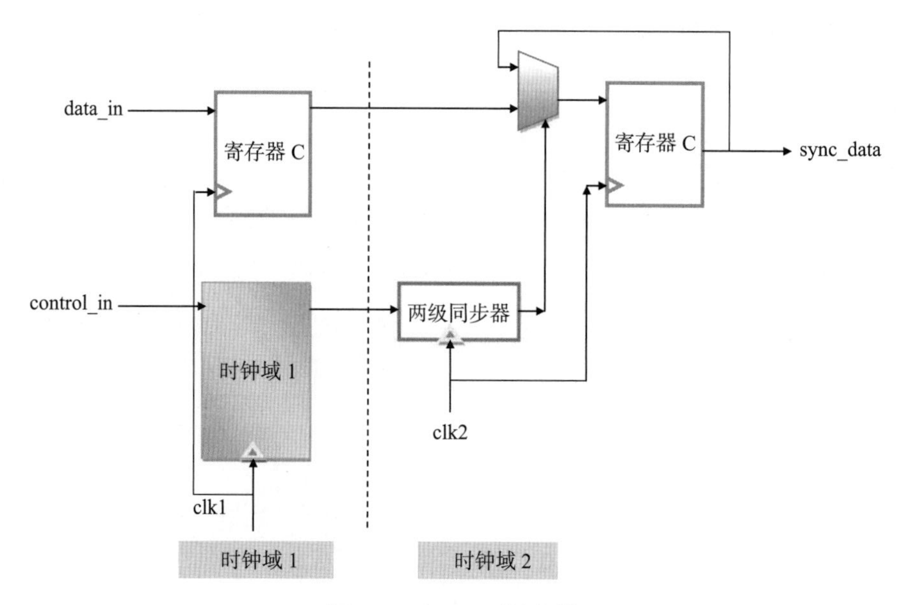

图 7.12　MUX 同步器

7.5　多比特数据传输的挑战

在多时钟域之间传递多个控制信号是一项重要的挑战。

这些控制信号到达的时间不同，如果没有规划管理好，那么时钟偏差就会导致产生问题。

考虑图 7.13 所示的场景，其中 enable、load_en 和 ready 需要从一个时钟域传递到另一个时钟域，在这种情况下，如果使用独立水平同步器，那么在接收端很可能因偏差（这些信号到达的时间不同）导致同步失败。

例如，考虑其中一个控制信号，比如 enable 到达晚了，那么就会导致控制路径同步失败，要想避免这种情况并尝试在时钟域之间传递公共信号，推荐使用图 7.14 所示的策略。

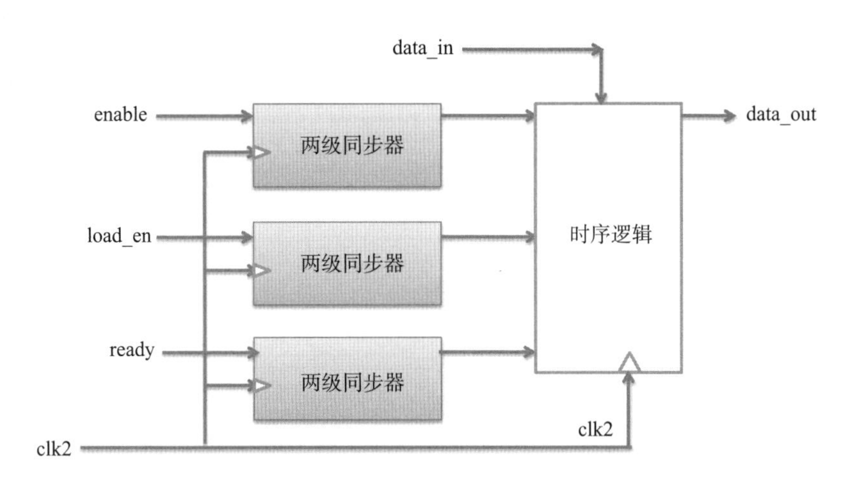

图 7.13 接收时钟域的多位控制信号采样

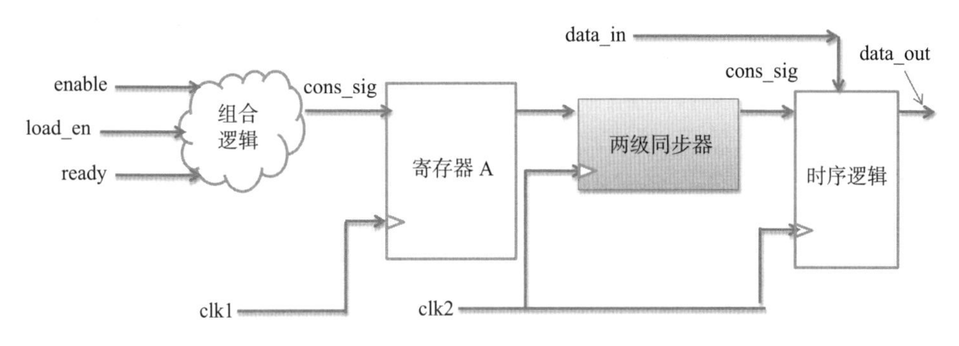

图 7.14 在多时钟域之间传递统一的控制信号

7.6 数据路径同步器

目前在多时钟域之间传递多比特数据的主流技术是握手机制和 FIFO 同步器。

7.6.1 握手机制

使用握手机制是在多时钟域之间传递多比特数据的最常用的手段之一。如图 7.15 所示，发射器在 clk1 工作，接收器在 clk2 工作，数据可以从发射器传递到接收器，接收器时钟域可以产生握手等有效的数据和信号（比如数据有效或者设备就位）。因此，它的目的是通知发送器总线上有有效数据可用，设备还没有准备好接收新数据。

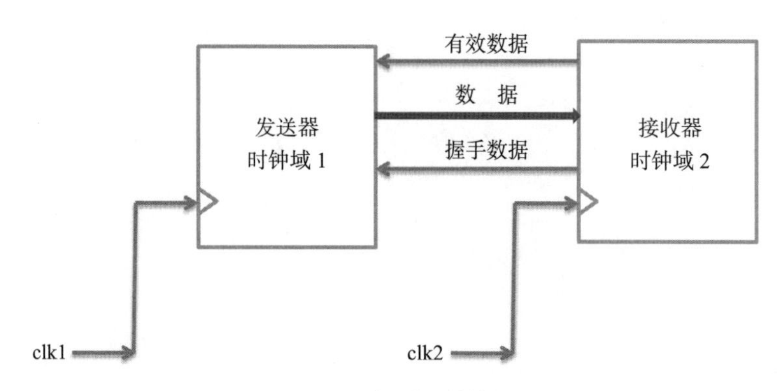

图 7.15 握手机制框图

1. 握手信号数据有效

来自时钟域 2 的高电平有效握手信号，表示发送的数据是有效数据，接收方需要对这些数据进行采样。传输数据时的时钟延迟取决于同步器中使用的触发器的数量，较差的延迟是握手机制的最大的缺点之一。

2. 握手信号设备就绪

当数据有效被取消置位时，表示接收方已经准备好接收新数据，并且设备就绪，deviceready 信号通知发送器可以占据总线发送新数据。

如果我们在多时钟域的系统中有 FSM 控制器，那么可以通过使用请求和确认（ack）信号来建立同步。FSM 握手机制如图 7.16 所示。

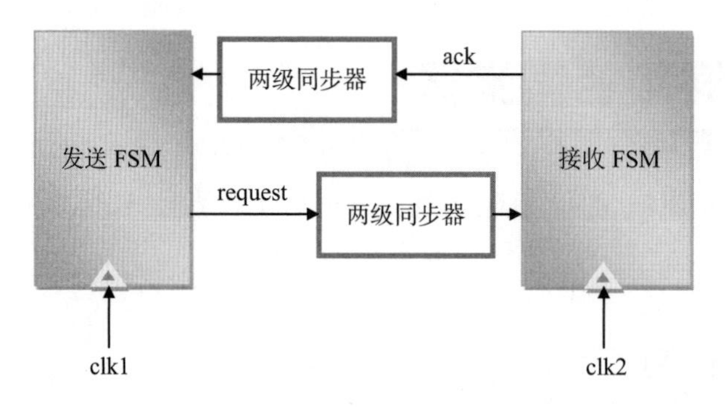

图 7.16 FSM 握手机制

7.6.2 FIFO同步器

在多时钟域的系统中，FIFO 是用于数据交换的最重要的手段之一。发送时钟域可以通过 write_clk 写入 FIFO 数据（FIFO 未满），接收时钟域可以通过 read_clk 读出 FIFO 数据（FIFO 未空），如图 7.17 所示。

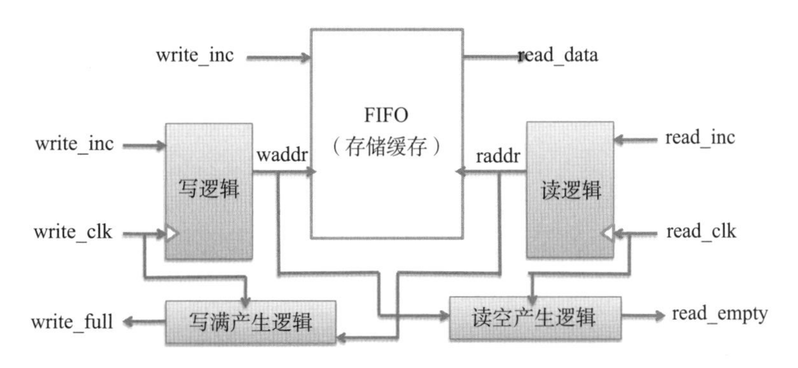

图 7.17　FIFO 结构图

FIFO 由以下部分构成：

（1）内存：存储数据。

（2）写入时钟域：工作在 write_clk 下的写入逻辑。

（3）读取时钟域：工作在 read_clk 下的读出逻辑。

（4）标志逻辑：空 / 满标志生成逻辑。

假设写入时钟域在 250MHz 下工作，读出时钟域在 100MHz 下工作并且没有延迟，在最多写入 50 个字节数据的情况下（burst 模式）计算 FIFO 的深度：

（1）写入时间 T1=1/250MHz=4ns。

（2）连续写入 50 个字节数据所需时间 =4ns*50=200ns。

（3）读取时间 T2=1/100MHz=10ns。

（4）读取时间对应的 read_clk 的次数 =200ns/10ns=20。

（5）FIFO 的深度 =50-20=30 字节。

当读写时钟的延迟确定好之后，就可以根据实际情况调整 FIFO 的深度。

7.6.3　格雷码编码

在传递多位数据或控制信号时，必须使用格雷码编码技术，因为这种技术保证了在连续传递的两个数据中，每次只有一个比特发生变化。

比如，当一个 4 位的二进制数需要在多时钟域之间传递数据时，多位数据的改变会增加功耗和出错的概率。为了避免错误并提升性能，我们需要在电路中增加二进制数和格雷码的转换电路，从而保证在数据跨越时钟边界时每次只有 1 个比特的数据发生改变。该技术的实现如图 7.18 所示。

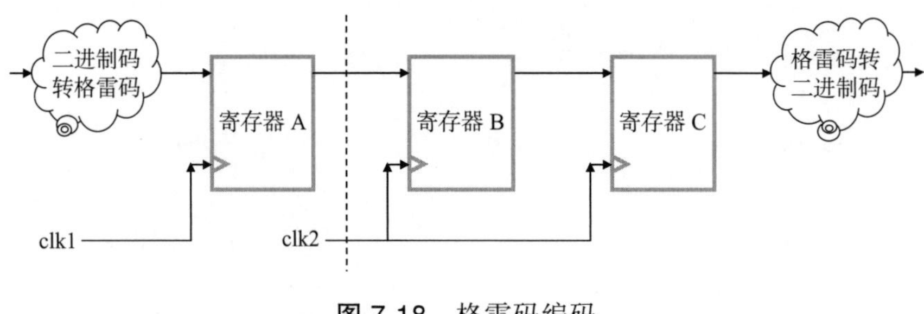

图 7.18 格雷码编码

7.7 总 结

下面是对本章重要知识点的汇总：

（1）在多时钟域之间传递数据时，有效部署数据同步器。

（2）在多时钟域之间传递控制信号时，有效部署控制数据同步器。

（3）在多时钟域之间传递数据或者控制信号时，采用数据保持多个时钟周期的策略可以有效避免亚稳态的发生。

（4）异步 FIFO 是一种高效和常用的传递多位宽数据的使用技巧。

（5）在多时钟域之间传递多位宽控制信号时，对这些控制信号进行分组，可以避免时钟偏差造成的影响。

第 8 章　低功耗的设计考虑因素

在 ASIC 设计中，面积、速度、功耗这三点是我们重要的考量指标。在之前的章节，我们已经讨论了面积和速度的相关内容，接下来我们将讨论低功耗设计的内容。以下几点是 ASIC 工程师进行功耗优化的重要目标：

（1）制定使用低功耗单元的策略。

（2）在物理设计阶段，能从整体上根据功耗需求制定功耗优化计划。

（3）使用多种功耗优化技术应对静态功耗和动态功耗的优化。

（4）结合 UPF 文件，在设计的不同阶段使用 power compiler。

（5）针对电路的上电时序和电源关闭的状态，采用合理的策略应对。

8.1 低功耗设计介绍

在 ASIC 设计中，功耗优化是一项非常重要的工作。为了达到功耗目标，设计团队首先需要有低功耗架构层面的考虑。众所周知，功耗和电源电压成正比，近 10 年来，随着工艺节点的逐渐降低，芯片内部电压和 IO 上的电压都呈现下降的趋势。

标准单元的功耗由负载电容（C_s）、电源电压（V）、工作频率（f）组成：

$$p=\left(\frac{1}{2}\right)\times C_s\times V^2\times f$$

从上式可以看出，要想降低功耗，需要降低电源电压、工作频率和负载电容。在现实中，实际情况要求 ASIC 芯片工作在非常高的频率，很显然降低工作频率不是我们的主要目标。也就是说，我们需要在芯片性能和芯片功耗之间找到平衡，架构设计师需要考虑工作频率的需求，然后找到一种更好的设计架构，从而达到使用最小的功耗达到设计的性能指标。

在 ASIC 的设计中，低功耗的设计和架构设计是真正的需求。

我们通常所说的功耗主要指静态功耗和动态功耗。CMOS 电路中，主要的功耗是静态功耗，静态功耗通常指泄漏电流的总和，它和 CMOS 的状态相关。

$$P_{\text{leakage}}=\sum \text{标准单元泄漏电流}$$

标准单元的静态功耗可以通过厂家提供的标准单元库，根据 CMOS 管的状态进行计算。

动态功耗通常指所有逻辑单元的动态功耗之和再加上互连线产生的功耗之和。动态功耗的公式如下所示：

$$P_{\text{dynamic}} = \sum \text{逻辑单元动态功耗} + \sum \frac{1}{2} \times C_1 \times V \times V \times T_r$$

式中，C_1 是管脚或者互连线上的寄生电容；V 是电压；T_r 是翻转率。

在使用电池供电的应用场景，采用低功耗的设计架构是非常有意义的。

通常情况下，我们都期待 ASIC 芯片或者设备是超轻、小型化、炫酷的，甚至是拥有更长的电池使用时间。

简而言之，我们一般采用如下方法应对低功耗的设计需求：

（1）多电源域。

（2）上电时序 / 调度器。

（3）特殊的单元：

① 电平转换器。

② 隔离单元。

③ 保留供电的保持单元。

基本结构如图 8.1 所示，使用上电时序 / 调度器来控制电源域 1 和电源域 2。

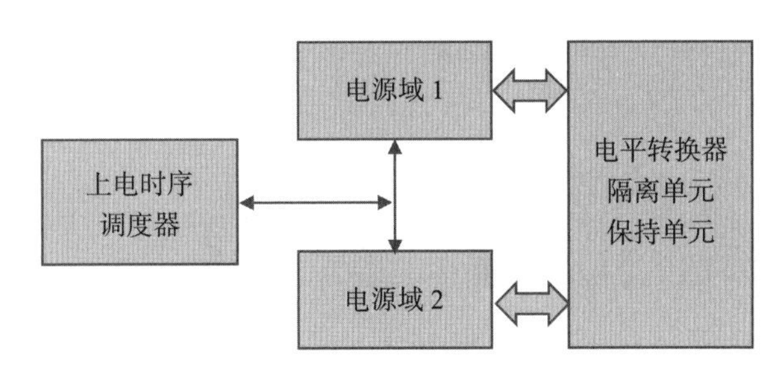

图 8.1　低功耗设计架构

8.2　功耗的来源

正如之前章节描述的那样，单元功耗 $p = \left(\frac{1}{2}\right) \times C_s \times V^2 \times f$，对任何标准单元而言，与寄生电容、施加电压和工作频率成比例关系。

功耗的分类如图 8.2 所示。

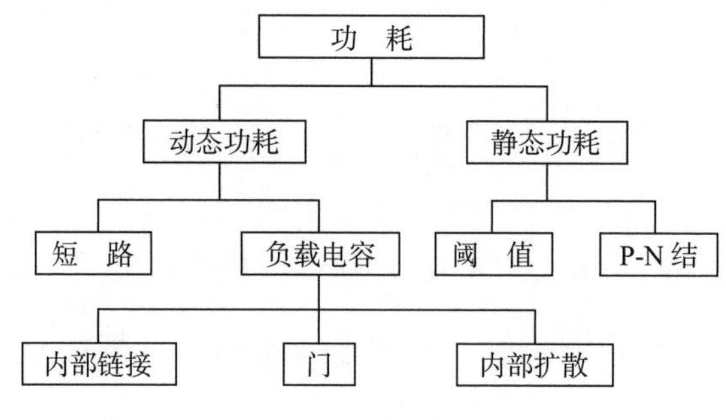

图 8.2 功耗的分类

以下为理解功耗的重要知识点：

（1）任何 CMOS 单元的功耗，都与 CMOS 的开关、寄生电容、工作电压，以及晶体管的结构相关。功耗通常描述为以下的形式：

$$\text{Power} = P_{\text{switching}} + P_{\text{short-circuit}} + P_{\text{leakage}}$$

（2）总功耗是静态功耗和动态功耗之和。

（3）动态功耗是开关功耗和短路功耗的总和。开关功耗为

$$P_{\text{switching}} = \alpha \times f \times C_{\text{eff}} \times V_{\text{dd}} \times V_{\text{dd}}$$

式中，α 是翻转率；f 是翻转频率；C_{eff} 是有效电容；V_{dd} 是电源电压。

短路功耗为

$$P_{\text{short-circuit}} = I_{\text{sc}} \times V_{\text{dd}} \times f$$

式中，I_{sc} 是短路电流；f 是翻转频率；V_{dd} 是电源电压。

（4）短路功耗是由于门开关状态导致电源与地之间短路。

（5）动态功耗可以通过减少翻转率、工作频率（这种情况下会影响到芯片的性能）、电容和电源电压的方式降低。如果使用了转换速度更快的单元，那么消耗的动态功耗将减少。因此，标准单元的选择对于动态功耗的控制是至关重要的。

（6）静态功耗由电源电压（V_{dd}）、阈值电压（V_{th}）和晶体管尺寸决定：

$$P_{\text{leakage}} = f\left(V_{\text{dd}}, V_{\text{th}}, \frac{W}{L}\right)$$

式中，W 和 L 分别是 CMOS 管的宽和长。

不同设计阶段降低功耗的比例如表 8.1 所示。

表 8.1 不同设计阶段降低功耗的比例

不同设计阶段	降低功耗的比例
系统和架构设计阶段	70% ~ 80%
行为级设计阶段	40% ~ 70%
RTL 设计阶段	25% ~ 40%
逻辑设计阶段	15% ~ 25%
物理设计阶段	10% ~ 15%

8.3 RTL设计阶段的功耗优化

如前所述，在 RTL 设计阶段使用各种技巧和策略可以降低 25% ~ 40% 的功耗，本章节将分别讨论这些低功耗设计技术。

1. 建模与功耗估算

在任何 SoC 的设计中，准备相关的具备功耗信息的库文件是一项基本的工作，它要求通过开发晶体管类型的定制模型来完善功耗信息。功耗优化工具可以通过计算每个节点的翻转率来计算整个 SoC 芯片的功耗，这些节点的翻转率信息可以通过 RTL 仿真获得。这项功耗的评估技术在设计的早期阶段非常有用。此外，在门级网表的仿真是路径依赖的，它比 RTL 的仿真更加真实和准确，基于时间分析的峰值功耗和热点是必不可少的技术手段。

2. 门控时钟

使用特殊的门控时钟单元可以在 RTL 设计阶段有效降低功耗。门控时钟可以通过识别同步负载使能寄存器库的方式来实现。如果在 RTL 阶段使用 Synopsys 公司的 Power compiler 工具，那么 Power compiler 工具将根据设计约束的要求，在满足设计约束（面积，性能）指标的前提下，自动优化设计的静态功耗和动态功耗。

门控时钟可以停止时钟的刷新从而保持数据。从实际的角度出发，我们可以用以下的 RTL 代码实现其功能：

```
always@(posedge clk) Begin
  if(enable)
  data_out<=data_in;
end
```

以上 RTL 代码综合后的电路如图 8.3 所示。

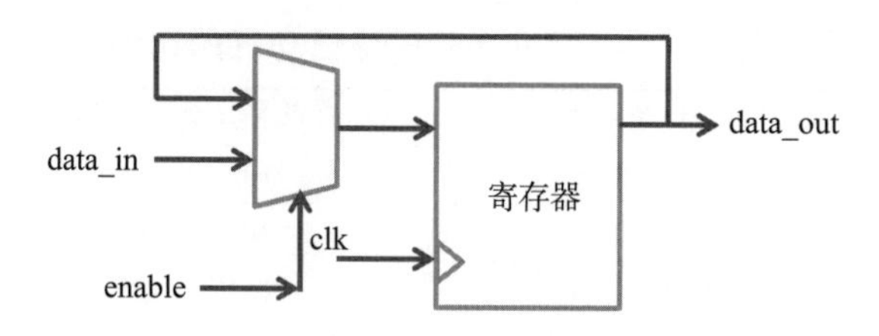

图 8.3 未使用逻辑门的门控时钟的设计

以上代码产生的逻辑电路，由于没有使用门控时钟技术，会产生大量的功耗。为了减少功耗，在时钟电路中增加门控逻辑电路，从而避免数据的再刷新。这样的技术，不仅降低了整个芯片的面积和功耗，同时也降低了时钟网络上的功耗。采用门控时钟技术的综合后电路如图 8.4 所示。

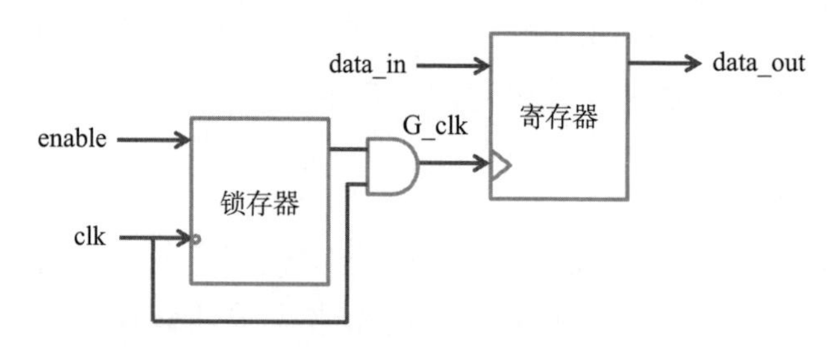

图 8.4 使用逻辑门的门控时钟设计的电路

门控时序图如图 8.5 所示。

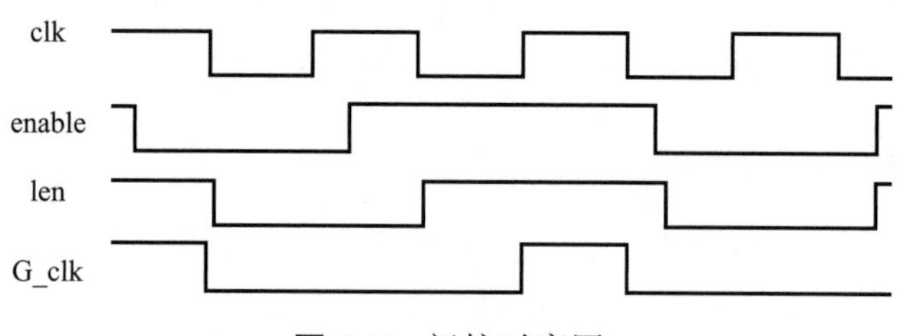

图 8.5 门控时序图

门控时钟电路同样也有缺点，由于门控技术是冗余的，因此在测试和验证中可能存在问题。另一个需要重点关注的地方是，必须消除掉门控使能信号上的毛刺与竞争，这些都是通过使用锁存器和与门逻辑来实现的。

使用 Synopsys 公司的 Power Compiler 工具，通过命令 `set_clock_gating_signals` 可以非常高效地实现门控时钟电路。图 8.6 详细描述了 Power Compiler 的工作框图。

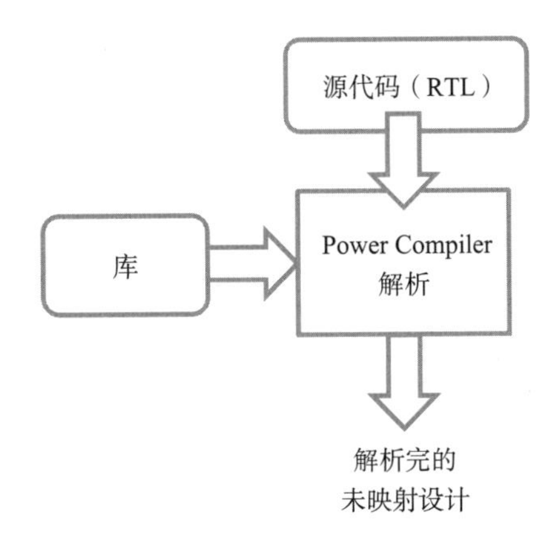

图 8.6　Power Compiler 的输入和输出框图

Power Compiler 输出的是未映射厂家提供的标准单元库的设计。Power Compiler 通过使用 RTL 原始代码和库文件的形式来进行低功耗的优化。

以下为使用 Power Compiler 进行门控时钟设计的注意事项：

（1）一般的门控时钟可以包含在分层模块的设计中，也可以排除在外。使用的命令是 set_clock_gating_signals。设计人员在使用 Power Compiler 时需要进行相同的操作。每一个设计应该有一个包含和排除的单独的命令行来实现门控时钟。

（2）如果设计有多个寄存器，并且需要排除其中的少数寄存器，那么从门控时钟策略来看，它们应该有单独的使能信号。如果使用相同的使能信号，则产生相同的门控时钟给整个设计。例如，如果数据总线定义为 data_in[7:0]，较低位的 nibble data_in[3:0] 需要排除在门控时钟之外，那么它应该有不同的使能。

（3）单比特或多比特的门控时钟信号具有同样的优势，通过移除多路复用器来避免数据的再刷新。但是，在时钟系统上增加门控电路，会导致额外的面积和功耗消耗。

（4）不要在使用主从触发器的电路中使用门控时钟技术。通常情况下，门控时钟电路的触发条件同样作用于从触发器，这将导致功能的错误。请使用命令 set_clock_gating_exclude 来移除那些主从触发器。

（5）在使用门控时钟时，通常使用最小值总线宽度来定义。最小总线宽度可以是 5 或更多。使用命令 set_clock_gating_style_minimum_bitwidth。

（6）在大多数RTL级的设计实践中，如果用always实现进程，并且进程中有case语句（带default）或者条件表达式像if-else这样的结构，那么可以通过增加默认条件来修改RTL。示例8.1描述了这种更改。

示例8.1 轻微调整RTL用来节省功耗

```
case(a_in)
2'b00: if (b1_in) c_in =d1_in;
2'b01: if (b2_in) c_in =d2_in;
default : c_in = e1_in;
endcase
```

上面的RTL代码可以更改为如下

```
case(a_in)
2'b00: begin
if (b1_in) c_in =d1_in;
else c_in=e1_in;
end
2'b01:begin
if (b2_in) c_in =d2_in;
else c_in =e1_in;
end
endcase
```

（7）如果多个寄存器组共享相同的enable，则Power Compiler可用于共享时钟和使能信号。考虑到示例8.2的情况，可以使用相同的门控时钟逻辑电路作用于两个不同的进程块。

示例8.2 使用公用的时钟使能

```
always @(posedge clk or negedge reset_n) begin : block_1
  if (~reset_n) data_out <= 1'b0;
  else if (enable) data_out <= data_in;
end
always @(posedge clk or negedge reset_n) begin : block_2
  if (~reset_n) data_out_1 <= 1'b0;
  else if (enable) data_out_1 <= data_in_1;
end
```

（8）自动加入门控时钟的时候，请使用简单的时钟策略。时钟域的数量越少，那么时序分析和时钟综合的时候也就越容易。下级的模块可以使用时钟使能信号而不是分频的时钟。使用 set-dont_touch_network 命令可以避免对复杂的时钟系统做出改变。在多级时钟的系统中，通过这一命令可以避免改变门控时钟的逻辑。

（9）请使用简单高效的 SET 和 RESET 信号策略。复杂的 SET 和 RESET 电路会使门级网表的仿真和排错工作变得非常困难。

（10）在时钟综合阶段（CTS），需要对时钟延迟网络的平衡进行高效控制。CTS 工具通过移动和添加，改变时钟组成单元的形式，使其满足时钟网络延迟和最大的时钟偏差。

8.4 降低动态功耗和静态功耗的技巧

如表 8.2 所示，有多种方法可以用来降低功耗。

表 8.2 功耗管理技巧

功耗管理技巧	描 述
门控时钟和时钟树的优化	针对部分系统未使用的电路，停止时钟
逻辑重构	采用锥体结构减少功耗。将低翻转率的逻辑置于锥体下方，将高翻转率的逻辑置于锥体上方。该项技术通常用在门级优化中的动态功耗优化
操作数隔离	使用使能信号，这种技术能有效地在数据通路中降低功耗
逻辑和晶体管尺寸调整	使用小尺寸来减少静态电流，并使用大尺寸减小动态电流，从而改善转换时间
管脚互换	交换门级管脚来减少功耗。如果负载降低，那么转换时间将提高

另外一些抽象层次的节省功耗的技巧如表 8.3 所示。

表 8.3 高效的电源管理技巧

功耗管理技巧	描 述
多阈值	使用多阈值库来减少功耗。使用高阈值，静态功耗较小，但降低了设计频率；使用低阈值，容易获得更高的设计频率，但静态功耗较大
多电源电压（MSV）	针对不同的模块功耗需求，选择不同的工作电压
动态电压调节（DSV）	根据设计的需求，选中的模块可以工作在不同的电源电压下
动态电压和频率调节（DVFS）	该项技术广泛用于减少动态功耗。选中的模块可以根据需求工作在不同的电压和不同的工作频率下
自适应的电压和频率调节（AVFS）	通过模拟电路来实现，通过建立控制回路，动态设置更宽的电压范围
电源门控或电源关闭（PSO）	针对不使用的模块，关闭相关部分电源
分割存储器	如果存储器是由软件或数据控制的，那么可以通过对存储器的合理划分，关闭不需要的存储器，从而节省功耗

1. 门控时钟和时钟树的优化

该项技术针对动态功耗的优化有更佳的效果。在大多数的应用场景，功耗总是被消耗在一些不必要的时钟翻转上。时钟树具有较大的电容负载，而且通常需要工作在最大的频率，因此如果数据不是有效地装载进触发器，那么这部分功耗就浪费掉了。门控时钟技术可以工作在触发器级别、模块级别或者整体的功能级别，通过关闭该部分时钟的方式，可以有效降低整个设计的动态功耗。

2. 操作数隔离

该项技术可以通过合适的使能信号，高效降低设计的动态功耗。在大多数的情况下，数据通路都是周期性采样数据的，可以通过使能信号控制这个采样的信号。当使能信号未激活时，可以强制使输入的数据为某种恒值，从而减少无效翻转导致的功耗开销。

3. 多阈值

通过不同的阈值电压，可以高效地对面积、功耗和速度进行优化。大多数库都提供有不同的阈值电压。EDA 工具在综合时，可以根据约束条件，利用不同的阈值电压的库单元，满足不同的面积、速度和功耗要求。显而易见，功耗和性能指标需要平衡。

4. 多电源电压

在这种技术中，不同的功能块在不同的电压上工作。考虑到功耗和电压的平方成正比，随着电压的降低，将显著降低功耗，但是电压的降低将显著影响设计的工作频率。使用这项技术在不同电压域之间进行数据交换时，需要使用电平转换器。如果不使用电平转换器，在不同的电压域之间进行数据采样时会产生问题。

5. 动态电压和频率调节

动态电压和频率调节是降低功耗的有效技术。如前一节所述，功耗与电压的平方成正比，所以降低电压对功耗有显著的影响。该技术取决于性能和功耗要求，频率和电压可以进行自适应调节从而降低功耗。由于优化了工作频率和电压水平，这种技术对静态功耗和动态功耗的优化显得特别有效。

6. 电源门控

电源门控是非常高效的用来降低功耗的技术之一。在这项技术中，芯片中不使用的电路将处于电源关闭的状态，这将显著降低静态功耗。在很多工业应用场景中，采用门控电源的技术，可以减少 90% 的静态功耗。应用这项技术时，需要使用隔离单元并针对上电下电顺序精心设计。使用门控电源时，必须精心设计隔离单元、保持单元和电平转换器。

7. 隔离逻辑单元

该项技术主要使用在门控电源的输出端，防止不确定的输出信号 X 出现。在仿真中，这些信号将被标注为 X 状态。隔离单元通常使用在两个电源域之间，需要使用隔离单元的原因是在重新被加电之前，保持有效的数据。在很多设计中，隔离单元通常用在模块级以防止从电源关闭的电路取数据。

8. 状态保持

在断电模式下，大多数的情况下都需要保留某些寄存器的值。在电源恢复期间，寄存器的状态是有用的。在大多数的低功耗设计中，将用到状态保持门控触发器（SRPG）。大多数 EDA 工具单元库都有 SRPG 单元。

8.5 低功耗设计架构和UPF

考虑图 8.7 所示的低功耗设计架构，我们需要了解 UPF 和不同的低功耗设计策略，这对我们设计架构和微架构非常重要。

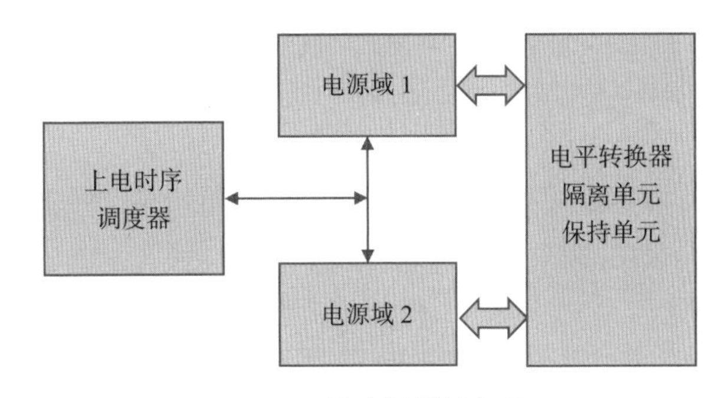

图 8.7 低功耗设计架构

UPF（统一功耗格式）是设计电子系统的功耗和电源管理的标准。该标准适用于低功耗 ASIC 设计。使用 UPF 的原因如下：

（1）目前还没有一种方法能够在 HDL 级别支持精确的电源管理。

（2）特定厂商的电源管理格式不一致，不一致的规范易导致 bug 的产生。

（3）UPF 在低功耗设计中提供以下功能：

① 电源分配结构：

· 定义电源域。

· 定义电源开关。

· 定义电源通道。

② 电源策略：

· 创建电源状态表。

③ 设置和映射：

· 隔离。

· 保持。

· 电平转换。

· 门控开关。

UPF 符合 IEEE 1801 标准，可用于整个电源系统设计流程。图 8.8 描述了 UPF 在不同阶段的使用。

1. 隔离单元

正如已经讨论过的，隔离单元用于在电源关闭的模块保持一个有效的输出。可以使用 UPF 命令设置隔离单元。

2. 保持单元

正如上一节所讨论的，保持单元用于在断电状态下保持关键寄存器的状态。

3. 电平转换器

电平转换器用于将一个电压电平转换到另一个电压电平。转换可以是低电压到高电压或高电压到低电压。使用 UPF 命令可以实现设置和映射电平转换，需要考虑的关键点是：

（1）选择正确的电源域。

（2）选择正确的输入端或者输出端。

（3）使用合理的电平转换规则和单元。

（4）定义使用的范围和位置。

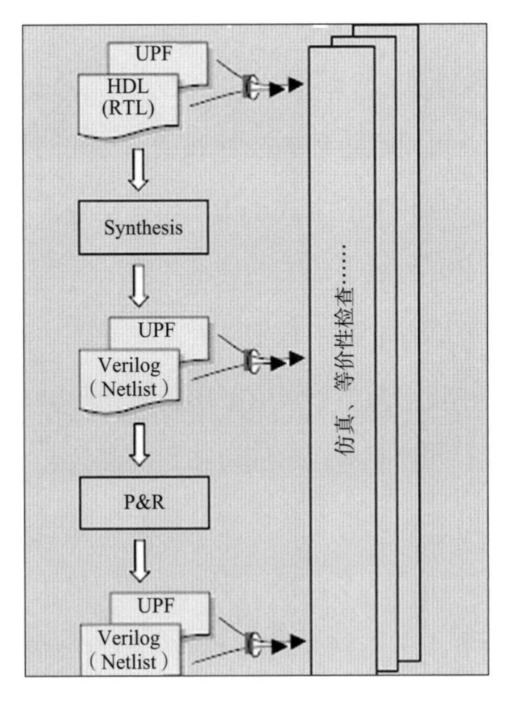

图 8.8 在不同的设计阶段使用 UPF

4. 电源的上电顺序与调度

关闭电源一般遵循特定的顺序，这些顺序包括隔离、状态保持和电源关闭，对于接通电源，需要遵循相反的顺序。在上电周期，推荐使用特殊的 RESET 顺序。推荐的上电和关电顺序如图 8.9 所示。

针对多时钟域并且上下电顺序复杂（有多个控制信号）的系统，对验证工作的要求较高，需要大量的验证工作保证上电和关电顺序的正确性。

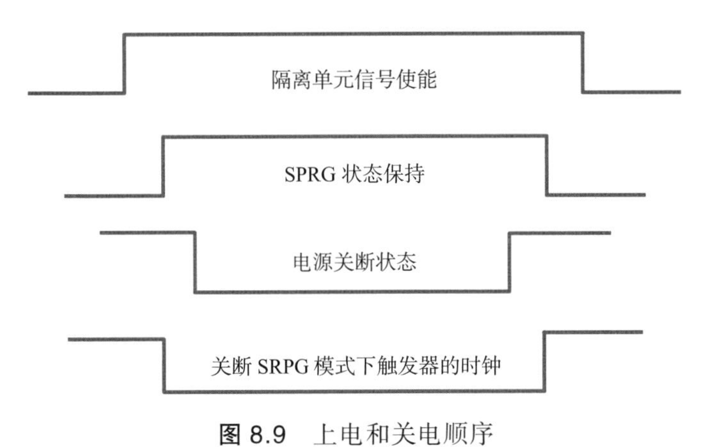

图 8.9 上电和关电顺序

8.6 总 结

下面是对本章重要知识点的汇总：

（1）功耗的减少，可以通过静态功耗和动态功耗两个方面来优化。

（2）可以通过减少翻转率的方式来优化动态功耗。

（3）门控时钟是重要的减少动态功耗的手段。

（4）操作数隔离可以有效减少数据路径上的动态功耗。

（5）动态的电压和频率调节可以有效降低系统的功耗。

（6）电平转换器可以方便地在不同电压之间高效和有效地传递数据。

（7）保持单元可以有效保持系统或者模块在掉电时关键的数据。

（8）UPF 是设计低功耗电子系统（不同的电源模式）的重要标准。

（9）门控电源或者电源关闭（PSO）是一种高效的降低功耗的方法。可以将系统中不需要工作的部分电源关闭，这是降低静态功耗的最佳方式。

第 9 章　架构和微架构设计

ASIC 的设计架构复杂，需要积累大量的经验去完善和记录架构和微架构。本章讨论的架构和微架构的内容对于 ASIC 的设计阶段非常有用。

开发芯片架构的重要策略如下：

（1）理解功能和模块级描述。

（2）单时钟或多时钟。

（3）电源需求。

（4）面积和速度需求。

（5）并行性。

（6）流水线。

（7）外部接口。

（8）工艺节点。

9.1 架构设计

对于任何一种基于 ASIC 的产品开发，我们首先需要了解功能需求，其次，我们需要了解如下信息：

（1）外部接口。

（2）电气特性。

（3）速度、功耗和面积要求。

（4）机械装配或封装。

（5）设计和验证策略。

（6）测试策略。

本章讨论的关于架构和微架构的内容对于一个复杂的 ASIC 设计来说，是非常有用的。

以视频编码器 H.264 为例，该编码器用于处理 HD 尺寸 1920 × 1080P。首先，我们对功能模块进行设计，然后通过经验来最终确定架构和微架构的设计。

重要的功能模块如图 9.1 所示。

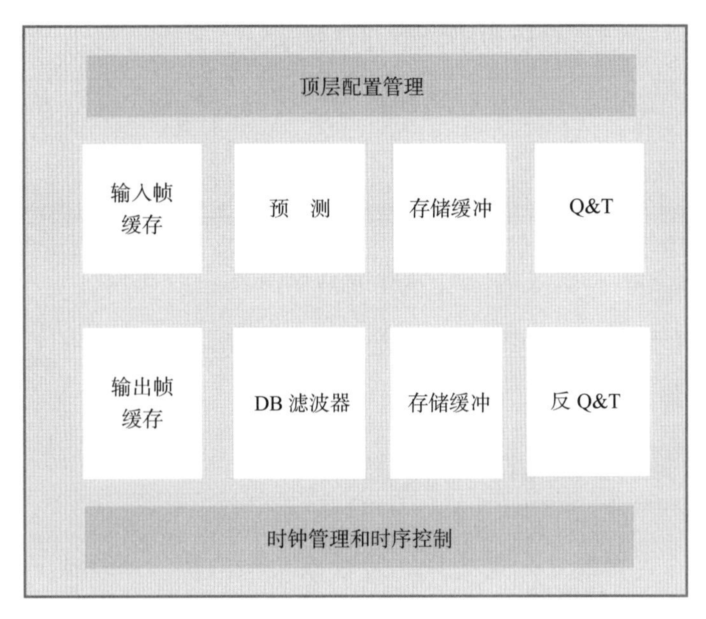

图 9.1 H.264 模块示意图

架构设计团队采用以下内容来设计和确定 ASIC 的架构：

（1）设计功能并理解设计应用。

（2）设计应用场景以及与之相关的约束。

（3）速度、功耗、面积等优化约束。

（4）ASIC 代工厂制定的设计约束条件。

（5）低功耗架构和设计的需求。

（6）多时钟域的设计和策略。

（7）不同阶段的 IP 需求可能是硬 IP 或软 IP。

（8）存储器和模块的需求。

（9）设计要求的总体数据速率、时序和时钟。

（10）ASIC 设计中整体的软硬件的划分。

（11）所需的测试设置和 EDA 工具。

（12）电气特性和接口时序要求。

以上几点对 ASIC 的架构设计师非常有参考价值。通过对芯片功能的理解，可以最终确定 ASIC 设计的最适合的架构。

架构的最终确定总是依赖于以下几点：

（1）如何在设计中更好地结合并行性和并发性的问题，从而获得更佳的性能。

（2）架构如何转化为更好的配置管理。

（3）架构如何让设计团队有更好的初始规划以避免设计中可能的瓶颈。

（4）架构如何更好地提供约束需求的可见性。

9.2 微架构设计

在ASIC的架构最终确定之后，来自该架构的块以小块或子块表示，称为微架构，微架构的设计应该考虑以下几点：

（1）子模块的功能和接口策略。

（2）整个设计的层次化问题。

（3）扁平化与层次化设计以及初始门数估计。

（4）使用各种有用的技术来完成模块级别的约束。

（5）模块级和顶层的低功耗策略。

（6）多时钟域接口处理。

9.3 在不同设计阶段使用文档

在RTL设计阶段，文档对使用Verilog描述功能很有用。该系统采用模块化设计方法，最后再进行顶层集成。

在RTL验证阶段，验证规划和验证过程使用了架构，这超出了本书讨论的范围。

在块和顶层综合阶段，也要用到Verilog源文件，如果架构工程师知道综合工程师是如何改进芯片性能的，那么架构设计将成为一个更佳的工具。更好的架构和微架构设计也可以用来引导更佳的布局和版图规划的设计。

9.4　设计分区

架构和微架构文档也应该提供如何按照设计的功能进行设计分区，以获得更好的 ASIC 设计结果：

（1）硬件和软件划分：功能块需要使用 Verilog 进行设计，需要使用软件设计的模块应记录在案，这是 ASIC 或者 SoC 设计中最好的桥梁和沟通手段之一。

（2）逻辑级分区：为了获得更好的性能，分区策略应该在逻辑级别上进行记录。例如，复杂处理器的功能块和接口可以在顶层进行分区，然后按照模块化设计方法进行处理。

（3）多时钟域设计：通过对时钟进行分组来进行功能的划分，以获得更佳的综合和布局布线效果。

（4）低功耗体系结构的划分：通过功耗的需求和对电源的管理来进行设计的划分，可以在设计中得到更好的功耗优化。

（5）模拟和数字领域的划分：对于 ASIC 设计而言，最好的策略就是将设计分为数字域和模拟域。采用全定制的方法设计模拟域的内容，采用标准 ASIC 的方法设计数字域的内容。

9.5　多时钟域及时钟分组

下面我们讨论一下需要多个时钟的设计。处理器和关联逻辑在 clk1 上工作。存储控制器工作在 clk2 上，DSP 和带有 H.264 编码器的处理器工作在 clk3 上。这个设计有三个时钟，如表 9.1 所示，图 9.2 给出了时钟频率的信息。

对于这类多时钟域的设计，考虑对不同的时钟域进行划分，并在 RTL 设计阶段在控制和数据通路上部署同步器。

表 9.1　不同时钟域的时钟频率

时钟域	时钟频率 MHz	描　述
clk1	500	时钟域 1，工作在 500MHz
clk2	666.66	时钟域 2，工作在 666.66MHz
clk3	250	时钟域 3，工作在 250MHz

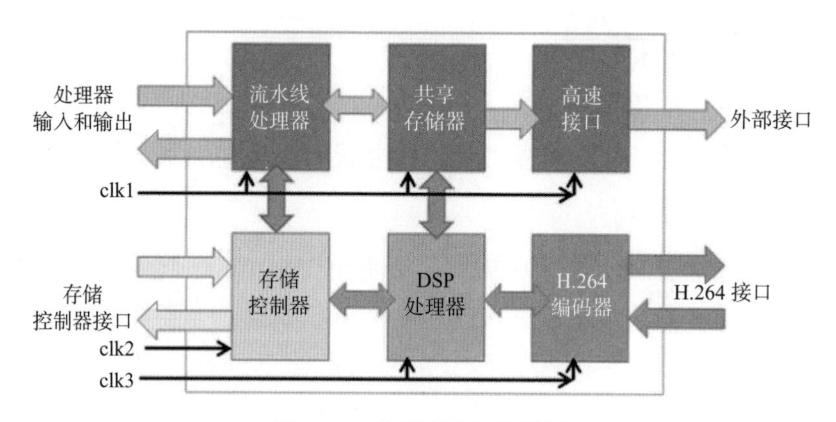

图 9.2 多时钟域架构设计

9.6 架构调整和性能改进

架构和微架构的调整可能会在 ASIC 设计周期中花费大量的时间和精力。如果需要更改主要的架构和微架构，那么制造过程也会延期。

下面我们试着了解在设计过程中可能需要调整架构的场景：

（1）设计规格的增加：如果客户建议增加 SPEC 之外的功能，那么架构的调整就变得非常耗时，将显著增加设计的时间和预算，并延长芯片的整体开发周期。原因可能是额外增加的逻辑电路导致芯片的测试和仿真工作量增加，特别是那些对低功耗提出的额外需求，将严重影响到芯片的交付周期。

（2）架构具有并行性：如果架构中有非常多的并行模块，那么综合时就会面临面积优化的问题，这个时候就需要调整架构或者微架构。但在更改之前，我们总是建议通过 RTL 微调整的方式或者采用基于工具的优化方式，先去尝试解决问题。

（3）综合的结果达不到预期的指标：建议首先进行 RTL 的调整，如果性能指标依旧不满足，再去进行架构上的调整。

9.7 处理器中微架构的调整策略

下面我们考虑 32 位处理器，它具有以下规范：

（1）能执行算术运算，如对有符号数、无符号数和浮点数进行加、减、乘、除和求模运算。

（2）具备对 32 位二进制数执行逻辑操作的能力。

（3）具备执行数据传输和分支操作的能力。

（4）具备执行移位操作和旋转操作的能力。

（5）外部接口：

· 标准 IO 接口。

· 串行接口。

· 高速接口。

（6）具备 64 KB 的内部存储空间。

（7）具备中断控制器并有中断处理能力。

（8）处理器应该有两个时钟域，分别使用 clk1 和 clk2。

考虑到这些规范是从需求中提取的，我们尝试使用这些来获得更好的架构和微架构。

1. 多时钟域组

【时钟域 1】被 clk1 控制，功能模块如下：

（1）算术逻辑单元。

（2）内部存储器。

（3）中断控制器。

（4）指针和计数器。

（5）串行 IO 接口。

（6）标准 IO 接口。

在时钟的架构图中，时钟域 1 由黄色标识。

【时钟域 2】被 clk2 控制，功能模块如下：

（1）浮点引擎。

（2）高速接口。

在时钟的架构图中，时钟域 2 由白色标识。

2. 处理器引擎

如设计文档所述，处理器核心要求对有符号数、无符号数和浮点数进行操作。

因此，更好的策略是采用专用的模块用于浮点数的操作（图 9.3）。

ALU：对有符号数和无符号数进行相关操作。

浮点引擎：执行浮点运算的相关操作。

然后让我们尝试设置 1MB 的专用内存块按地址范围进行分区，使各个功能单元可以执行读写操作。

3. 存储器

为了存储内部数据，处理器需要有内部存储器，并且可在通用 ALU 和浮点 ALU 之间共享。如果我们有多时钟域设计，那么更好的方法是通用处理器和浮点处理器分开存储。

根据设计规范，64KB 的内存分为两个块，大小分别为 16KB 和 48KB，如图 9.4 所示。

4. 高速接口

在执行浮点操作之后，需要有这样的架构与外部存储器交换数据。这些高速接口被设计为低延迟和最小互连延迟。

5. 指针和计数器

在数据的通用处理过程中，使用结果可能需要存储在内存的预留区域，因此设计需要栈指针和程序计数器（PC），并从外部获取指令和数据。栈和程序计数器为 16 位架构，如图 9.5 所示。32 位计数器和定时器用作专用的定时器和计数器。

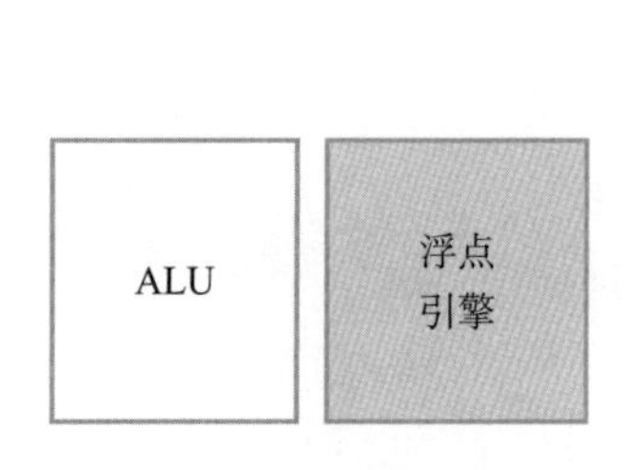

图 9.3　处理器引擎

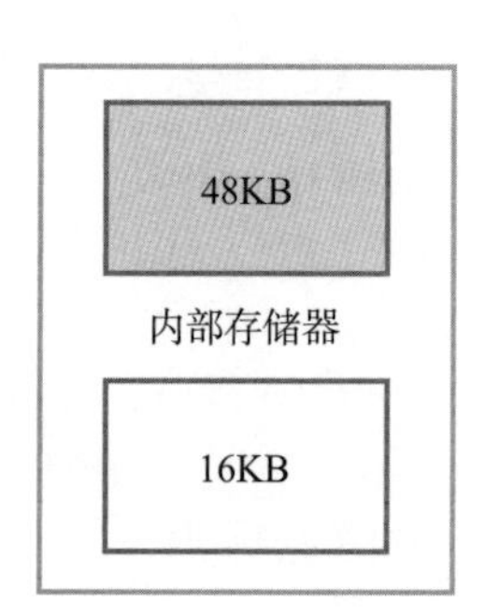

图 9.4　存储器

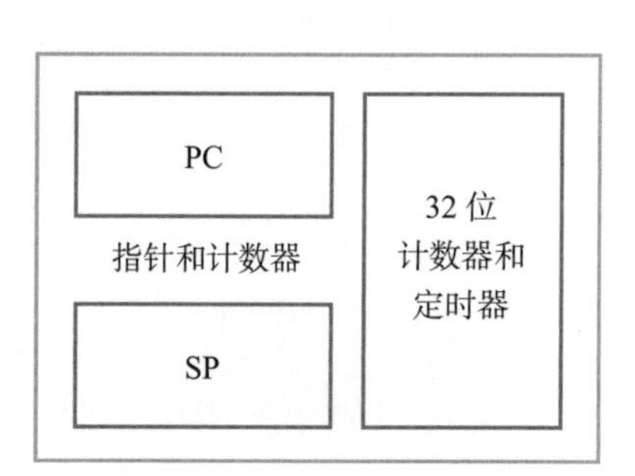

图 9.5　指针和计数器

6. IO 接口

用于和外部设备通信，比如串行和并行，处理器架构应该具有如下专用模块：

（1）标准 IO 接口：32 位数据传输专用高速 IO，用于在 IO 设备和处理器之间交换数据。

（2）串行 IO 接口：可以用于在使用串行 IO 的处理器和通用设备之间交换数据。

7. 中断控制器

架构提供了专用的模块用来处理边沿和电平敏感的中断信号。中断控制器可以停掉进程进行有效的中断处理。

8. 时钟管理和时序控制

时钟管理和定时器控制模块用于分配时钟。

9. 配置管理

用于初始测试和管理处理器与系统之间的交互。

处理器的子模块框图如图 9.6 所示。

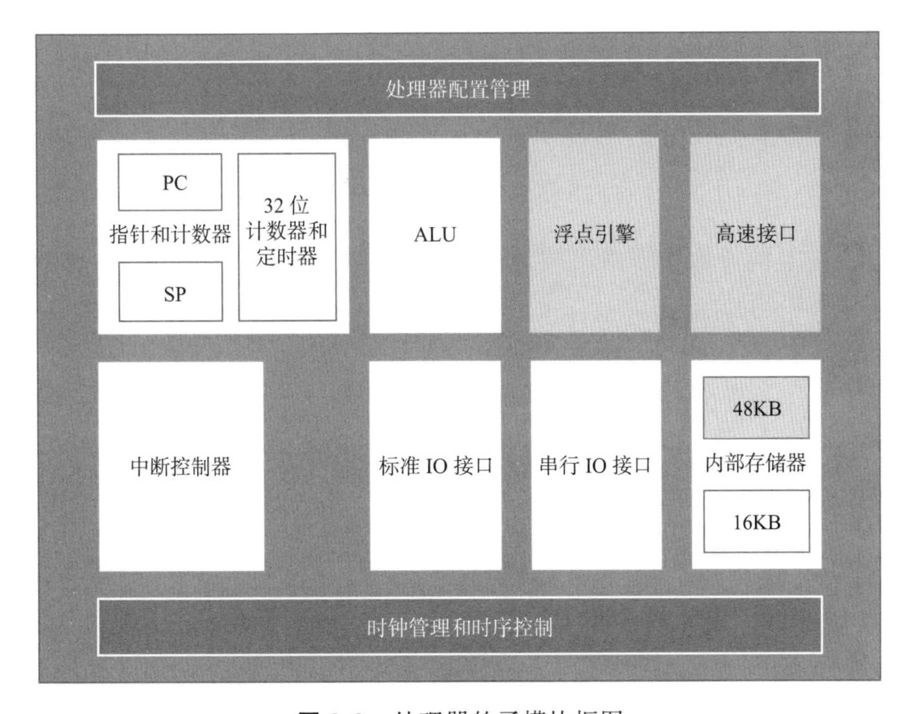

图 9.6　处理器的子模块框图

文档应包含以下信息：

（1）初始的版图规划和面积估算。

（2）时序和功耗的相关信息。

（3）不同功能块之间的接口信息。

（4）设计划分。

（5）EDA 工具的需求。

（6）IP 和存储器需求。

（7）整体时钟策略。

（8）复位信号处理策略。

（9）整体、模块级和芯片级时序。

更多的关于架构和微架构的信息，请参阅第 17、19、20 章的相关内容。

9.8 总 结

下面是对本章重要知识点的汇总：

（1）架构是设计的模块级表示。

（2）微架构是设计的子块级表示。

（3）建议采用合适的设计划分策略。

（4）在架构设计中，对多时钟域和多电源域进行设计划分。

（5）更好的架构和微架构文档应该提供关于接口和时序与模块的相互依赖性的信息。

第 10 章　设计约束和SDC命令

就像我们第 5 章至第 9 章讨论的那样，重要的 ASIC 设计约束由优化约束和设计规则约束（DRC）两部分组成。

优化约束针对 ASIC 设计中的速度和面积约束。在物理设计阶段，我们需要对面积、速度、功耗进行优化。更好的电源规划取决于更好的工艺节点和更高效的策略，这些都有助于整个芯片的布局。

DRC 是制造工厂的设计规则，主要指转换时间、扇入扇出数和负载电容。

在逻辑综合和物理综合的不同阶段，这些约束被用来对设计进行优化。

这些约束作用在设计的块级、顶层和芯片级。考虑到图 10.1 所示的处理器架构和模块级约束，包括 ALU、浮点运算单元、高速接口等。顶层约束将在综合过程中使用，它们整合所有的功能模块。

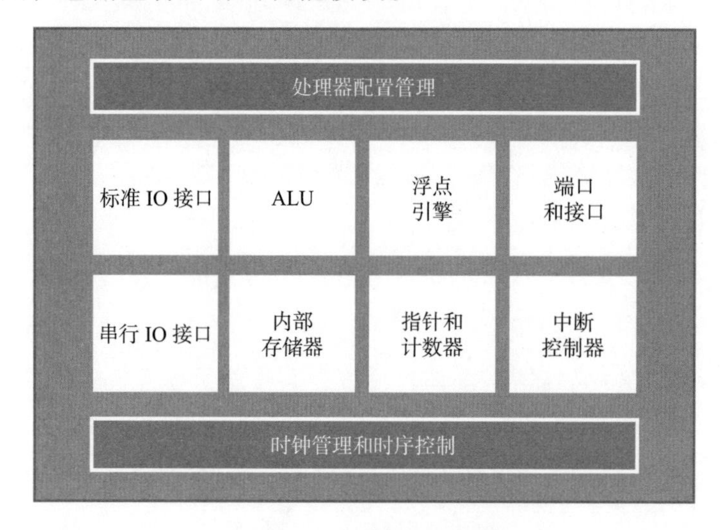

图 10.1 处理器顶层架构

即便模块级的时序约束结果是干净的，也并不意味着设计满足顶层的约束条件。在物理设计(图 10.1)阶段，它必须满足顶层的约束条件并做到时序收敛。

针对处理器的综合，以下是比较好的综合策略：

（1）对不同的时钟组进行综合。

（2）采用自底向上的综合方法，分别提取模块级的约束。

（3）在模块级进行综合优化以满足面积和速度约束。

（4）制定顶层约束。

（5）执行顶层综合并优化设计以满足顶层约束要求。

（6）如果约束不满足，则使用策略来调整 RTL 和架构。

10.1 重要的设计概念

10.1.1 时钟树

因为我们在逻辑设计阶段无法得到时钟分配的相关信息，因此我们仅仅在物理综合阶段对时钟树进行综合。也就是说，在逻辑综合阶段，我们将使用 Synopsys 公司提供的基于统计学原理所计算出的时钟和时钟延迟。

10.1.2 复位树

对功能块进行初始化的多个复位信号需要与主复位同步。如果复位信号是在时钟的有效沿释放，那么这种复位的结构可以避免亚稳态的发生。

关于复位信号，最重要的两点是：

（1）复位恢复时间。

（2）复位移除时间。

10.1.3 时钟和复位信号策略

在设计系统的复位和时钟信号时需要重点关注以下几点：

（1）对于多时钟域的系统，需要在数据和控制信号上使用同步器。

（2）在逻辑综合阶段，使用统计学的方法来估算时钟的延迟，并通过设置建立时间和保持时间余量（UNC）的方式来进行逻辑综合和优化。

（3）在设计中采用手工例化的方式实例化时钟。

（4）使用复位同步器，同步复位信号与主复位信号。

10.1.4 影响设计性能的因素

ASIC 设计应满足速度和面积的优化约束。相关功耗的约束主要体现在物理综合阶段。

以下是综合阶段需要解决的重要问题：

1. 模块级约束

对于复杂的ASIC设计，很多时候我们会对设计进行划分，采用分块的方式来实现整个ASIC系统。这种情况下，我们需要指定模块级约束，并且模块必须满足模块级时序约束。比如，处理器逻辑以250MHz的工作频率运行，但是整个芯片工作频率为500MHz。在这种情况下，整体的建立时间和保持时间的不确定性会导致模块级与整体约束相差较大。因此，在模块级，必须使用模块级单独的约束文件。

2. 顶层约束

执行完自底向上的逻辑综合后，在所有功能块中进行顶层集成。顶层需要为特定的时钟组指定约束，在Tcl脚本中使用以下命令：

（1）时钟延迟信息。

（2）输入接口延迟信息。

（3）输出接口延迟信息。

（4）建立时间余量。

（5）保持时间余量。

模块级约束满足时序要求，但并不能保证顶层的约束都能够满足，原因如下：

（1）如果设计的划分不是严格按照时序的顺序进行，则在模块的边界处会产生额外的延迟。

（2）数据到达快的话，系统会有保持时间违例。

（3）数据到达慢的话，系统会有建立时间违例。

（4）在综合过程中会出现多周期路径和不相关导致的时序异常。

（5）同步策略不佳导致的数据完整性问题。

（6）如果设计有层次化结构，则不能优化胶合逻辑。这种情况下，需要对设计进行扁平化处理，通过改变层次化的方式来改进时序优化的效果。

10.2 如何描述约束条件

使用Verilog文件进行模块和顶层综合时，需要制定的重要约束包括面积、性能和功耗。不考虑恒值功耗优化的前提下，作为一个设计师和综合团队成员，我们的目标是对设计和整体有功能上的了解，从而帮助我们实现面积和速度指标。

10.2.1 面积约束

在逻辑综合阶段，面积的开销由逻辑门和宏模块组成。标准逻辑门的面积信息可以从厂家提供的库文件中获得，特定的宏单元的面积可以从底层设计（GDS）抽取出相关的面积信息。整体的面积优化如下：

（1）RTL 设计阶段：可以使用括号和合理分组的方式，通过资源共享、资源分配、消除死区的方式减少面积开销。

（2）逻辑综合：通过使用工具特定的指令来进行面积优化。

10.2.2 性能约束（工作频率）

速度是特别重要的因素，它决定了芯片的整体性能。设计的速度，需要根据以下内容来计算，比如相关工艺节点的延迟信息，并且速度约束条件必须满足时序收敛。由于在逻辑综合阶段无法获得详细的放置位置和物理连线信息，因此我们在逻辑综合阶段的目的是仔细观察时序并评估结果，为模块和顶层设计提供技术支撑。综合和 STA 团队需要指定以下内容：

（1）时钟。

（2）时钟的延迟。

（3）建立时间和保持时间余量。

（4）输入和输出接口的 max 、min 延迟。

（5）定义多周期时序路径。

（6）定义不相关时序路径（不检查，不报错）。

10.2.3 功耗约束

在进行功耗规划时，静态功耗和动态功耗是我们的另一项重要的约束指标。为了实现低功耗的架构设计，我们通常在不同的设计阶段，通过使用 UPF 来实现对电源和功耗的管理。

以下为功耗优化的一些策略：

（1）架构设计：在低功耗的架构设计中，使用合理的上下电策略和电源关闭模式。

（2）使用低功耗的设计单元：在设计中使用低功耗设计单元时，设计师需要对这些低功耗的单元对速度的影响有充分的认知。

（3）RTL设计：在RTL设计阶段，使用门控时钟来减少系统的动态功耗。

10.3　设计挑战

以下是ASIC综合过程中的重要挑战：

（1）逻辑的修整。

（2）未连接的端口和连线。

（3）满足了块级速度约束，但在顶层约束上满足不了时序。

（4）设计缺少块级连接，尽管RTL验证是成功的。

10.4　综合过程中使用的重要SDC命令

本节讨论在综合过程中使用的用于指定约束的重要DC命令。请参考第11、12和13章来理解设计方案中的逻辑综合和优化。

10.4.1　Synopsys DC命令

本部分列出一些在ASIC综合过程中使用的一些命令，供参考。

1. 读入RTL设计

```
read -format <format_type> <filename>
```

以上命令用来读入RTL设计，例如，读处理器顶层代码命令：

```
read -format verilog processor.v
```

2. 分析设计

```
Analyze -format <format_type> <list of file names>
```

以上命令用来分析设计，报告语法错误并执行在拥有通用逻辑之前的设计转换。通用逻辑是 Synopsys 公司提供的不依赖于工艺节点的设计库，以 GTECH 的形式发布，该逻辑以布尔逻辑的形式描述，但不包含任何生产工艺节点信息，属于未映射工艺节点的描述。例如，分析 processor.v 命令：

```
analyze -format verilog processor.v
```

3. 细化设计

```
elaborate -format <list of module names>
```

以上命令用于细化设计，可在细化过程中为相同的设计指定不同的架构，例如：

```
elaborate -library work processor
```

了解读取、分析和细化命令的区别至关重要，以下是关键点：

（1）在进行细化设计的同时，通过分析和细化来传递所需的参数。

（2）输入 DC 中预编译的设计或网络列表时使用 read 命令。

（3）使用 analyze 和 elaborate 命令，可以在细化过程中为相同的设计指定不同的架构。

（4）read 命令不允许使用不同的架构。

10.4.2 设计检查

在使用 DC 读取设计之后，使用 check_design 来检查设计问题，如短路、断路、多个连接、实例化和无连接。

例如，检查设计错误命令：

```
check_design
```

10.4.3 时钟的定义

需要使用命令 create_clock 指定时钟，并且在时序分析期间将其用作参考时钟。使用 create_clock 命令定义时钟的示例如下：

```
create_clock -name <clock_name> -period <clock_period>
  <clock_pin_name>
```

以上命令用于为设计创建时钟，作为时序分析时的参考时钟。如果设计没有定义具体的时钟起始点，那么它将被视为虚拟时钟。

使用以下命令可以创建频率为500MHz、占空比为50%的时钟：

```
create_clock -name clock -period 2 processor_clock
```

1. 具有可变占空比的时钟

如果设计者希望使用具有0.5ns上升沿和2ns时钟周期的可变占空比时钟，则create_clock命令可以修改为

```
create_clock -name clock -period 2 -waveform {0.5,2}
```

2. 虚拟时钟

如果设计没有时钟起始点，则可以使用以下命令创建虚拟时钟。

（1）生成频率为500MHz、占空比为50%的虚拟时钟：

```
create_clock -name clock -period 2
```

（2）生成频率为500MHz的虚拟时钟，具有可变占空比，上升沿为0.5ns，下降沿为2ns：

```
create_clock -name clock -period 5 -waveform {0.5,2}
```

10.4.4 时钟偏差

如前所述，时钟偏差是指时钟信号到达之间的差异。如果发射触发器的时钟相对于捕获触发器晚，则该偏差称为负时钟偏差，对满足保持时间有好处。如果发射触发器的时钟相对于捕获触发器早，则该偏差称为正时钟偏差，对满足建立时间有好处。原因是捕获触发器的时钟来的相对晚一些，数据可能由于偏差而延迟到达。

由于DC无法综合时钟树，所以为了克服这个问题，使用时钟偏差来指定到达时钟之间的偏差！

下列命令用于指定设计的时钟偏差：

```
set_clock_skew -rise_delay <rising_clock_skew> -fall_delay
  <falling_clock_skew> <clock_name>
```

例如：

```
set_clock_skew -rise_delay 2 -fall_delay 1 master_clock
```

10.4.5 输入/输出延迟的定义

可以分别使用 set_input_delay 和 set_output_delay 命令指定输入和输出延迟。

用于定义输入延迟的命令如下：

```
set_input_delay -clock <clock_name> <input_delay> <input_port>
```

例如，指定相对于时钟 1ns 延迟的命令：

```
set_input_delay -clock master_clock 1 data_in
```

用于定义输出延迟的命令如下：

```
set_output_delay -clock <clock_name> <output_delay>
  <output_port>
```

例如，指定相对于时钟 1ns 延迟的命令：

```
set_output_delay -clock master_clock 1 data_out
```

10.4.6 指定min/max延迟

输入和输出延迟，可以根据设计的需求，采用最大延迟或者最小延迟的方式进行约束。

最大输入延迟定义如下：

```
set_input_delay -clock <clock_name> -max <delay> <input_port>
```

例如，指定相对于时钟 2ns 延迟的命令：

```
set_input_delay -clock master_clock -max 2 data_in
```

最小输入延迟定义如下：

```
set_input_delay -clock <clock_name> -min <delay> <input_port>
```

例如，指定相对于时钟 1ns 延迟的命令：

```
set_input_delay -clock master_clock -min 1 data_in
```

最大输出延迟定义如下：

```
set_output_delay -clock <clock_name> -max <delay> <output_port>
```

例如，指定相对于时钟 2ns 延迟的命令：

```
set_output_delay -clock master_clock -max 2 data_out
```

最小输出延迟定义如下：

```
set_output_delay -clock <clock_name> -min <delay>
  <output_port>
```

例如，指定相对于时钟 1ns 延迟的命令：

```
set_output_delay -clock master_clock -min 1 data_out
```

10.4.7 设计综合

compile 命令用于执行设计综合。如前一节所讨论的，我们需要将设计约束、库和 Verilog 文件作为综合工具的输入。设计综合可以使用不同的级别（如低、中、高）来执行。

编译命令指定为：

```
compile -map_effort <map_effort_level>
```

中等级别的命令如下所示：

```
compile -map_effort medium
```

10.4.8 设计的保存

write 命令用于保存设计。设计人员可以将综合输出保存为 Verilog（.v）或数据库（.ddc）格式。该命令如下所示：

```
write -format <format_type> -output <file_name>
```

以 Verilog 格式保存网表的命令如下：

```
write -format verilog -output processor_netlist.v
```

10.5 约束验证

用于验证设计的重要命令如表 10.1 所示。

表 10.1 约束验证

命令	描述
check_design	用于检查设计一致性并报告未连接的网络、端口等
check_timing	用于验证时序

10.6 用于DRC、功耗和优化的命令

表10.2列出了用于制定DRC、功耗和优化约束的重要命令。

表 10.2 DRC、功耗和优化约束的定义

命 令	类 型	描 述
set_max_transition	DRC	定义最大的转换时间
set_max_fanout	DRC	定义最大扇出
set_max_capacitance	DRC	定义最大电容负载
set_min_capacitance	DRC	定义最小电容负载
set_operating_conditions	优化约束	通过选择PVT条件确定对时序的影响
set_load	优化约束	给输出端口设置输出负载
set_clock_uncertainty	优化约束	定义预估的时钟偏差和设计余量
set_clock_latency	优化约束	定义预估的时钟延迟
set_clock_transition	优化约束	定义时钟的转换时间
set_max_dynamic_power	功耗约束	定义最大的动态功耗
set_max_leakage_power	功耗约束	定义最大的静态功耗
set_max_total_power	功耗约束	定义最大的整体功耗（静态+动态）
set_dont_touch	优化约束	用来阻止某些特定的映射过的门进行优化

10.7 总 结

下面是对本章重要知识点的汇总：

（1）设计约束包括优化约束和设计规则约束。

（2）综合是从较高层得到较低层设计抽象的过程。

（3）综合工具使用Verilog文件、库和约束作为输入。

（4）综合工具的输出是门级网表。

（5）模块级和顶层设计的约束应该记录在单独的Tcl文件中。

（6）Synopsys DC没有针对功耗进行优化。

（7）在逻辑综合过程中，目标是优化设计的面积和速度。

第 11 章　通过RTL的微调实现设计的综合与优化

综合是获得较低层次设计抽象的过程。如果我们的设计是开关级或器件级，那么它就是设计的最低抽象层次。我们使用 Verilog 来描述设计的功能，在物理设计流程中需要对设计进行逻辑映射和布局布线。为了满足这些要求，需要在不同的设计阶段使用不同的设计工具。

综合在以下两个层面进行：

（1）逻辑综合：将 RTL 设计转换为门级网表。这需要使用 Verilog 文件、库和约束。

（2）物理综合：将逻辑综合生成的门级网表转换为物理级布局和布线。物理设计中使用的约束条件是顶层和芯片级约束条件。流程和使用的特定工艺相关。

11.1 ASIC综合

从 RTL 设计中获取较低抽象层次的过程称为逻辑综合。综合工具的输出是门级网表。EDA 工具使用 Verilog 文件和工艺库作为输入，生成门级网表作为输出。

ASIC 综合工具的输入为 Verilog 文件、库、约束。

综合工具的输出结果是门级网表，可以 Verilog（.v）或数据库（.ddc）格式存储。

业界流行的综合工具有如下两种：

（1）Synopsys 公司的 Design Compiler，简称 DC。

（2）Cadence 公司的 RTL Compiler，作为 RTL 编译器广受欢迎。

综合工具的作用：在逻辑综合过程中，综合工具使用 Verilog 文件、约束和库来获得较低层次的设计抽象。也就是说，它用于获得门级网表。综合工具通过计算各种实现的成本来满足模块和顶层约束。

门级网表：门级网表是使用标准单元进行的设计描述。

门级验证：门级网表需要验证设计的功能正确性。

11.2 综合指南

为了获得更好的性能，在 ASIC 和 FPGA 综合过程中应遵循以下指导原则：

（1）使用命名规则：对所有输入和输出端口使用表 11.1 中的命名规则。

表 11.1 命名规则

信号或者端口的名称	命名规则的描述
主时钟	通常使用 master_clk 来表示
输入端口	通常使用 a_in、b_in、data_in 来表示
输出端口	通常使用 y_out、q_out、data_out 来表示
低电平有效的异步复位信号	通常使用 reset_n 来表示
低电平有效的同步复位信号	通常使用 reset_sync_n 来表示
双向信号	通常使用 data_io 来表示

（2）分区：在时序边界进行分区，使用寄存器输出和输入方式获得更好的性能。

（3）RTL 级策略：RTL 设计过程中的几种有用策略。

① 在 always 程序块内，使用阻塞赋值（=）来推断组合逻辑或胶合逻辑，使用非阻塞赋值（<=）来推断时序逻辑。

② 不要混合使用阻塞和非阻塞赋值。

③ 在 case 结构中使用 default，避免锁存。

④ 在使用 if-else 结构时，使用 else 子句来避免无意的锁存。

⑤ 要拥有完整的敏感列表，请使用 always@*。

（4）避免振荡：避免使用组合逻辑循环，因为它们会产生振荡。

（5）基于 FSM 的设计：尝试优化 FSM，为状态寄存器、下一状态和输出逻辑单独设置程序块，以获得更好的时序和性能。将数据路径和控制路径作为独立模块使用，以实现简洁的时序和无毛刺设计。详情请参阅第 11.3 节。

（6）避免组合逻辑设计中的层次结构：为了更好地进行综合优化，应避免组合逻辑设计中的层次结构。

11.3　FSM设计与综合

将输入字符串视为具有 10001010010101010011……组合的连续数据。现在，对于 101 的重叠序列，Mealy 状态机需要三个状态。非重叠序列的输出为 000000100001010000……状态机如图 11.1 所示。

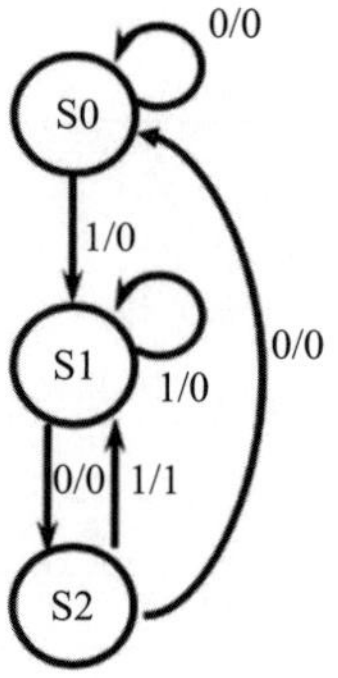

对于状态机，使用 Verilog 结构的描述见示例 11.1。

图 11.1　Mealy 状态机描述重叠序列

示例 11.1　使用 Verilog 对重叠 Mealy 状态机进行描述

```
module mealy_machine (
    input clk,reset_n,data_in,
    output reg data_out
);
  parameter s0 = 2'b00;
  parameter s1 = 2'b01;
  parameter s2 = 2'b10;
  reg [1:0] present_state, next_state;
  // 状态寄存逻辑
  always @(posedge clk or negedge reset_n) begin
    if (~reset_n) present_state <= s0;
    else present_state <= next_state;
  end
  // 下一状态逻辑
  always @* begin
    case (present_state)
      s0:
      if (data_in) next_state = s1;
      else next_state = s0;
      s1:
      if (~data_in) next_state = s2;
      else next_state = s1;
      s2:
      if (data_in) next_state = s1;
      else next_state = s0;
      default: next_state = s0;
```

```
    endcase
  end
  //输出逻辑
  always @* begin
    case (present_state)
      s0: data_out = 0;
      s1: data_out = 0;
      s2:
      if (data_in) data_out = 1;
      else data_out = 0;
      default: data_out = 0;
    endcase
  end
endmodule
```

综合结果如图 11.2 所示，包括下一状态逻辑、状态寄存器和输出组合逻辑。与摩尔状态机相比，在输出组合逻辑中使用了更多的组合逻辑。

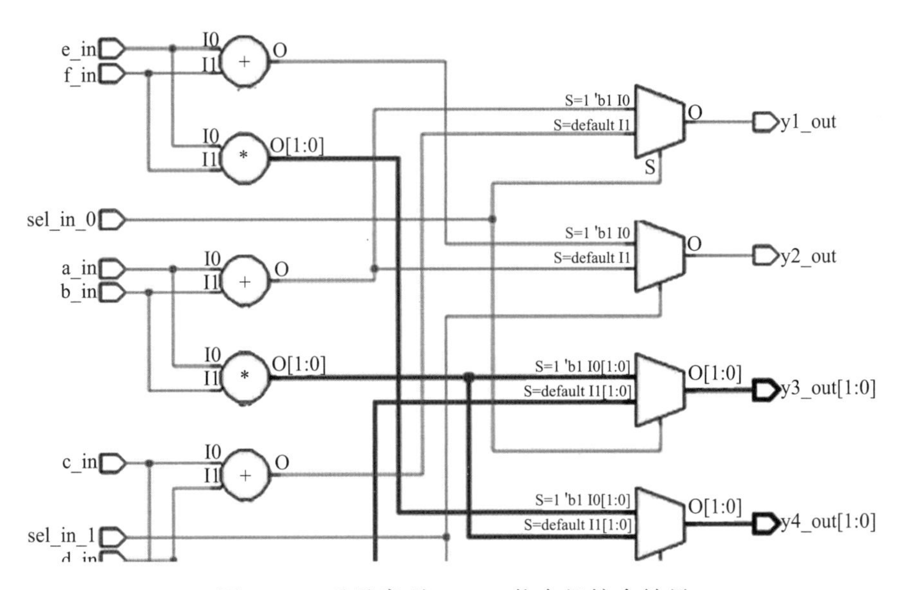

图 11.2 重叠序列 Mealy 状态机综合结果

11.4 复杂FSM控制器的策略

以下是在设计 FSM 控制器过程中有用的一些重要策略：

（1）FSM描述：使用多个程序块来描述FSM。使用状态寄存器逻辑、下一状态逻辑和输出逻辑。

（2）无毛刺输出：为避免FSM设计中出现毛刺，应使用寄存器输出，并尽量优化组合逻辑以获得更好的性能。

（3）编码：如果面积不是问题，可使用独热编码，以获得简洁和更好的时序性能。

（4）数据和控制路径：尽量为FSM控制器设置独立的数据和控制路径。在数据路径和控制路径综合期间，尝试使用架构和RTL调整来优化晚到信号逻辑。

（5）基于工具的优化：使用FSM编译器提取状态并优化控制器设计，以获得更好的面积和时序。

11.5 RTL调整如何在综合过程中发挥作用

由于ASIC设计比较复杂，我们将尝试使用模块化方法，在时序边界上对设计进行分区。更好的分区有助于RTL设计阶段，甚至是最初的布局阶段。正如第3章中所讨论的，我们可以在RTL设计阶段制定策略，从而获得更好的设计性能。

为了更好地理解，请参考表11.2。

表11.2 采用表11.1命名规则的算术逻辑操作

输入控制（sel_in_0）	操 作	描 述
1	y1_out=a_in+b_in y3_out=a_in*b_in	对a_in和b_in进行加、乘操作
0	y1_out=c_in+d_in y3_out=c_in*d_in	对c_in和d_in进行加、乘操作
输入控制（sel_in_1）	操 作	描 述
1	y2_out = e_in + f_in Y4_out = e_in * f_in	对e_in和f_in进行加、乘操作
0	Y2_out = a_in + b_in Y4_out = a_in * b_in	对a_in和b_in进行加、乘操作

使用if-else结构的RTL描述如示例11.2所示，在设计过程中，设计团队没有考虑设计的性能。

示例 11.2 无任何优化策略的 RTL

```
module area_without_optimization (
    input a_in,b_in,c_in,d_in,e_in,f_in,
    input sel_in_0,sel_in_1,
    output reg y1_out,y2_out,
    output reg [1:0] y3_out,y4_out
);
  always @* begin
    if (sel_in_0) begin
      y1_out = a_in + b_in;
      y3_out = a_in * b_in;
    end else begin
      y1_out = c_in + d_in;
      y3_out = c_in * d_in;
    end
  end
  always @* begin
    if (sel_in_1) begin
      y2_out = e_in + f_in;
      y4_out = e_in * f_in;
    end else begin
      y2_out = a_in + b_in;
      y4_out = a_in * b_in;
    end
  end
endmodule
```

在 ASIC 综合过程中，设计会推断出组合逻辑，以下是推断逻辑的性能问题：

（1）如果选择输入延迟到达，那么算术资源就没有必要提供数据。所有的算术资源都会同时执行运算，而设计并不要求相同的运算。

（2）通过共享加法器和乘法器等公共资源，可以提高此类设计的面积和速度，如图 11.3 所示。

策略：可以将运算单元推向输出端，并把选择数据的逻辑放在输入端。

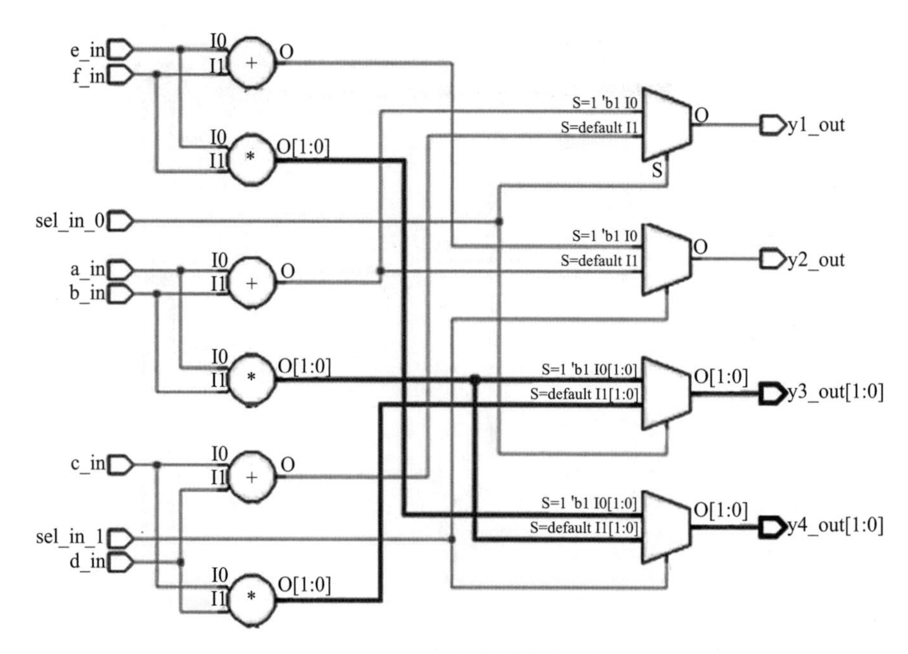

图 11.3 无面积优化的电路图

RTL 调整：以上策略的调整，可以使设计具备更小的面积和更佳的性能。尝试根据表 11.3 去改变 RTL 的描述。

表 11.3 资源共享策略

输入控制（sel_0）	tmp1	tmp2	操 作	描 述
1	a_in	b_in	y1_out=tmp1+tmp2 y3_out=tmp1*tmp2	对 a_in,b_in 进行加、乘操作
0	c_in	d_in	y1_out=tmp1+tmp2 y3_out=tmp1*tmp2	对 c_in,d_in 进行加、乘操作
输入控制（sel_1）	tmp3	tmp4	操 作	描 述
1	e_in	f_in	y2_out=tmp3+tmp4 y4_out=tmp3*tmp4	对 e_in,f_in 进行加、乘操作
0	a_in	b_in	y2_out=tmp3+tmp4 y4_out=tmp3*tmp4	对 a_in,b_in 进行加、乘操作

通过将共享资源放置在输出端的方式，可以提升设计的性能指标。RTL 描述如示例 11.3 所示。

示例 11.3 具有优化策略的 RTL 描述

```
module area_RTL_optimization (
    input a_in,b_in,c_in,d_in,e_in,f_in,
    input sel_in_0,sel_in_1,
    output reg y1_out,y2_out,
    output reg [1:0] y3_out,y4_out
```

```
);
  reg tmp1, tmp2, tmp3, tmp4;
  always @* begin
    if (sel_in_0) begin
      tmp1 = a_in;
    end else begin
      tmp1 = c_in;
    end
  end
  always @* begin
    if (sel_in_0) begin
      tmp2 = b_in;
    end else begin
      tmp2 = d_in;
    end
  end
  always @* begin
    y1_out = tmp1 + tmp2;
    y3_out = tmp1 * tmp2;
  end
  always @* begin
    if (sel_in_1) begin
      tmp3 = e_in;
    end else begin
      tmp3 = a_in;
    end
  end
  always @* begin
    if (sel_in_1) begin
      tmp4 = f_in;
    end else begin
      tmp4 = b_in;
    end
  end
  always @* begin
```

```
    y2_out = tmp3 + tmp4;
    y4_out = tmp3 * tmp4;
  end
endmodule
```

综合结果如图 11.4 所示，只需两个加法器和两个乘法器，节省了面积开销。

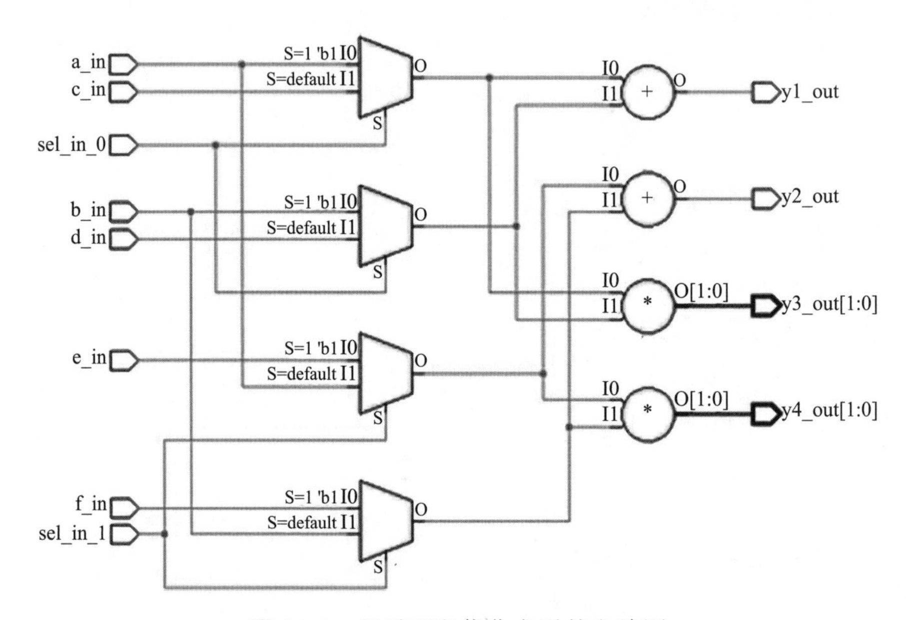

图 11.4 经过面积优化之后的电路图

11.6 使用RTL调整的综合优化技术

在设计综合过程中，如果性能达不到要求，可以选择以下几种方案：

（1）使用基于工具的命令，以优化为目标进行综合。第 12 章将讨论这些技术。

（2）以改善面积和速度为目标进行 RTL 调整，然后进行综合。

（3）执行架构和微架构调整，然后尝试调整 RTL 并运行综合。

本节将讨论有助于提高设计性能的 RTL 调整。

11.6.1 资源分配

这种优化技术采用硬件资源共享的方式，以获得更好的综合效果。

示例 11.4 描述的是无资源共享的 RTL。

示例 11.4 无资源共享的 RTL

```
module resource_allocation (
    input a_in,b_in,c_in,d_in,sel_in,
    output reg y_out
);
  always @* begin
    if (sel_in) y_out = a_in + b_in;
    else y_out = c_in + d_in;
  end
endmodule
```

上述 RTL 采用了两个加法器，并通过一个 2∶1 MUX 电路来选择加法器的输出结果。综合后的电路图如图 11.5。

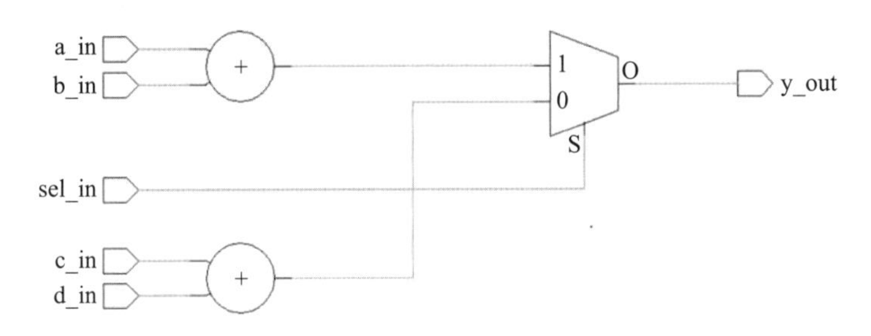

图 11.5 无资源共享的综合结果

如 11.5 节所述，如果将公共资源推至输出端，那么推断出的逻辑将只有一个算术资源（加法器）。示例 11.5 介绍了调整后的 RTL。

示例 11.5 资源共享的 RTL

```
module resource_allocation (
    input  a_in,b_in,c_in,d_in,sel_in,
    output y_out
);
  reg tmp1, tmp2;
  always @* begin
    if (sel_in) begin
      tmp1 = a_in;
      tmp2 = b_in;
```

```
    end else begin
      tmp1 = c_in;
      tmp2 = d_in;
    end
  end
  assign y_out = tmp1 + tmp2;
endmodule
```

上述资源共享技术对改善设计的面积非常有帮助，如图 11.6 所示。

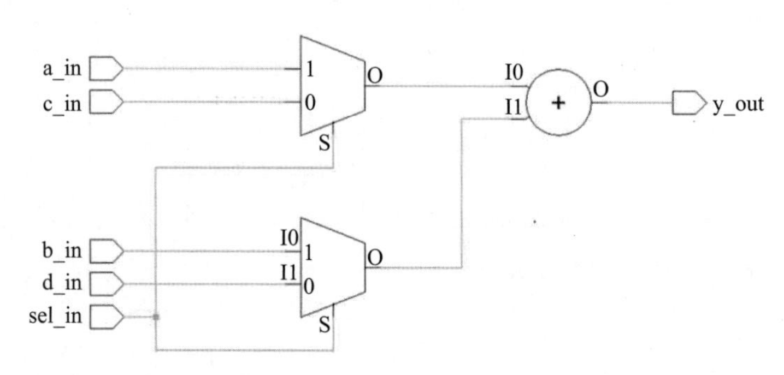

图 11.6 具备资源共享技术的综合后电路图

11.6.2 消除死区

从未执行过的代码片段被称为死区代码。为了获得更好的综合结果，需要使用死区代码消除技术。带死区的 RTL 结构描述如示例 11.6 所示。

示例 11.6 带死区 zone-1 的 RTL 结构描述

```
module dead_zone (
    input data_in,clk,
    output reg y1_out,y2_out
);
  integer a = 4;
  integer b = 3;
  always @* begin
    if (a > b) y2_out = 1;
    else y2_out = 0;
  end
  always @(posedge clk) begin
    y1_out <= data_in;
```

```
  end
endmodule
```

由示例 11.6 可知，a=4，b=3，条件 a > b 始终为真，因此某段代码（检查 else 子句）始终为假，y2_out=1，综合工具将删减由于 if-else 而推断出的大型多路复用器。因此，建议对 RTL 进行调整。在 always 过程块中使用常量传递，即 y2_out=1 代替 if-else 结构，如图 11.7 所示。

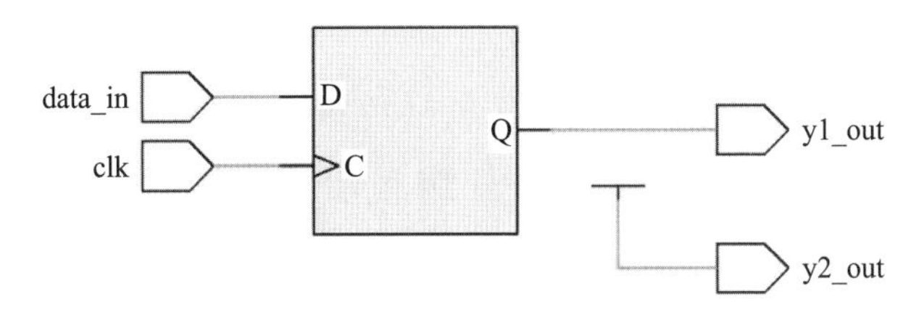

图 11.7 zone-1 导致的逻辑微调

带死区的 RTL 结构描述如示例 11.7 所示。

示例 11.7 带死区 zone-2 的 RTL 结构描述

```
module dead_zone (
    input data_in,clk,
    output reg y1_out,y2_out
);
  integer a = 3;
  integer b = 4;
  always @* begin
    if (a > b) y2_out = 1;
    else y2_out = 0;
  end
  always @(posedge clk) begin
    y1_out <= data_in;
  end
endmodule
```

由示例 11.7 可知，a=3，b=4，条件 a > b 始终为假，因此某些代码（检查 if 子句）始终为假，y2_out=0，综合工具将删减因 if-else 而推断出的大型多路复用器。因此，建议对 RTL 进行调整。在 always 过程块中使用常量传递，即 y2_out=0 代替 if-else，如图 11.8 所示。

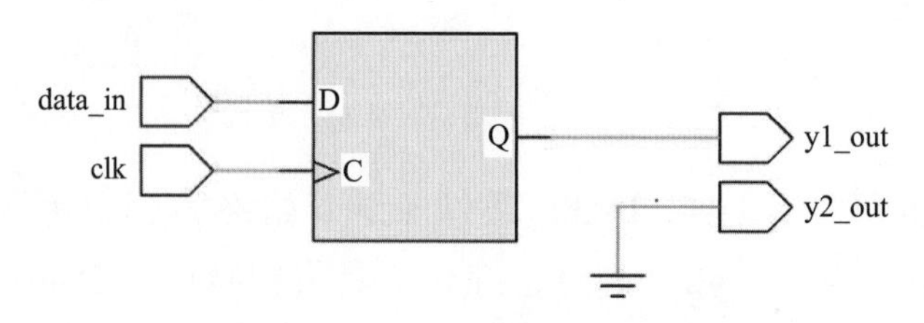

图 11.8 zone-2 导致的逻辑微调

11.6.3 使用括号

RTL 设计团队应使用括号和分组来避免级联逻辑。在示例 11.8 中，综合工具推导出优先逻辑，其中 a_in 比其他输入具有最高优先级，并推导出具有最大延迟的组合逻辑设计。

示例 11.8 不带括号的 RTL 描述

```
module grouping_terms (
    input  a_in,b_in,c_in,d_in,e_in,f_in,g_in,h_in,
    output y_out
);
  assign y_out = a_in & b_in & c_in & d_in & e_in & f_in &
                 g_in & h_in;
endmodule
```

如果每个阶段的延迟时间为 0.5ns，则总延迟时间约为 3.5ns，如图 11.9 所示。

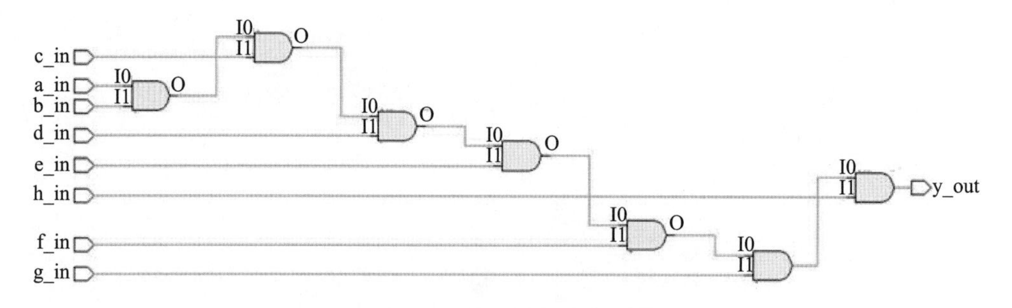

图 11.9 级联或优先级逻辑

1. 策略 1

示例 11.9 通过采用括号的方式进行分组，相关逻辑被分成 4 个组，同时进行运算。每个阶段的延迟是 0.5ns，整体组合逻辑延迟为 2ns，如图 11.10 所示。

示例 11.9 带有括号的 RTL-1

```
module grouping_terms (
```

```
    input  a_in,b_in,c_in,d_in,e_in,f_in,g_in,h_in,
    output y_out
);
  assign y_out = (a_in & b_in) & (c_in & d_in) &
                 (e_in & f_in) & (g_in & h_in);
endmodule
```

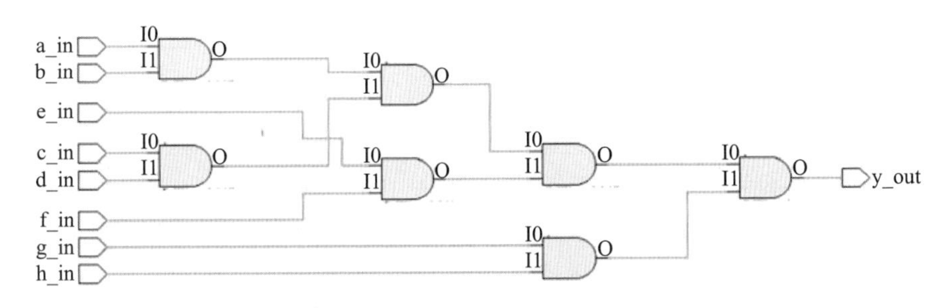

图 11.10 策略 1 的 RTL 调整

2. 策略 2

可以通过括号的形式，调整 RTL 为 3 级结构，如示例 11.10 所示，这可以是多路复用逻辑或并行逻辑。

示例 11.10 带有括号的 RTL-2

```
module grouping_terms (
    input  a_in,b_in,c_in,d_in,e_in,f_in,g_in,h_in,
    output y_out
);
  assign y_out = ((a_in & b_in) & (c_in & d_in)) &
                 ((e_in & f_in) & (g_in & h_in));
endmodule
```

由于使用了分组，原始逻辑被分成了 3 级，总延迟是 1.5ns，相比原始的 RTL，整个路径的延迟减少了 2ns，从而获得了更好的设计性能，如图 11.11 所示。

11.6.4 术语分组

请看示例 11.11 中的 RTL 描述。在综合过程中，设计使用算术资源（加法器、减法器）推导出级联逻辑。如果加法器的传播延迟为 1ns，减法器的传播延迟为 0.5ns，则总延迟为 2.0ns，如图 11.12 所示。

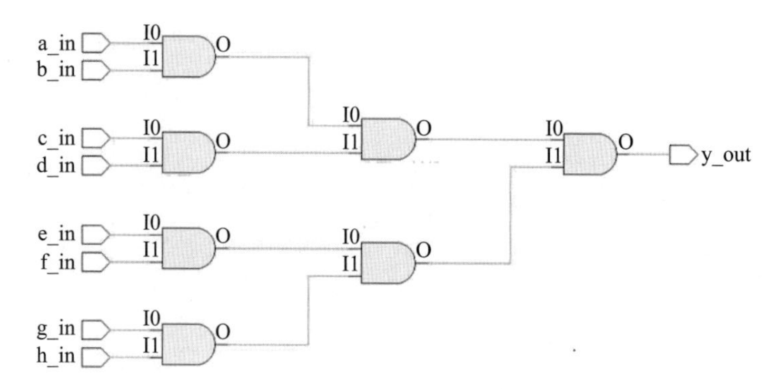

图 11.11 策略 2 的 RTL 调整

示例 11.11 不采用分组方式的 RTL 描述

```
module grouping_terms (
    input  a_in,b_in,c_in,d_in,
    output y_out
);
  assign y_out = a_in + b_in - c_in - d_in;
endmodule
```

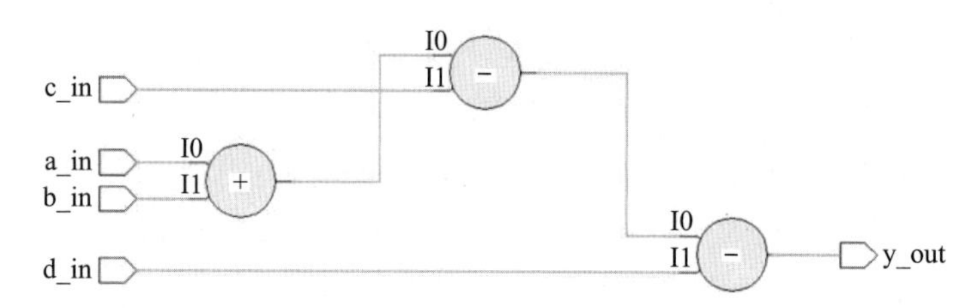

图 11.12 不采用分组方式的 RTL 综合后电路图

如果使用括号对示例 11.11 中描述的 RTL 进行调整，取消级联级，则设计性能可提高几 ns，如示例 11.12 所示。

示例 11.12 采用分组方式的 RTL 描述

```
module grouping_terms (
    input  a_in,b_in,c_in,d_in,
    output y_out
);
  assign y_out = (a_in + b_in) - (c_in + d_in);
endmodule
```

优化阶段的综合工具将推断出两级逻辑，整体延迟为 1.5ns，从而减少了 0.5ns 的延迟，如图 11.13 所示。

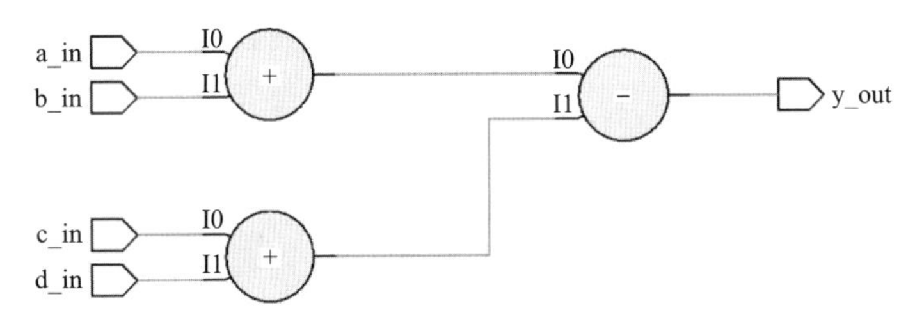

图 11.13 使用分组方式的 RTL 综合后结果

11.7 FPGA综合

FPGA 综合使用专用的 FPGA 资源来表示门级网表，这些资源包括 CLB（可编程逻辑块）和 IOB（输入输出单元），如图 11.14 和图 11.15 所示。

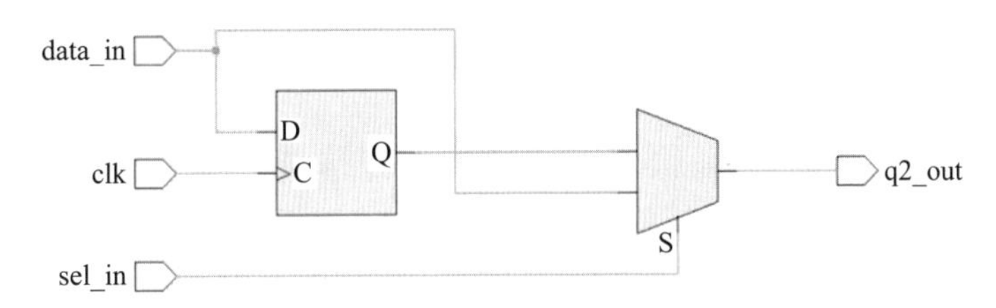

图 11.14 采用 SLICE 寄存器和 MUX 的 FPGA 结构

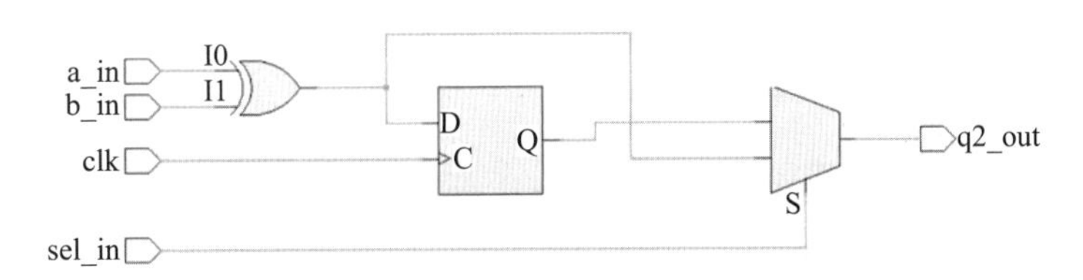

图 11.15 采用 CLB 的 FPGA 结构

关于 FPGA 综合的时序逻辑描述如示例 11.13 和示例 11.14 所示。

示例 11.13 时序逻辑描述（1）

```
module fpga_design (
    input  clk,data_in,sel_in,
    output q2_out
);
  reg q1_out;
  always @(posedge clk) begin
    q1_out <= data_in;
  end
```

```
  assign q2_out = (sel_in) ? q1_out : data_in;
endmodule
```

示例 11.14 时序逻辑描述（2）

```
module fpga_design (
    input  clk,a_in,b_in,sel_in,
    output q2_out
);
  reg q1_out;
  always @(posedge clk) begin
    q1_out <= q_out;
  end
  assign q_out  = a_in ^ b_in;
  assign q2_out = (sel_in) ? q1_out : q_out;
endmodule
```

ASIC 和 FPGA 的综合有很多不同之处，详情请参阅第 18 章和第 19 章。

11.8 总 结

下面是对本章重要知识点的汇总：

（1）使用综合工具进行优化，以满足面积和速度要求。

（2）优化是基于各种成本的考量和平衡。

（3）资源共享、消除死区和术语分组等 RTL 调整有助于提高设计性能。

（4）FPGA 综合工具使用 CLB（LUT、片寄存器）、IOB 等 FPGA 资源进行逻辑综合。

（5）与并行逻辑相比，级联级的延迟更大。

（6）使用多路复用逻辑来提高设计性能。

第 12 章　综合和优化技巧

如前几章所述，综合是为了获得较低层次的设计抽象。为了获得门级网表，我们将进行逻辑综合，而为了获得器件或开关级抽象，我们将进行物理综合。本章有助于理解使用 Synopsys 公司的 DC 工具进行的 ASIC 综合，以及为满足所需的约束条件而使用的优化技术。复杂设计的综合是在模块和顶层进行的，在逻辑综合过程中，我们的目标是满足面积和速度要求。Synopsys 公司的 DC 不用于功耗优化。

12.1 介 绍

使用 synopsys_dc.setup 文件来设置综合工具。有两个启动文件：一个在当前工作目录下，另一个在安装综合工具的根目录下。要使用该工具，需要设置以下重要参数：

（1）search_path：该参数用于搜索综合库，并在综合过程中用作参考。

（2）target_library（目标库）：综合工具在映射逻辑单元时使用此参数。目标库包含生产厂家提供的标准逻辑单元。

（3）symbol_library（符号库）：所有逻辑单元都有符号表示。该参数用于指向包含综合库中逻辑单元的可视化信息的库。

（4）link_library（链接库）：工具在映射功能时使用 target_library 中的单元。该参数用于指向综合库中的逻辑门。

使用以下命令指定 .synopsys_dc.setup 的上述四个参数：

```
set search_path "./synopsys/libraries/syn/cell_library/syn"
set target_library "tcbn65lpwc.db, tcbn65lpbc.db"
set link_library "$target_library $symbol_library"
set symbol_library "standard.sldb dw_foundation.sldb"
```

为所需库设置好上述参数后，就可以在命令提示符下调用综合工具。每个设计都是对执行某些操作的逻辑电路的描述。设计可以是单一模块描述，也可以由多个模块组成。设计对象如表 12.1 所示。

表 12.1 综合工具使用的重要设计属性

设计属性	描 述
cell	单元，也称为实例，调用子设计的实例化名
reference	单元或实例所引用的是原始设计。例如，例化的子设计必须是指由功能描述组成的子设计

续表 12.1

设计属性	描　述
ports	端口，主设计的输入和输出
pins	引脚，设计中单元的输入、输出
net	线，用于不同设计的引脚或端口之间连接的导线
clock	时钟，时钟源的输入端口或引脚
library	与工艺节点相关，综合时以目标库、参考库形式出现的库

12.2 使用DC进行综合

综合工具使用RTL设计文件（利用Verilog设计的.v文件）、约束（.sdc）和库（.lib）作为输入，利用库中的标准单元获得优化的门级网表。在ASIC综合过程中，需要执行几个步骤，主要是翻译、映射和优化。图12.1简要介绍了生成门级网表的ASIC综合步骤。

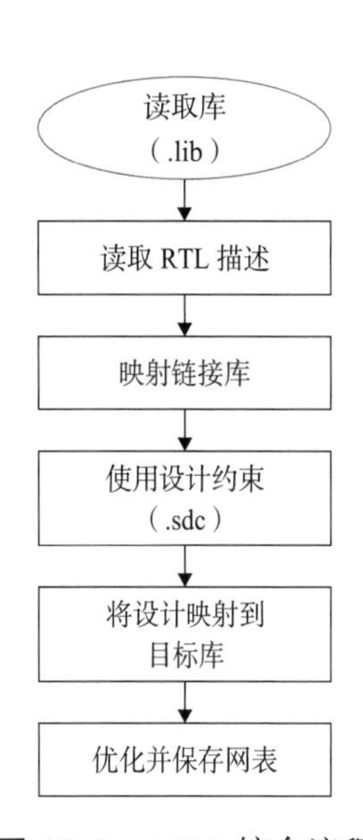

图12.1 ASIC综合流程

（1）读取库：要执行逻辑综合，综合工具需要读取DesignWare库、技术库和符号库。DesignWare库包括加法器、比较器、乘法器等复杂单元；技术库包括逻辑门、触发器和锁存器。在综合过程中，综合工具算法决定何时使用技术库，何时使用DesignWare库。这些库被有效地用于生成门级网表。

（2）读取RTL描述：下一步是读取RTL描述，即Verilog(.v)源文件。

（3）映射链接库：综合工具在读取库和RTL描述后会执行几个重要步骤：

① 设计优化。

② 与工艺无关的优化。

③ 利用技术库映射逻辑。

上述过程称为将逻辑链接到所需的目标库。基本上，链接库可以是IO库、单元库或宏库，用于链接设计，而目标库则用于优化设计。

（4）使用设计约束：综合工具在通过目标库中的标准单元优化设计时，会使用面积、速度和功耗等设计约束。在逻辑综合流程中，DC不会对功耗进行优化，功耗的优化部分将在物理综合阶段进行。

（5）将设计映射到目标库：为实现高效的RTL编码，要求RTL设计工程师充分了解目标标准单元库。设计优化后，就可以进行可测试性设计（DFT），以检测设计中的早期故障。仅在RTL设计阶段，就需要描述便于DFT的RTL，以便快速扫描插入和测试设计中的各种故障。

（6）优化并保存网表：优化后的网表可以是Verilog(.v)格式，也可以是数据库（.ddc）格式，并将由布局和布线工具使用。在布局布线的基础上，可使用实际布线延迟进行反向标注，以进行准确的时序分析。如果没有达到时序目标，则可以对设计进行重新综合，以满足时序要求。

12.3 综合与优化流程

现代ASIC设计异常复杂，由数百万或数十亿门组成。在过去几十年中，由于对复杂智能设备和IP的需求，设计复杂度呈指数级增长，设计综合和时序收敛会产生额外的开销和成本。在这种情况下，以优化为目标的综合技术可以更好地满足模块和顶层约束。Synopsys公司的DC是用于执行设计综合的领先EDA工具，Synopsys公司的PT则用于时序收敛检查。

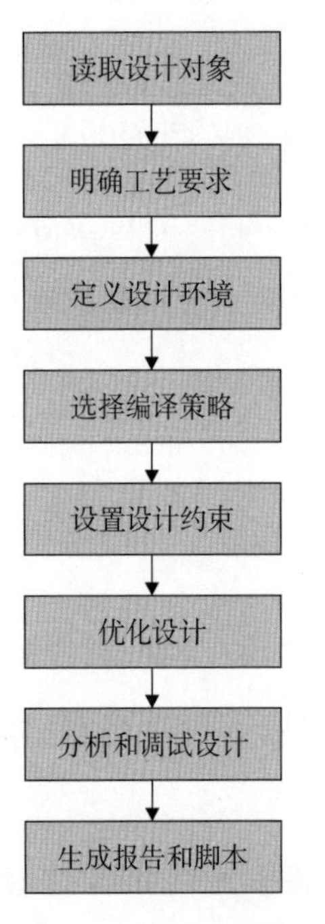

图12.2 综合和优化流程

设计约束条件分为设计规则约束条件和优化约束条件，已在第10章和第11章介绍。

综合和优化流程如图12.2所示，这些也被视为任何设计进行综合时的步骤。编译策略可以选择自顶向下或自底向上。综合过程中使用的命令将在后续章节中讨论。

（1）读取设计对象：设计对象是Verilog RTL代码，并且已经被证明功能正确。这一步使用的命令如下：

```
analyze
elaborate
read
```

（2）明确工艺要求：在这些步骤中，需要指定所需的设计规则和库。这一步中库对象命令如下：

```
link_library
```

```
target_library
symbol_library
```

设计规则命令如下：

```
set_max_transition
set_min_transition
set_max_fanout
set_min_fanout
set_max_capacitance
set_min_capacitance
```

（3）定义设计环境：设计环境包括工艺、温度、电压条件、驱动强度和负载对设计的影响。这一步使用的命令如下：

```
set_operating_conditions
set_wire_load
set_drive
set_driving_cell
set_load
set_fanout_load
```

（4）选择编译策略：用于优化分层设计的策略，包括自顶向下、自底向上和编译 - 特征化。

（5）设置设计约束：需要为设计优化和时序分析设置约束条件。这一步使用的命令如下：

```
create_clock
set_clock_skew
set_input_delay
set_output_delay
set_max_area
```

（6）优化设计：执行设计综合，生成特定工艺的门级网表。使用的命令如下：

```
compile
```

（7）分析和调试设计：这一步非常重要，可以通过生成各种报告来了解设计中的潜在问题。此步使用的命令如下：

```
check_design
report_area
report_constraint
report_timing
```

（8）生成报告和脚本：设计数据库以脚本文件的形式存储。

顶层对象为全加法器，输入为“a_in, b_in, c_in”，输出为“sum_out, carry_out”，如图 12.3 所示。

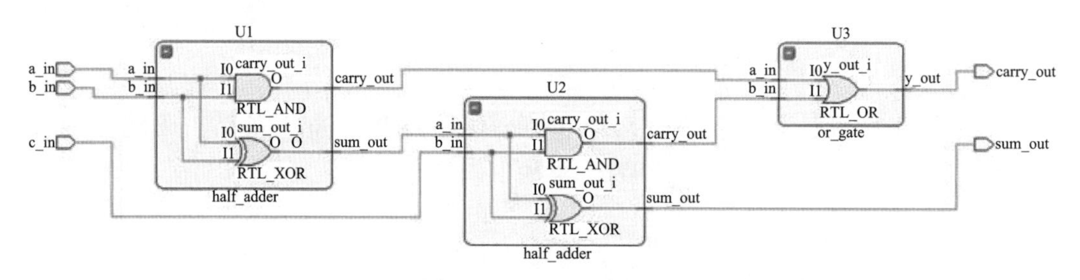

图 12.3　全加器电路图

示例 12.1 显示了自顶向下的编译运行，可用于实际场景。综合设计和编译时，请使用该脚本。

示例 12.1　综合与编译的关键步骤

```
/* 读取设计对象 */
read -format verilog full_adder.v
/* 指定工艺要求 */
target_library = my_library.db
symbol_library = my_library.sdb
link_library = "*" + target_library
/* 定义设计环境 */
set_load 2.0 sum_out
set_load 1.2 carry_out
set_driving_cell -cell FD1 all_inputs()
set_drive 0 clk_name
/* 设置设计约束 */
set_input_delay 1.25 -clock clk {a_in, b_in}
set_input_delay 3.0 -clock clk c_in
set_max_area 0
/* 设计综合 */
```

```
compile
/* 产生报告 */
report_constraint
report_area
/* 保存设计数据库 */
write -format db -hierarchy -output full_adder.db
```

12.4 面积优化技术

设计人员的首要任务是优化时序，其次才是优化面积。在 RTL 层面有几种有效的面积优化技术，以下是用于优化面积的关键准则：

（1）避免将组合逻辑用作单独的块或模块。

（2）不要在两个模块之间使用胶合逻辑。

（3）在综合时使用 set_max_area 属性。

12.4.1 避免将组合逻辑用作单个程序块

建议不要将组合逻辑作为单个模块使用。如果使用单个组合模块，那么设计编译器将无法优化单个模块。这不是一种好的设计分区。模块的层次结构是固定的，设计编译器将无法优化分层组合设计。考虑图 12.4 所示的情况，它包含模块 I 和模块 II，模块 II 是独立的组合块，因此设计编译器无法优化模块 II，因为设计编译器不会优化端口或接口。

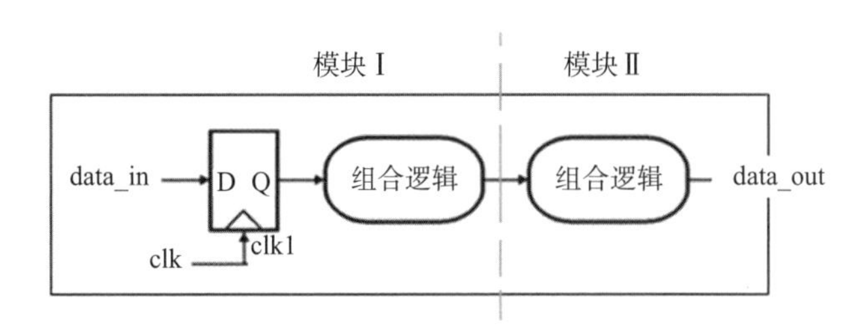

图 12.4　组合逻辑用作单独的块或模块

如果设计分区合理，那么整体优化将提高设计性能。分区较好的 ASIC 设计应结合模块 I 和模块 II 的功能。图 12.5 显示了单个模块中 A+B 的功能，从而加快了设计优化。

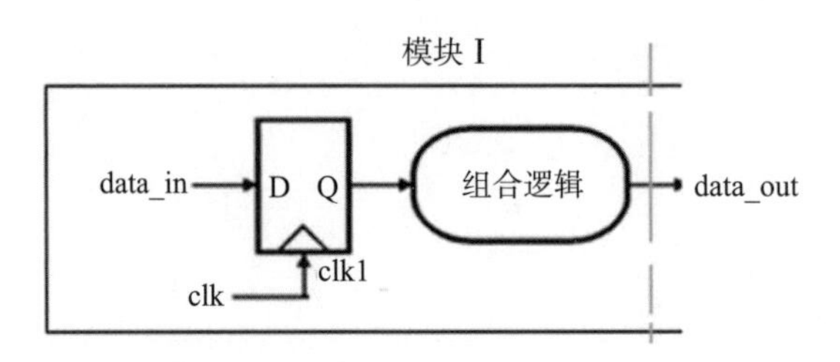

图 12.5 消除单个组合逻辑模块

12.4.2 避免在两个模块之间使用胶合逻辑

两个不同模块之间的胶合逻辑如图 12.6 所示。这种设计分区策略并不好，会增加组合延迟，原因是设计编译器无法优化逻辑门。为避免这种情况，建议使用 group 命令，分组模块 I 或模块 Ⅱ 中的胶合逻辑。

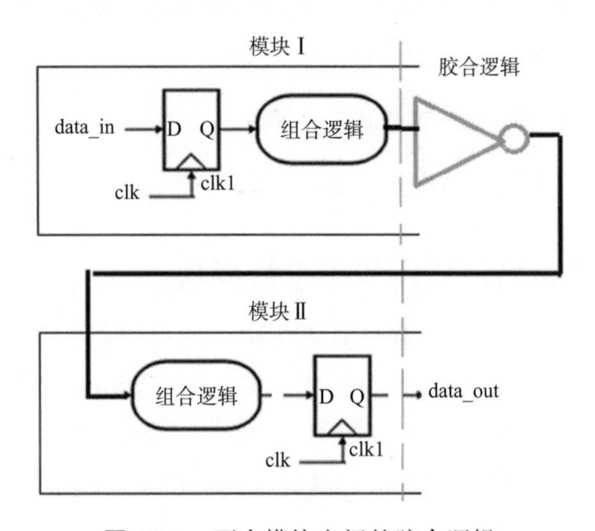

图 12.6 两个模块之间的胶合逻辑

以下命令用于将胶合逻辑归入模块 I：

```
dc_shell> group {m1, m3} -design_name moduleIII cell_name
  or_gate
```

以下命令用于将胶合逻辑归入模块 Ⅱ：

```
dc_shell> group {m2, m2} -design_name moduleIII cell_name
  or_gate
```

12.4.3 使用set_max_area属性

建议使用属性 set_max_area 优化面积。设计编译器优先考虑时序优化。如果满足了时序要求，则开始面积优化。设计优化的优先级如下：

（1）设计规则约束（DRC）。

（2）时序。

（3）功耗。

（4）面积。

12.4.4 面积报告

使用 report_area 命令报告面积。面积报告示例如示例 12.2 所示。任何设计的面积报告都包括端口数、网数和引用数。它还提供了有关组合、时序和总单元面积的信息。

示例 12.2 面积报告

```
Number of ports:                                   3
Number of nets:                                    8
Number of cells:                                   7
Number of references:                              2
Combinational area:                                100.349998
Non combina?onal area:                             125.440002
Net Interconnect area: undefined (Wire load has zero net area)
Total cell area:                                   225.790009
Total area:                                        undefined
```

12.5 设计分区和结构化

为了更好地进行综合和优化，需要对设计进行分区。分区是通过考虑接口边界、时钟域和电源域在功能层面进行的。实际情况是，分区较好的设计会产生较好的综合结果，甚至会缩短综合运行时间。以下是用于设计分区的重要准则：

（1）对设计进行分区，以便设计重复使用。

（2）针对不同的功能，使用不同的模块，即在设计过程中使用模块化方法。

（3）在同一模块中使用组合逻辑，从而减少插入延迟。

（4）随机逻辑使用单独的块或结构逻辑。

（5）在顶层对设计进行分区。

（6）不要在顶层使用胶合逻辑。

（7）使用独立的状态机模块，将状态机与其他逻辑隔离。

（8）将每个区块的逻辑大小限制在最多 10k 门。

（9）避免在同一程序块中使用多个时钟。

（10）隔离多时钟域设计的同步器（图 12.7）。

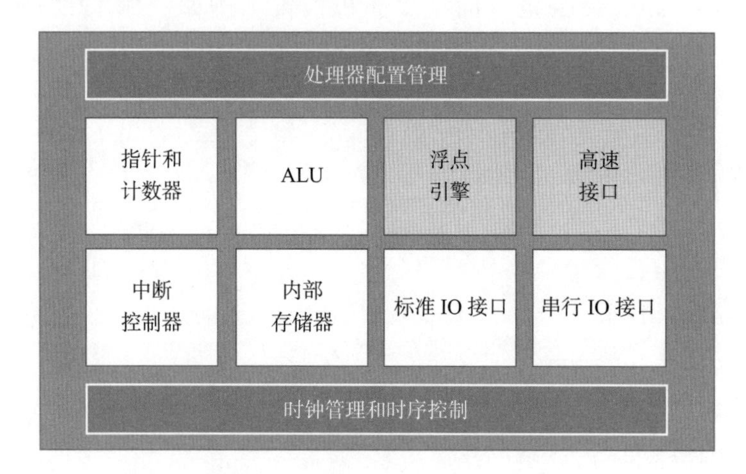

图 12.7 具备多时钟域的设计

考虑一下我们在第 9 章中已经讨论过的设计。

时钟域 1：由 clk1 控制，该时钟域的功能块包括算术逻辑单元（ALU）、内部存储器、中断控制器、指针和计数器、串行 IO 接口、标准 IO 接口。在架构中，时钟域 1 用白色表示。

时钟域 2：由 clk2 控制，该时钟域的功能块包括浮点引擎、高速接口。在架构中，时钟域 2 用黄色表示。

我们可以获得综合的策略的亮点是：

（1）为每个时钟域定义时钟和约束。

（2）使用模块级约束执行模块级综合。

（3）使用顶层约束执行顶层综合。

（4）在编译过程中使用自底向上或自顶向下的策略，这取决于设计的复杂性。

（5）如果在模块级综合过程中满足了约束条件，则使用 dont_touch 属性。

（6）检查违规者，并在优化时予以修正。

（7）使用各种选项重新编译并执行综合，以实现更好的设计优化。

12.6 编译策略

任何设计的编译方法都可以采用自顶向下或自底向上的编译方法。每种编译方法都有自己的优缺点。

12.6.1 自顶向下编译

自顶向下编译使用顶层设计约束，与自底向上编译方法相比更容易执行。

自顶向下编译的优点如下：

（1）优化引擎在完整设计、完整路径上进行优化。

（2）通常能获得最佳优化结果。

（3）无需迭代。

（4）约束条件更简单。

（5）数据管理更简单。

自顶向下编译的缺点如下：

（1）运行时间较长。

（2）需要更多内存。

自顶向下编译的命令如下：

```
dc_shell> current_design TOP
dc_shell> compile -timing_high_effort_script
```

12.6.2 自底向上编译

自底向上编译方式是先编译子模块，然后再编译顶层模块。设计者必须注意在子模块上设置 set_dont_touch 属性，以避免子模块被重新编译。设计者需要了解每个子模块的输入和输出的时序信息。

自底向上编译的优点如下：

（1）与自顶向下编译相比，速度更快。

（2）每次运行所需的处理量更少。

（3）内存需求更少。

自底向上编译的缺点如下：

（1）优化作用于子模块或子设计。

（2）需要更多的迭代。

（3）需要维护更多的层次结构。

假设设计有两个子模块，用于自底向上编译的命令如下：

```
dc_shell> current_design submodule1
dc_shell> compile -timing_high_effort_script
dc_shell> set_dont_touch submodule1
dc_shell> current_design submodule2
dc_shell > compile -timing_high_effort_script
dc_shell> set_dont_touch submodule2
dc_shell> current_design TOP
dc_shell> compile -timing_high_effort_script
```

12.7 总 结

下面是对本章重要知识点的汇总：

（1）约束条件主要包括优化约束条件和设计规则约束条件。

（2）不要跨组合边界对设计进行分区，因为这会产生大量的插入延迟。

（3）根据设计的复杂程度，选择自顶向下或自底向上的编译策略。

（4）Synopsys 的 DC 工具不对功耗进行优化。

（5）考虑不同的时钟域和电源域对设计进行分区。

（6）使用重新编译选项来实现优化目标。

第 13 章　设计优化和场景

在逻辑优化过程中，我们会尽量对面积和速度进行优化。下面的内容有助于解决在ASIC综合过程中使用的一些优化策略。这些策略可用于复杂ASIC设计的综合和优化。

结合优化约束和性能改进，本章讨论设计规则约束。下面列出了设计优化的优先级：

（1）设计规则约束。

（2）时序。

（3）功耗。

（4）面积。

13.1 设计规则约束

最重要的设计规则约束是扇出、转换时间和电容负载。与优化约束相比，设计规则约束在综合过程中具有最高优先级。

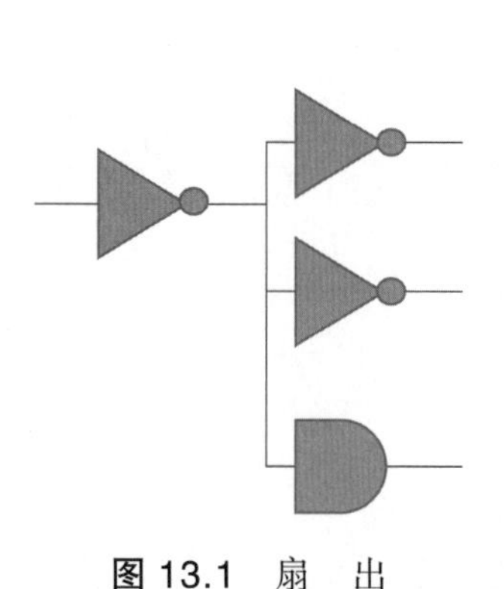
图13.1 扇 出

13.1.1 最大扇出

最大扇出用于衡量一个端口或负载可以驱动的负载数量。图13.1所示是驱动多个逻辑门的情况。技术库中有关于默认扇出的信息，设计者可以使用以下命令获取：

```
get_attribute library_name default_fanout_load
```

13.1.2 最大转换时间

使用Synopsys的DC可以指定整个设计从0到1或从1到0的最大转换时间。转换时间是由RC时间常数决定的，如图13.2所示。

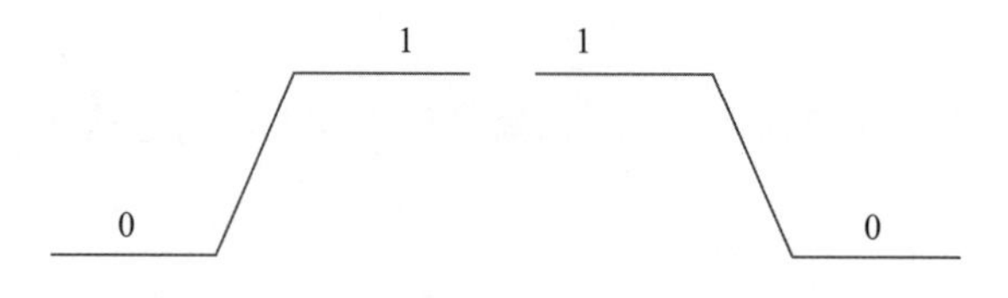

图13.2 从0到1或从1到0的最大转换时间

DC 如何满足最大转换时间？

假定标准单元库中规定最大转换时间为 4ns，设计师要求最大转换时间为 2ns，那么，DC 工具将尝试满足 2ns 的最大转换时间。

DC 工具设置最大转换时间的命令如下：

```
set_max_transition <value> <design_name/port_name>
```

13.1.3 最大电容

在 DC 编译过程中，DC 会重点关注最大电容违例造成的问题，并加以优化，如图 13.3 所示。

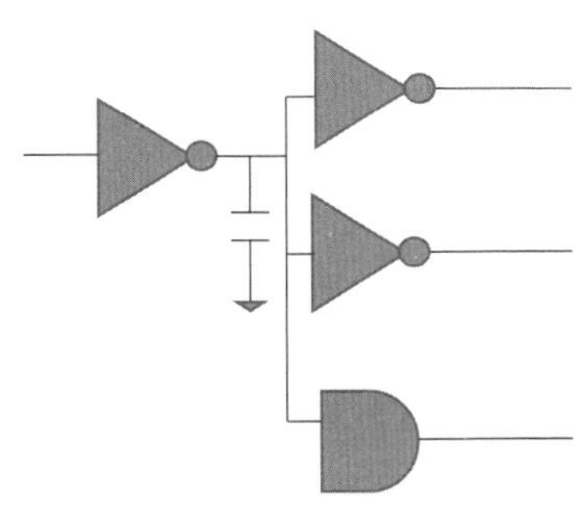

图 13.3 驱动单元的电容负载

由此可知，最大电容约束是由线电容和被驱动单元的引脚电容决定的。设计师可以使用下面的命令定义最大电容约束：

```
set_max_capacitance <value> <port_name/design_name>
```

如前所述，使用以下命令定义设计规则约束：

```
set_max_transition <value> <design_name/port_name>
set_max_fanout  <value> <port_name/design_name>
set_max_capacitance  <value> <design_name/port_name>
```

13.2 时钟的定义和延迟

时钟的定义和延迟在逻辑设计过程中起着重要作用。在逻辑设计阶段，相关时钟树的信息是无法提供的。本节讨论在综合过程中需要指定的各种术语。

13.2.1 时钟网络延迟

在任何 ASIC 设计中，时钟网络的延迟和时钟分布将决定同步设计的性能。锁相环（PLL）作为时钟源，在 STA 检查期间，必须有时钟源和时钟网络的延迟信息。

图 13.4 描述了时钟网络延迟信息的组成。

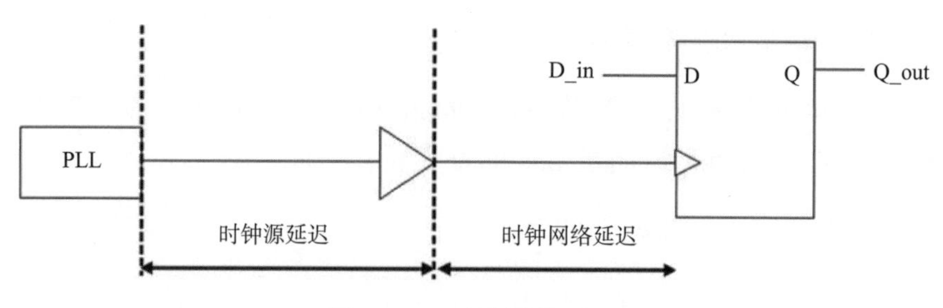

图 13.4 时钟网络延迟

13.2.2 生成时钟

在 ASIC 或 SoC 中生成的时钟可以用作时钟源。生成时钟是通过使用时钟分频电路产生的。

图 13.5 展示了如何用分频电路生成时钟，Synopsys 的 PT 相关命令如表 13.1 所示。

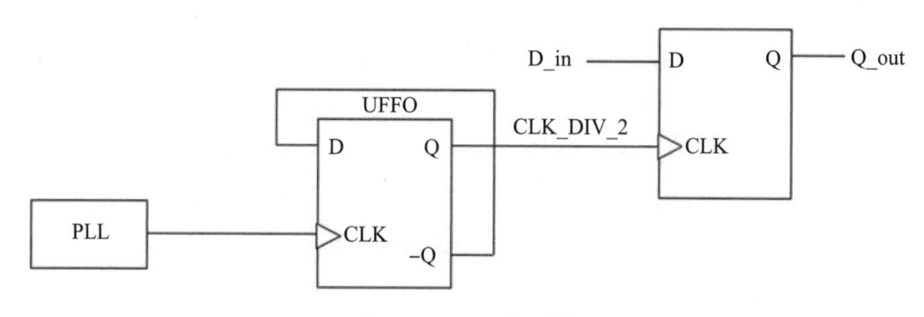

图 13.5 生成时钟

表 13.1 时钟和生成时钟命令

命 令	描 述
create_clock -period 10 waveform {0 5} [get_ports clk_PLL]	用于定义周期为 10ns 的时钟。上升沿在 0ns，下降沿在 5ns
create_generated_clock -name CLK_DIV_2 -source UPLL0/clkout -divide_by 2 [get_pins UFF0/Q]	在 UFF0/Q 这个管脚定义生成时钟

13.2.3 时钟选择和不相关路径

在大多数的设计当中，我们将用到时钟选择器。根据设计的需求，功能时钟用最快的时钟，测试时钟用最慢的时钟。除非设置不相关的时序检查，否则时序分析工具将检查这两个时钟之间对应的时序关系。

设置不相关的时序检查的命令如表 13.2 所示，时钟选择和不相关路径设置如图 13.6 所示。

表 13.2 指定不相关路径命令

命 令	描 述
set_false_path -from [get_clock Tclk_max] -to [get_clocks Tclk_min]	在 Tclk_max 和 Tclk_min 这两个时钟之间不进行时序检查
set_false_path -through [get_pins UMUX/clk_select]	通过管脚 UMUX/clk_select 的时序不进行检查

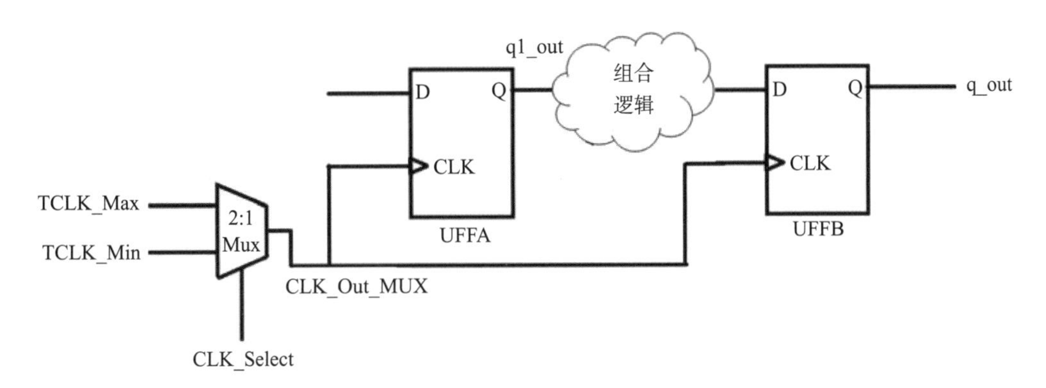

图 13.6 时钟选择和不相关路径设置

13.2.4 门控时钟

时序检查工具将检查门控时钟之间的时序，相关命令如表 13.3 所示，门控时钟电路如图 13.7 所示。

表 13.3 门控时钟相关命令

命 令	描 述
create_clock -period 10 [get_portsSystem_CLK]	生成周期 10ns 的系统时钟
create_generated_clock -name System_CLK -divide_by 1 [get pins UAND1/Z]	生成同样的时钟 CLK_gate

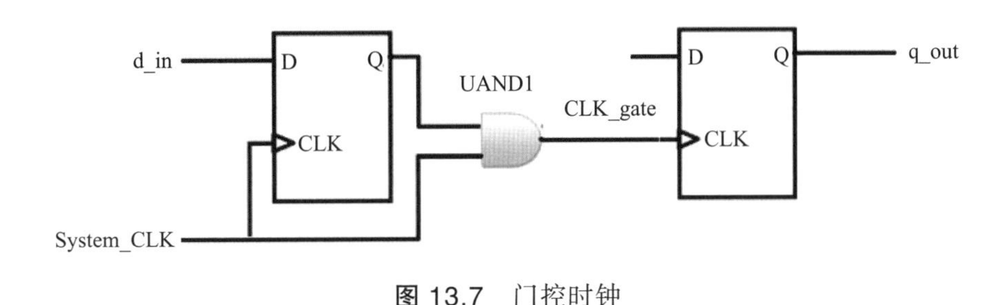

图 13.7 门控时钟

13.3 有用的综合和优化的命令

本节将讨论在设计优化和性能提升时使用的 DC 命令。

13.3.1 set_dont_use

如果综合工程师不希望使用一些厂家提供的标准单元库中的单元，则可以使用 set_dont_use 命令进行设置：

```
set_dont_use library_name/cell_name
```

如果使用 set_dont_use 属性，则该命令将忽略标准库中的这些单元。

如果不希望使用 XOR2 单元，那么在综合过程中将禁用该单元，不使用 XOR2 对设计进行优化和调用。

13.3.2 set_dont_touch

在优化阶段的大多数时候，我们不需要优化那些已经满足了时间和面积约束的模块，例如图 13.8 所示的情况。

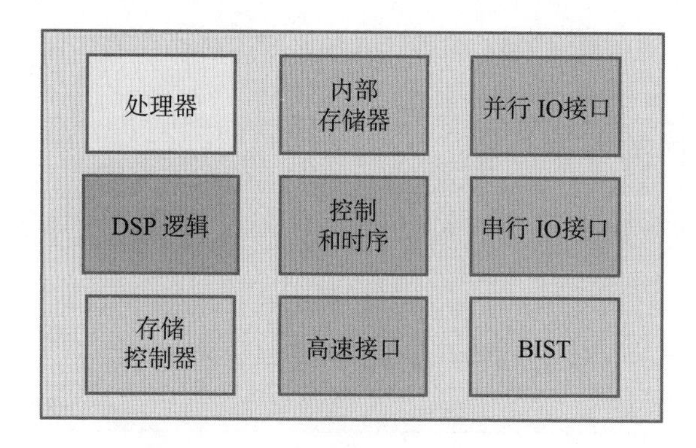

图 13.8 SoC 顶层设计模块示意图

如果 DSP 逻辑模块和存储控制器模块已经满足了时序和面积的约束，不需要更进一步的优化，这时候就可以用 dont_touch 命令：

```
set_dont_touch design_name
```

这样可以防止逻辑综合的再优化，从而减少优化时间。在逻辑综合期间，我们需要使用手工例化的时钟树并且将时钟树作为理想网络来处理。

因此，如果顶层设计是 soc_top，那么我们可以用如下的方法来处理不需要进一步优化的模块：

```
current_design  soc_top
set_dont_touch u1
set_dont_touch u2
set_dont_touch u3
```

上述方法中，u1、u2、u3 分别是处理器、DSP 逻辑、存储控制器。

13.3.3 set_prefer

综合工程师在转换工艺库时，可以通过 set_prefer 命令更改单元的优先级。例如，设计网表需要映射到另一种工艺库时，可以使用如下命令：

```
set_prefer library_name/libaray_name
```

13.3.4 设计扁平化的命令

下面考虑以下 Verilog 设计中使用的表达式：

```
Y1 = a_in & b_in;
Y2 = c_in & Y1;
```

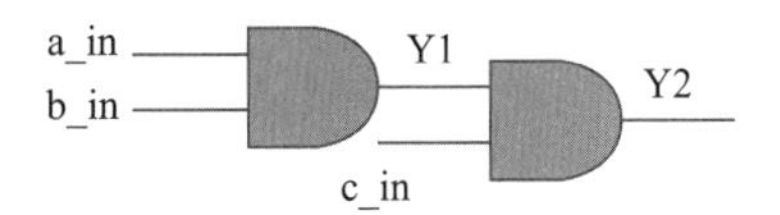

图 13.9 非扁平化的门级表示

综合工具将推断级联逻辑如图 13.9 所示。

扁平化处理后，我们得到如下所示的 Verilog 描述：

```
Y2 = (c_in & a_in) & (c_in & b_in);
```

当需要扁平化处理时，我们通常使用 set_flatten 命令，使用该命令前，需打开如下的开关：

```
set_flatten true
```

如果我们参考那些基本的数字电路，可以用 SOP 来描述组合逻辑电路，SOP 表达式将提高并行性和设计的速度。

那么，我们可以扁平化多路复用器、异或门和加法器吗？

答案是可以，不过不建议对这些类型的逻辑进行扁平化。在综合优化期间，DC 将永远不会执行扁平化，除非它被指定。

然而，获得扁平化的网表总是有限制的。通常情况下建议，如果设计有 10 个或者更少的输入，那么可以采用扁平化的操作。

13.3.5 结构化相关命令

如果目标是改善面积或门数，那么建议采用结构化，命令描述如下：

```
set_structure -timing true
```

我们可以有布尔结构或时序驱动结构。默认情况下，DC采用时序驱动结构。要执行布尔结构，我们需要以命令的方式告知综合工具。

13.3.6 Group and Ungroup命令

要删除层次结构，可以使用ungroup命令，创建新的层次结构，使用group命令。命令描述如下：

```
Ungroup -flatten -all
```

这将允许取消soc_top设计下的所有层次结构。但是DC会注意到set_dont_touch属性所针对的模块，这些模块不会受到干扰。

要在编译之前取消对所有综合设计的分组，请使用以下命令：

```
replace_synthetic -ungroup
```

group命令可用于创建新的层次结构，命令如下：

```
group (u1, u2) -design_name name_block -cell_name soc_top_inst
```

u1和u2被创建成新的层次化，设计名叫name_block，例化名叫soc_top_inst。

13.4 时序优化和性能改进

在综合优化过程中，与功耗和面积相比，时序具有最高的优先级。在优化的第一阶段，DC检查设计规则约束违例，然后是时序违例和功耗约束，最后是面积约束。本节讨论几个DC支持的时序优化的命令。

13.4.1 DC优化选项map_effort high

大多数情况下，综合工程师使用该选项作为map_effort默认参数而执行综合和优化。建议在第一次综合时，设置该参数为medium，以减少编译的时间。如果没有满足设计约束，那么设计师可以将选项设置为map_effort high并做递增编译，这至少可以提高5% ~ 10%的设计性能。

SDC命令如下所示：

```
dc_shell> compile -map_effort high -incremental_mapping
```

13.4.2 逻辑扁平化

设计的层次结构可以通过逻辑扁平化来打破，该选项允许设计的所有逻辑门处于同一层次级别，这将有利于编译器更好地优化时序和利用面积。如果这个层次化的设计很大，那么这个选项可能行不通。如果设计的层次化增加，那么综合工具在设计优化阶段将消耗更多的时间。

使用以下命令可以实现整个设计的扁平化：

```
dc_shell> ungroup -all -flatten
dc_shell> compile -map_effort high -incremental_mapping
dc_shell> report_timing -path full -delay max -max_path 1
  -nworst 1
```

13.4.3 group_path命令

使用 map_effort high 选项，设计性能可以提高 10%。但是，在做增量编译的条件下，设计依然无法满足约束条件时，这个时候对关键路径进行分组和更改权值是至关重要的。以下命令对改进设计的性能非常有好处：

```
dc_shell> group_path -name critical1 -from <input_name> -to
<output_name> -weight <weight factor>
```

下面考虑建立时间违例 0.38ns 的场景。建立时间违例指数据要求时间和数据到达时间的差，当这个差值为负时，表示建立时间违例。

```
dc_shell> read -format verilog combinational_design.v
dc_shell> create_clock -name clk -period 15
dc_shell> set_input_delay 3 -clock clk in_a
dc_shell> set_input_delay 3 -clock clk in_b
dc_shell> set_input_delay 3 -clock clk c_in
dc_shell> set_output_delay 3 -clock c_out
dc_shell> current_design combinational_design
dc_shell> compile -map_effort medium
dc_shell> report_timing -path full -delay max -max_path 1
  -nworst 1
```

执行完编译之后，可以使用 report_timing 命令获得设计的时序报告，如示例 13.1 所示。

示例 13.1 裕量为负的时序报告

```
Startpoint: c_in (input port)
Endpoint: c_out (output port)
Path Group: clk
Path Type: max
Point                                       Incr          Path
--------------------------------------------------------------
input external delay                        0.00          0.00 f
c_in (in)                                   0.00          0.00 f
U19/Z (AN2)                                 0.87          0.87 f
U18/Z (EO)                                  1.13          2.00 f
add_8/U1_1/CO (FA1A)                        2.27          4.27 f
add_8/U1_2/CO (FA1A)                        1.17          5.45 f
add_8/U1_3/CO (FA1A)                        1.17          6.62 f
add_8/U1_4/CO (FA1A)                        1.17          7.80 f
add_8/U1_5/CO (FA1A)                        1.17          8.97 f
add_8/U1_6/CO (FA1A)                        1.17         10.14 f
add_8/U1_7/CO (FA1A)                        1.17         11.32 f
U2/Z (EO)                                   1.06         12.38 f
C_out (out)                                 0.00         12.38 f
data arrival time                         12.38 f
clock clk (rising edge)                    15.00         15.00
clock network delay (ideal)                 0.00         15.00
output external delay                      -3.00         12.00
data required time                                       12.00
--------------------------------------------------------------
Data required time                                       12.00
Data arrival time                                       -12.38
Slack (violated)                                         -0.38
```

要修复时序违例并提高设计性能，可以使用带权重因子的 group_path。权重系数越大，编译所需的时间就越长。

```
dc_shell> group_path -name critical1 -from c_in -to c_out
  -weight 8
dc_shell> compile -map_effort high -incremental_mapping
```

```
dc_shell> report_timing -path full -delay max -max_path 1
  -nworst 1
```

以上命令执行后，裕量为正，时序报告如示例 13.2 所示。

示例 13.2 裕量为正的时序报告

```
Startpoint: c_in (input port)
Endpoint: c_out (output port)
Path Group: max
Path Type: max
Point                                         Incr          Path
-------------------------------------------------------------------
input external delay                          0.00          0.00 f
c_in (in)                                     0.00          0.00 f
U19/Z (AN2)                                   0.87          0.87 f
U18/Z (EO)                                    1.13          2.00 r
add_8/U1_1/CO (FA1A)                          2.27          4.27 f
add_8/U1_2/CO (FA1A)                          1.17          5.45 f
add_8/U1_3/CO (FA1A)                          1.17          6.62 r
add_8/U1_4/CO (FA1A)                          1.17          7.80 f
add_8/U1_5/CO (FA1A)                          1.19          8.99 r
add_8/U1_6/CO (FA1A)                          1.15         10.14 f
add_8/U1_7/CO (FA1A)                          0.79         10.93 f
U2/Z (EO)                                     1.06         11.99 f
C_out (out)                                   0.00         11.99 f
data arrival time                          11.99 f
clock clk (rising edge)                      15.00         15.00
clock network delay (ideal)                   0.00         15.00
output external delay                        -3.00         12.00
data required time                                         12.00
-------------------------------------------------------------------
Data required time                                         12.00
Data arrival time                                         -11.99
Slack (met)                                                 0.01
```

采用如上指令后，通过设置关键路径的权重为 5，使建立时间得到满足。

13.4.4 子模块的特征化

在实际的 ASIC 设计中，设计通常会包含非常多的层次化信息。图 13.10 所示的顶层设计包含 X、Y 和 Z 三个模块。

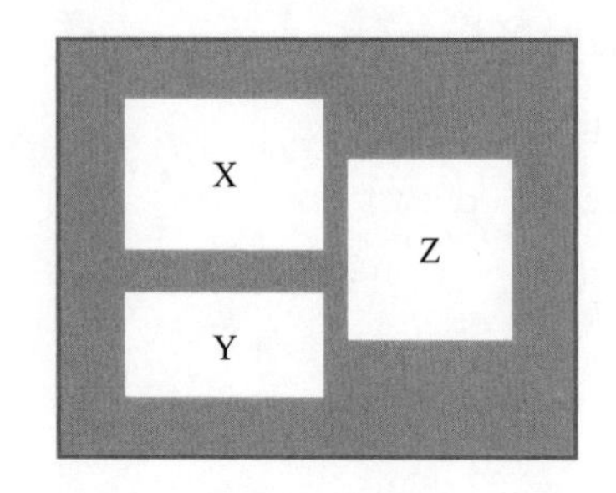

图 13.10

如果对单个模块执行综合，则可以满足时序要求。当这些子模块在顶部实例化时，它们可能不满足时序要求。也就是说，满足了模块级时序，但顶层时序失败。

原因可能是在子模块 X、Y 和 Z 之间存在胶合逻辑或者在顶层设计中存在不合理的分区。

在这种情况下，建议使用特征化命令。该命令允许捕获基于顶级层次结构环境的边界处的子模块的条件。每一个子模块可以独立编译和特征化。

以下脚本中，子模块 X、Y 和 Z 的例化名分别是 I1、I2 和 I3。

```
dc_shell> current_design  TOP
dc_shell> characterize I1
dc_shell> compile -map_effort high -incremental_mapping
dc_shell> current_design  TOP
dc_shell> characterize I2
dc_shell> compile -map_effort high -incremental_mapping
dc_shell> current_design  TOP
dc_shell> characterize I3
dc_shell> compile -map_effort high -incremental_mapping
dc_shell> current_design  TOP
```

13.4.5 寄存器平衡

寄存器平衡是实现流水线的一种强大而高效的技术。这种技术通过在寄存器之间转移逻辑来提高设计性能，从而减少寄存器到寄存器的延迟。考虑图 13.11 所示的流水线设计，它由三个触发器和组合逻辑组成。

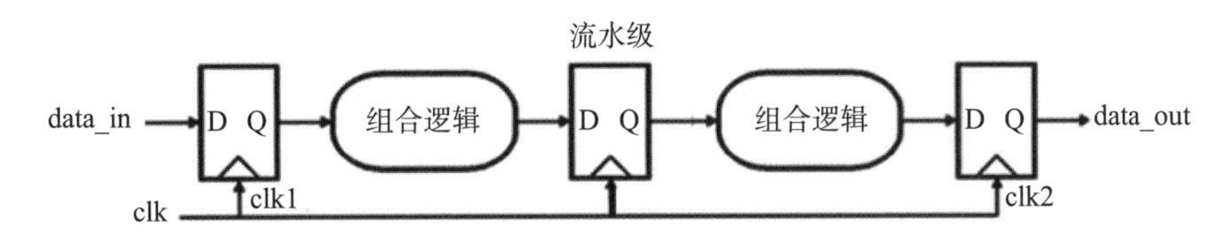

图 13.11 流水线

根据组合逻辑密度，第一个触发器到第二个触发器的到达时间不同。可以使用逻辑拆分技术，保留相同的功能。改进设计性能方面，建议使用额外的流水线级。

寄存器平衡可以用来拆分组合逻辑从一个流水线阶段转移到另一个流水线阶段而不影响设计的功能性，这是由编译器通过使用以下命令实现：

```
dc_shell> balance_registers
dc_shell> report_timing -path full -delay max -max_path 1
  -nworst 1
```

13.5 FSM优化

使用 FSM 编译器可以对有限状态机进行优化。FSM 编译器可以针对性地优化面积和性能。在实际的 ASIC 设计中，状态机通常被编码为独立模块。FSM 设计应该有干净的数据和时序路径。建议在设计状态机时使用合适的编码风格。状态机应该具有无毛刺输出的能力。

示例 13.3 代码可以在 FSM 状态机的优化中使用。

示例 13.3 FSM 提取脚本

```
/* 读取设计对象 */
dc_shell> read -format verilog state_machines.v
/* 设计映射 */
dc_shell> compile -map_effort medium
/* 如果设计没有分块，那么对逻辑进行分组 */
dc_shell> set_fsm_state_vector { <flip_flop_name>,
  <flip_flop_name>,…}
dc_shell> group -fsm -design_name <fsm_design_name>
```

```
/* 从网表提取状态机 */
dc_shell> set_fsm_state_vector { <flip_flop_name>,
  <flip_flop_name>,…}
dc_shell> set_fsm_encoding { "state0=0", "state1=1", …….}
dc_shell>extract
/* 以 FSM 格式输出设计 */
dc_shell>write -format  st -output state_machine.st
/* 如果设计已经是状态机格式，则读取设计 */
dc_shell>read -format  st  state_machine.st
/* 定义状态顺序 */
dc_shell>set_fsm_order {state0,state1,….}
/* 定义编码风格 */
dc_shell> set_fsm_encoding_style <encoding_style>
/* 编译设计 */
dc_shell> compile -map_effort high
```

13.6 解决保持时间违例

为了修复建立时间违例，通常需要修改设计的结构。反过来说，它对设计的 RTL 编码有更大的影响。通常在布局阶段前去尝试修复建立时间违例，保持时间违例通常在布局布线阶段去修复。DC 中使用如下命令修复保持时间违例：

```
dc_shell> set_fix_hold clk1
dc_shell> compile -map_effort_high -incremental_mapping
```

13.7 报告命令

13.7.1 report_qor

report_qor 命令用于生成包含所有路径的时序报告，列出时序的总体状态，如示例 13.4 所示。

示例 13.4

```
Timing Path Group 'clk1'
```

```
------------------------------------------------------------
Levels of Logic:                                        6.00
Critical Path Length:                                   3.64
Critical Path Slack:                                   -2.64
Critical Path Clk Period:                              11.32
Total Negative Slack:                                 -55.45
No. of Violating Paths:                                59.00
No. of Hold Violations:                                 1.00
------------------------------------------------------------
Timing Path Group 'clk2'
____________________________________________________________
Levels of Logic:                                       10.00
Critical Path Length:                                   3.59
Critical Path Slack:                                   -0.29
Critical Path Clk Period:                              22.65
Total Negative Slack:                                  -2.90
No. of Violating Paths:                                11.00
No. of Hold Violations:                                 0.00
____________________________________________________________
Cell Count
____________________________________________________________
Hierarchical Cell Count:                                1736
Hierarchical Port Count:                              114870
Leaf Cell Count:                                      323324
```

13.7.2 report_constraints

report_constraints 命令用于生成基于约束条件的报告，如示例 13.5 所示。

示例 13.5　约束报告

```
Weighted
Group (max_delay/setup)                Cost      Weight     Cost
------------------------------------------------------------
CLK                                    0.00       1.00      0.00
default                                0.00       1.00      0.00
------------------------------------------------------------
max_delay/setup                        0.00
Constraint                             Cost
____________________________________________________________
max_transion                           0.00(MET)
```

```
max_fanout                                  0.00(MET)
max_delay/setup                             0.00(MET)
crical_range                                0.00(MET)
min_delay/hold                              0.40(VIOLATED)
max_leakage_power                           6.00(VIOLATED)
max_dynamic_power                           14.03(VIOLATED)
max_area                                    48.00(VIOLATED)
-------------------------------------------------------------
```

13.7.3 report_contraints_all

report_contraints_all 命令用于报告所有的时序违例和设计规则违例，如示例 13.6 所示。

示例 13.6 所有约束报告

```
max_delay/setup ('clk1' group)
Required     Actual
Endpoint     Path Delay      Path Delay      Slack
-------------------------------------------------------------
data[15]     1.00            3.64 f          -2.64  (VIOLATED)
data[13]     1.00            3.64 f          -2.64  (VIOLATED)
data[11]     1.00            3.63 f          -2.63  (VIOLATED)
data[12]     1.00            3.63 f          -2.63  (VIOLATED)
-------------------------------------------------------------
```

示例 13.7 为参考脚本，用来约束工作频率为 500MHz 的设计。

示例 13.7 500MHz 参考脚本

```
/* 设置时钟 */
set clock clk
/* 设置时钟周期 */
set clock_period 2
/* 设置延迟 */
set latency 0.05
/* 设置偏差 */
set early_clock_skew [expr $ clock_period/10.0]
set late_clock_skew [expr $ clock_period/20.0]
```

```
/* 设置时钟转换 */
set clock_transition [expr $ clock_period/100.0]
/* 设置外部延迟 */
Set external_delay [expr $ clock_period*0.4]
/* 定义时钟余量 */
set_clock_uncertainty -setup $early_clock_skew
set_clock_uncertainty -hold  $late_clock_skew
Name the above script as clock.src, and Source the above script
/* 时钟和时序报告 */
dc_shell> report_timing
dc_shell> report_clock
dc_shell> report_timing
dc_shell> report_constraints -all_violations
```

13.8 多周期路径

设计中的多周期路径作为时序分析的特例，需要能以报告的形式呈现。

时序分析工具可以对该路径进行建立时间和保持时间的检查，如图 13.12 所示。

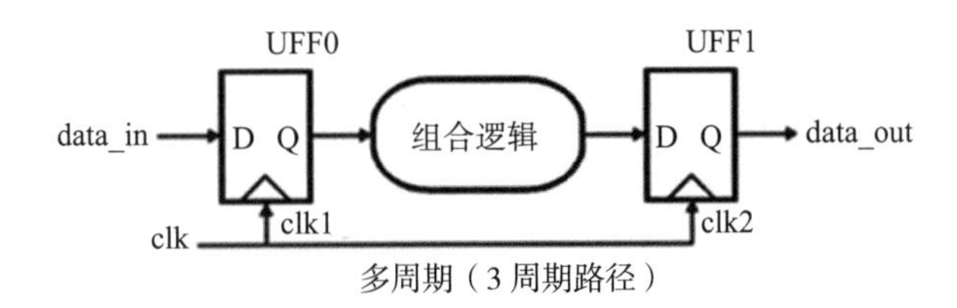

图 13.12　多周期路径

命令格式如表 13.4 所示。

表 13.4　设置多周期路径命令

命　令	描　述
create_clock -name clk_master -period 5 [get_ports clk_master]	生成周期 5ns 的时钟
set_multicycle_path 3 -setup -from [get_pins UFF0/Q] -to [get_pins UFF1/D]	设置 3 周期的建立时间检查
set_multicycle_path 2 -hold -from [get_pins UFF0/Q]-to [get_pins UFF1/D]	设置 2 周期的保持时间检查

考虑到设计中有诸如复杂乘法器的情况，通常情况下，乘法器无法在单周期内完成操作，因此我们需要设置多周期路径给乘法器，如图 13.13 所示。

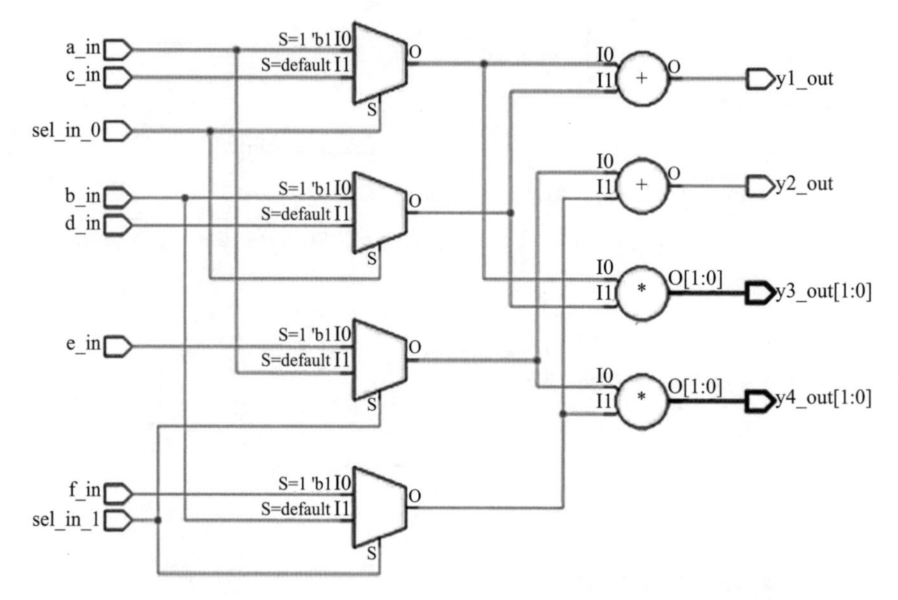

图 13.13 复杂乘法器作为寄存器到寄存器之间的组合逻辑路径

13.9 总 结

下面是对本章重要知识点的汇总：

（1）避免使用组合逻辑作为单独的块或模块。

（2）不要在两个模块之间使用胶合逻辑。

（3）在综合设计时使用 set_max_area 属性。

（4）对于有限状态机的优化，使用 FSM 编译器。

（5）设计的层次结构可以通过逻辑扁平化来打破。

（6）如果使用增量编译依然无法满足时序要求，那么对关键路径进行分组并使用更高的权重因子有利于提升设计的性能指标。

第 14 章　可测试性设计

逻辑设计和综合阶段为设计提供了较低层次的抽象，即门级网表。为了检测设计中的早期故障，DFT 团队需要在体系结构和逻辑级别上进行处理并实施 DFT 的策略。这些策略应当拥有对 DFT 友好的 RTL 和架构设计。对于任何一款由时序和预算要求的复杂 ASIC 来说，固定值错误“1”和“0”，或者与内存相关的故障都是需要可测试的。

本章讨论在 DFT 中存在的各种故障类型和应对的策略。

14.1 为什么需要DFT?

以下是芯片制造出来后可能面临的一些问题：

（1）芯片制造后的批量规模为几百万，并不能保证所有的芯片都将正常运行。也就是说，会有一定比例的芯片是带有生产缺陷的。

（2）芯片制作完成后，我们只能够检测到芯片的输入和输出端口的信息。芯片内部节点和引脚信息无法检测。在这种情况下，如果芯片内部由于生产过程导致故障，那么对设计公司来说将意味着非常巨大的经济损失。

现在，让我们尝试着去理解为什么缺陷会留在设计中？在布线阶段，拥塞会导致单元的输出短接到 VDD 或者 VSS，这将使这些单元输出保持恒 1（上拉）或者恒 0（短路），这种故障通常定义为固定型故障。

因此，为了在设计的早期阶段检测这些故障，DFT 技术和策略是非常重要的。我们需要有测试向量来测试芯片，这就是我们将在 DFT 期间尝试做的事情。

14.2 测试设计中的故障

真实场景是在芯片制造完成后进行物理测试。但如果设计中仍然存在故障，则整个批次将被拒绝。在设计的早期阶段，我们可以使用 DFT 的方法来发现问题。

DFT 增加了设计的面积和成本，但我们得到了整个芯片的故障覆盖率。缺陷可以是物理的，也可以是电气的。

物理缺陷是由硅缺陷或氧化缺陷导致的，电气缺陷可以是短路、开路、转换或阈值电压的变化。

以下是设计中常见的故障类型：

（1）交叉点故障：由缺陷或额外的金属导致的。

（2）桥接故障：输入桥接或输出桥接故障。

（3）转换错误：输出不随输入变化而变化。

（4）延迟故障：由于门的路径慢导致的。

（5）固定型故障：输出永久卡在 0 或 1。

（6）存储器中的向量敏感故障：存储器中的故障。

14.3 测 试

事实上，我们在测试过程中有测试协议，它应该有如下特征：

（1）测试向量生成。

（2）测试向量的应用。

（3）评估。

因此，测试流程基本上遵循以下四个重要步骤：

（1）故障识别。

（2）测试向量生成。

（3）故障模拟。

（4）可测试性设计。

14.4 DFT过程中使用的策略

考虑到我们已经完成了逻辑综合，如果 RTL 或者设计架构不适合 DFT，那我们将使用非扫描单元得到门级网表。因此，考虑到 DFT 的需求，我们对 ASIC 设计有以下要求：

（1）DFT 友好的架构设计。

（2）DFT 友好的 RTL 设计。

在顶层或模块级验证期间，不会检测到故障。更好的方法是使用插入扫描链的方法进行综合，以提高设计的可控性和可观察性。简而言之，采用合适的扫描链插入的方法，对 DFT 中的故障检测是非常有用的。

我们尝试用带扫描功能的触发器替换掉那些不带扫描功能的触发器，其中带扫描功能的触发器如图 14.1 所示。

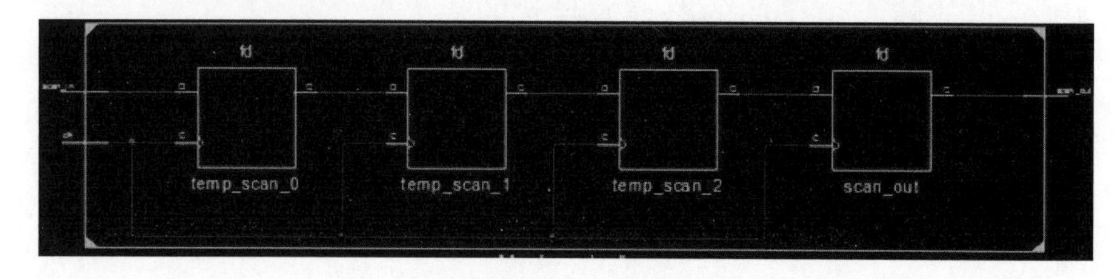

图 14.1　扫描链

我们需要理解的重要术语是节点的可控性和可观察性。

如图 14.2 所示，触发器的 D 输入是不可控且不可观测的，需要有规定，才能进行测试。每个节点应该是可控和可观测的。

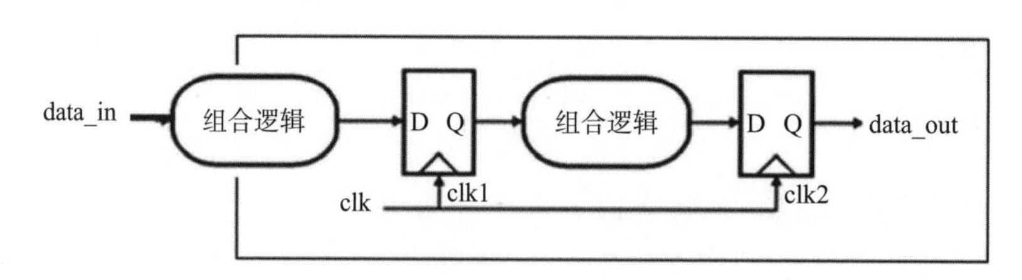

图 14.2　不具备可控性和可观测性的设计

可控性：是指通过一组特定的输入信号控制整个时序电路任意一点逻辑值的能力。在 SCAN 模式下，测试向量能够控制设计中任意一个触发器的逻辑值。

可观测性：如何高效观测节点的变化我们称之为可观测性。也就是说，我们应该在输出处得到状态的期望变化。

因此，在扫描过程中，每个节点都应该是可控和可观测的。scan_in 通过每个多路复用器的 D 输入，表明该设计具有基于多路的扫描链，如图 14.3 所示，每个节点的值都是可控和可观测的。要了解更多细节，请参考接下来的内容。

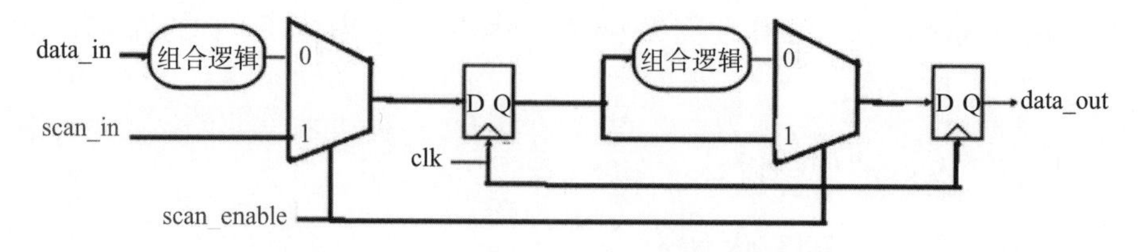

图 14.3　具备可控性和可观测性的设计

14.5 扫描方法

根据 DFT 策略、时间和预算来选择扫描方法。

我们可以使用的扫描方法有如下两种：

（1）全扫描：在这种情况下，所有的时序单元都被扫描单元取代，这个方法具有更高的故障覆盖率。

（2）部分扫描：在这种情况下，只有一部分的时序单元被扫描单元取代。采用这个方案，故障覆盖率是被替换的时序单元数量的函数。

全扫描或部分扫描的策略是基于面积开销和时序约束的。考虑到我们设计中有高密度的浮点运算单元，对于这样的设计，经过布局布线之后会产生大量的布线拥塞，这反过来要求我们提供更大的面积来增加布线资源。也许随着设计要求的面积越来越大，故障的可能性也越来越大。因此，考虑到这一点，我们可以对浮点运算单元进行全扫描。全扫描用于具有更高的故障覆盖率。

14.5.1 具有选择器结构的扫描单元（触发器）

如图 14.4 所示，基于多路复用的扫描方法使用多路复用器 D 触发器，因其结构简单而在业界广受欢迎。由于在触发器选择输入端使用了多路复用器，所以该设计在功能模式（正常模式）或扫描模式（测试模式）下运行，也就是说，触发器输入是可控的。

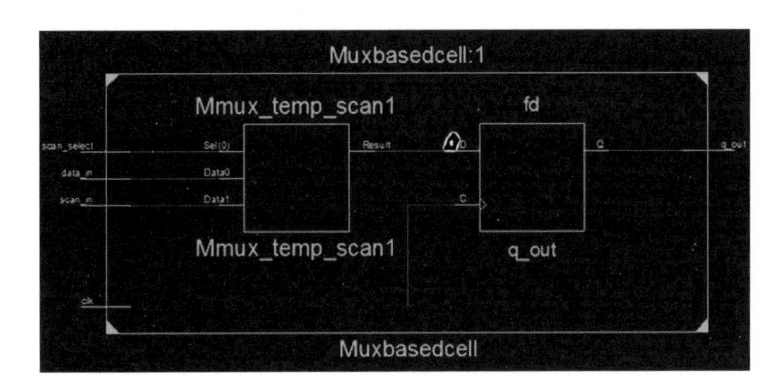

图 14.4 具有选择器结构的扫描单元（触发器）

14.5.2 边界扫描

JTAG 作为边界扫描测试的常用协议广受欢迎。我们大多数时候都使用基于 JTAG 的 FPGA 和 ASIC 测试方案，如图 14.5 所示。

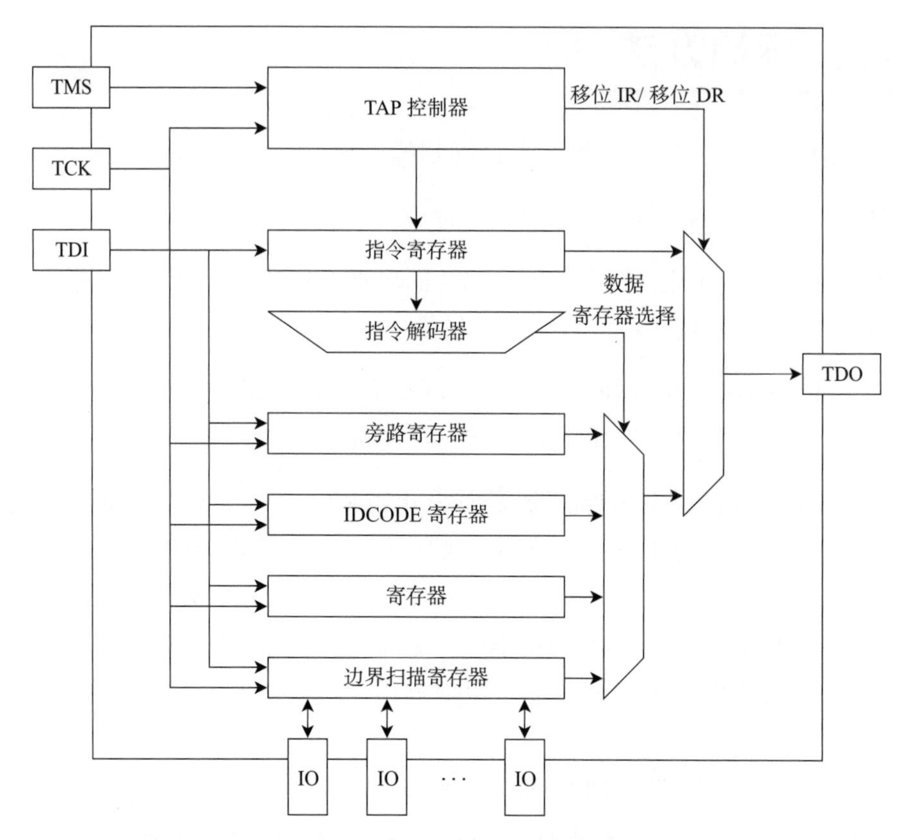

图 14.5 满足 JTAG IEEE 1149.1 标准的边界扫描电路

14.5.3 内建自测试（BIST）

存储器内建自测试（MBIST）和逻辑内建自测试（LBIST）都是 ASIC 设计中的 DFT 常见方法。

MBIST 结构如图 14.6 所示，是非常有用的 DFT 技术。

在本书中，我们将尝试理解基于多路选择的扫描链。

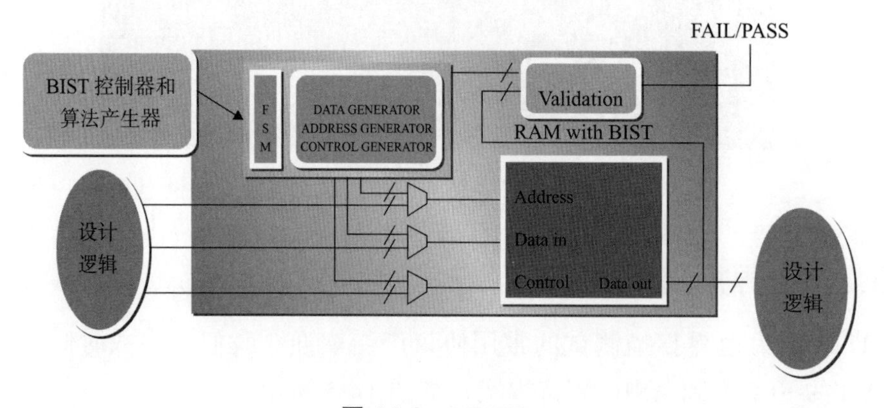

图 14.6 MBIST

14.6 扫描链的插入

扫描链的真正优势在于它很容易通过测试模式，使用扫描链传递测试向量。如果我们有 16 个输入，那么测试模式的数量可以是 2^{16}，在不使用扫描链的情况下，这是非常耗时的。扫描链的插入意味着使用扫描单元（移位寄存器），如图 14.7 所示，使所有的设计节点都是可控和可观测的。

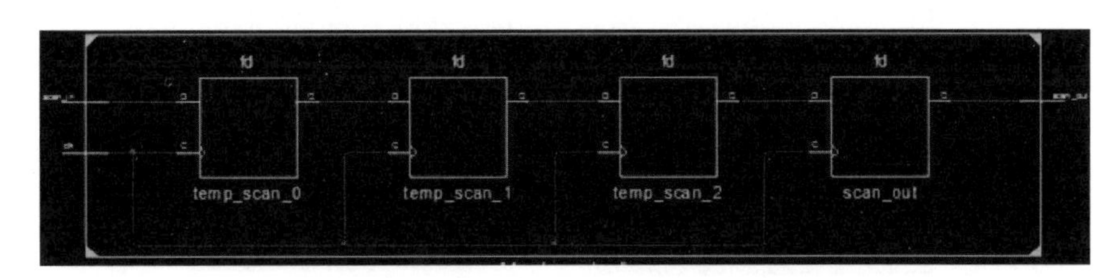

图 14.7 移位寄存器作扫描链使用

扫描链的优点是它减少了测试的总时间。在正常模式下，扫描单元的行为应该与正常的时序单元相同。在扫描模式下，扫描数据是按顺序移动的，并根据每条扫描链内包含的扫描触发器的数量，决定需要多少的扫描时钟周期才能更新一次数据。在图 14.7 中，扫描单元是基于选择器的扫描单元。

这种技术增加了面积，并且由于选择器的存在，会引入额外的延迟。现在，插入扫描链后，我们如何测试设计？我们应该生成测试向量，用于设计的测试。

14.7 DFT期间的挑战

以下是 DFT 期间的重要挑战：

（1）该设计有多少个时钟？有多少个测试时钟？

（2）使用什么样的测试仪，支持什么样的波形文件？

（3）我们需要插入多少个扫描链？每个扫描链的长度是多少？

（4）如果设计有面积限制，那么是否可以共享扫描端口与功能端口？

（5）测试向量的宽度和深度是多少？

这些挑战都需要在设计中得到解决。如前所述，由于扫描链的插入，它对设计的面积有很大影响。

14.8 DFT流程和相关的命令

使用图 14.8 所示的 DFT 流程生成测试向量。

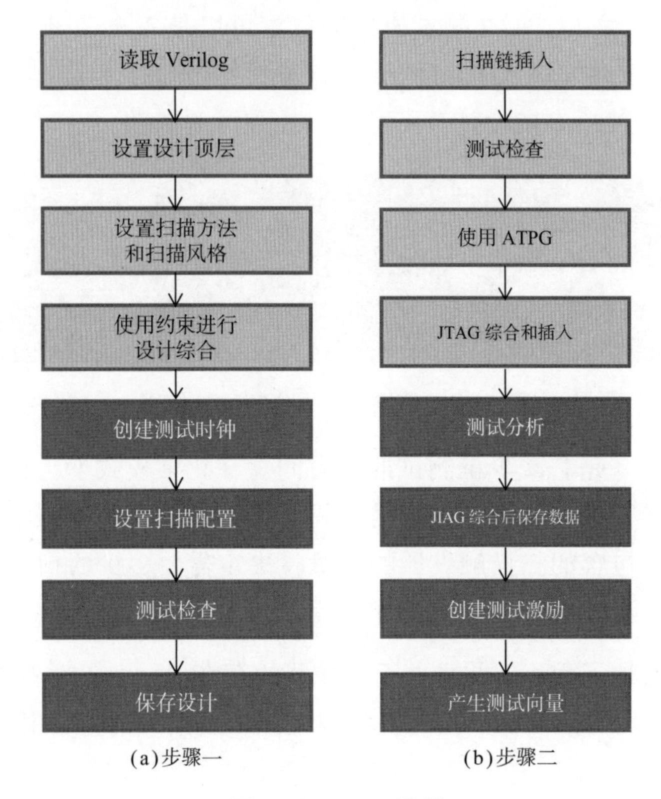

图 14.8 DFT 流程

表 14.1 描述了一些测试编译器命令及其在 DFT 期间的使用。

表 14.1 重要的 test compiler 命令

命 令	描 述
check_test	通过对测试协议的模拟，推断基于 DRC 的测试结果
create_test_clock	类似于使用 DC 时的 create_clock 命令，用来指定测试时钟的波形和周期
insert_scan	通过使用带扫描功能的触发器替换原始触发器，从而形成扫描链
create_test_pattern	创建和生成测试向量
set_test_hold	指定主端口的静态值
set_test_dont_fault	用于清除特定的故障。例如，存储器测试是不同于固定型故障测试的

14.9 避免DRC违例的扫描链插入规则

本节中列出了一些设计指南和扫描链设计规则，以避免违反设计规则违例：

（1）设计中不应有任何组合回路，如图 14.9 所示。

解决方案：使用条件规则，打破组合逻辑闭环。

（2）避免使用电平锁存器，如图 14.10 所示。

解决方案：尝试在扫描模式中启用锁存。

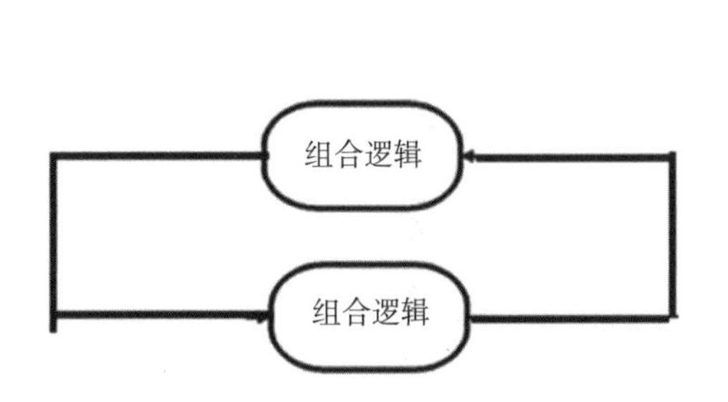

图 14.9 设计中的组合逻辑环路

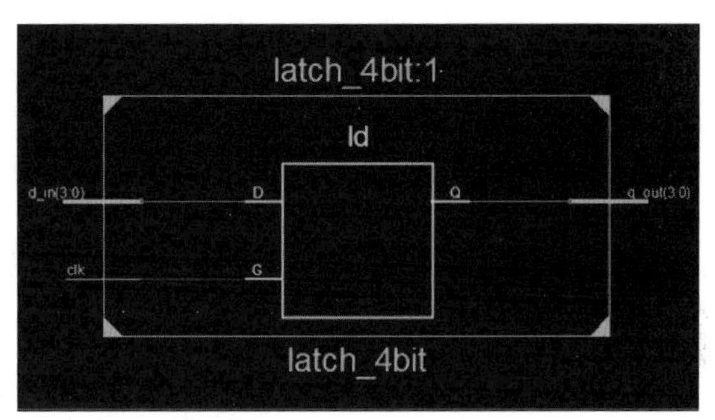

图 14.10 基于电平锁存器的设计

（3）避免使用生成时钟。

（4）使用端口级时钟信号来控制内部生成的时钟。

（5）避免使用内部产生的复位信号，如图 14.11 所示。

解决方案：使用主端口的复位控制来控制异步复位信号。

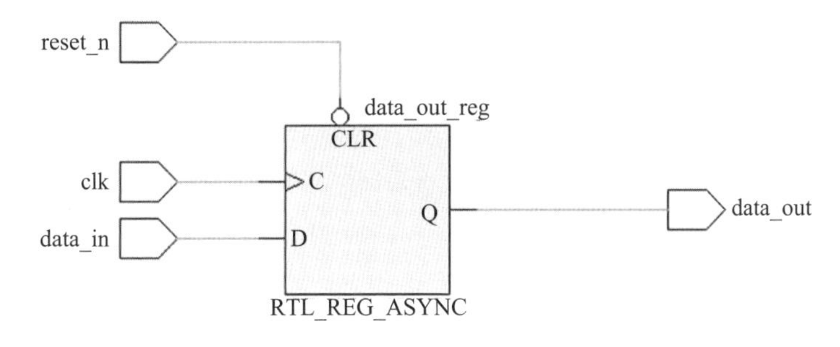

图 14.11 内部复位

（6）在设计中不应该有门控时钟，如图 14.12 所示。

解决方案：使能扫描模式下的门控时钟。

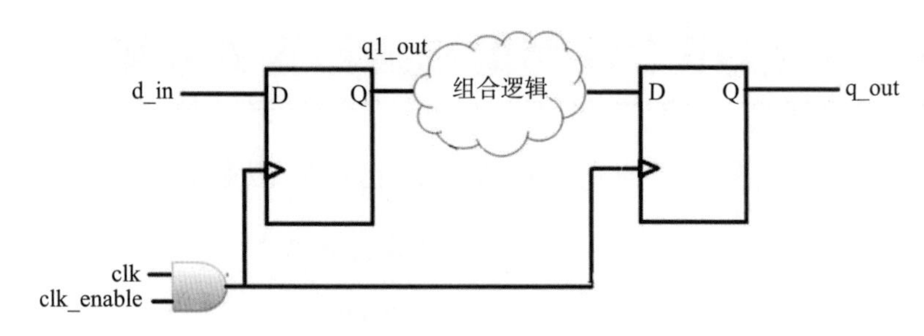

图 14.12　设计中的门控时钟

（7）在扫描链插入期间不更换移位寄存器。

（8）使测试链绕过存储器。

（9）避免在单个模块中同时使用正负边沿触发器。

解决方案：通过多路选择器，在扫描模式下将负沿时钟取反使用。

（10）避免混合使用边缘触发器，如图 14.13 所示。

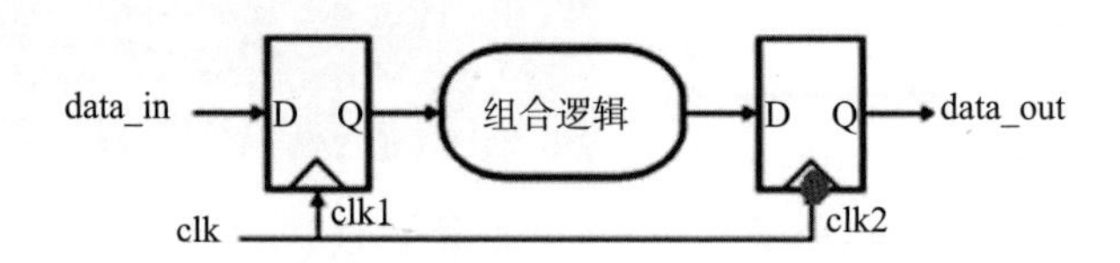

图 14.13　设计中同时使用正负边沿触发器

还有其他各种各样的技术可以用来检测故障，要想获得更丰富的信息，可以参考 DFT 书籍和测试编译器手册。

14.10　总　结

下面是对本章重要知识点的汇总：

（1）DFT 有助于发现设计中的早期故障。

（2）全扫描表示设计中所有触发器都被带有扫描功能的触发器单元替换。

（3）部分扫描表示有很少部分触发器被带有扫描功能的触发器单元替换。

（4）在设计中采用对 DFT 友好的设计架构和 RTL 编码方式。

（5）固定型故障指物理连线固定连接到 1 或者 0。

第 15 章　时序分析

速度是ASIC设计中非常重要的指标，也是模块级和顶层综合约束的重点。这些综合约束条件必须满足在任意工作条件下时序是干净的和能保证的。在ASIC的设计过程中，时序分析通常由以下目标组成：

（1）在没有布线信息的前提下，如何评估逻辑设计是否满足设计要求。

（2）设计是否具有时序特例？

（3）设计中有多少条时序违例？采取何种措施可以消除建立时间违例？

在后布局的时序检查阶段，当时钟树、网线、线网延迟信息可用时，执行STA以修复建立时间和保持时间的违例。解决时序违例的策略有很多，本章将对部分方法进行讨论。

15.1 概　述

时序分析工具使用设计约束文件和生产商提供的时序库信息为设计执行时序分析。时序分析分为静态时序分析和动态时序分析两种。

（1）静态时序分析（STA）：是一种无向量的分析方法，和功能无关。在不使用任何向量集的情况下执行，目标是报告设计是否有建立时间和保持时间违例。

（2）动态时序分析（DTA）：使用向量集来执行，目标是修复建立时间违例和保持时间违例。

Synopsys公司的PT是一款功能强大的时序分析工具，用来快速检测设计是否满足时序要求。如果建立时间和保持时间都没有违例，则认为设计没有时序问题。报告存在时序违例的时序路径才是真正的目的，并且我们可以从时序报告中得到相关信息。时序分析工具还可以提供总体的时序分析报告。通过对这些报告的分析，可以非常容易地帮助设计师在预布局（pre-layout）和后布局（post-layout）阶段找到合适的解决时序问题的策略和方法。

15.2 时序路径

如第6章所讨论的那样，对于任何类型的同步时序设计，我们都可以有一个或多个时序路径。图15.1所示的设计主要有输入到寄存器、寄存器到输出、寄存器到寄存器、输入到输出四种时序路径。

为了确定设计中的时序路径，设计师首先应该知道时序路径的起点和终点。

时序路径的起点：时序元件的时钟输入（clk）和数据输入被认为是时序路径的起点。

时序路径的终点：时序元件的数据输入（D）和数据输出被认为是时序路径的终点。

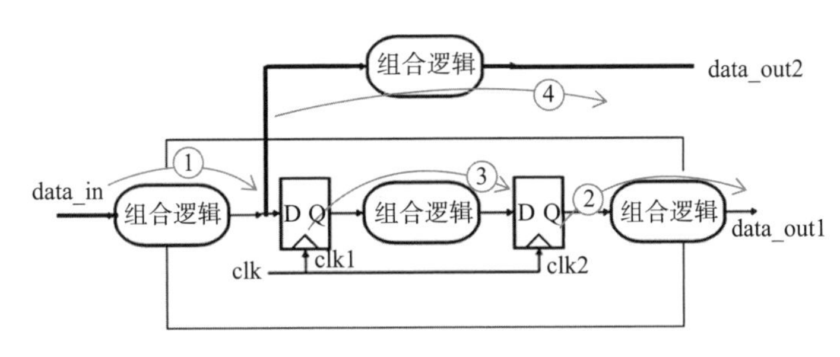

图 15.1　同步时序电路

1. 输入到寄存器的时序路径

输入到寄存器的时序路径在图 15.1 中标记为路径 1，从输入 data_in 到时序元件的 D 输入，如图 15.2 所示。

2. 寄存器到输出的时序路径

寄存器到输出的时序路径在图 15.1 中标记为路径 2，从触发器的时钟引脚 clk2 到输出 data_out1，如图 15.3 所示。

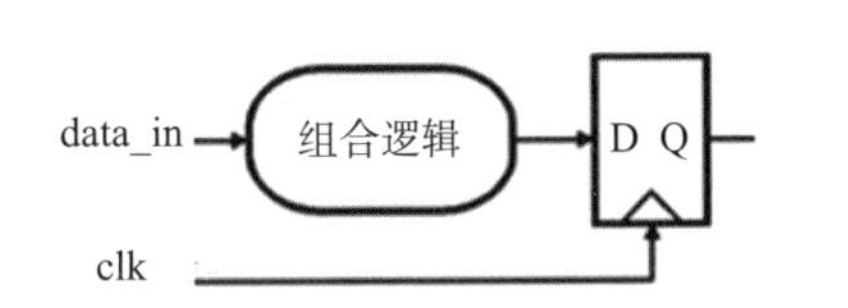

图 15.2　输入到寄存器的时序路径

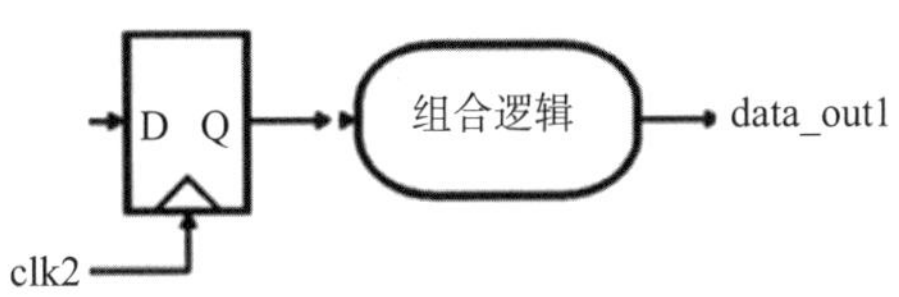

图 15.3　寄存器到输出的时序路径

3. 寄存器到寄存器的时序路径

寄存器到寄存器的时序路径在图 15.1 中标记为路径 3，从触发器的时钟引脚 clk1 到 D 触发器的数据输入（接 clk2 的触发器），如图 15.4 所示。

图 15.4　寄存器到寄存器的时序路径

4. 输入到输出的时序路径

图 15.5 组合逻辑时序路径

输入到输出的时序路径是无约束路径，也称为组合路径，在图 15.1 中标记为路径 4，从 data_in 到 data_out2，如图 15.5 所示。

15.3 指定时序目标

考虑图 15.6 所示的设计，如果要对单时钟域设计进行时序分析，我们需要做什么？实际上，我们需要指定时序目标，即关于时钟的信息。

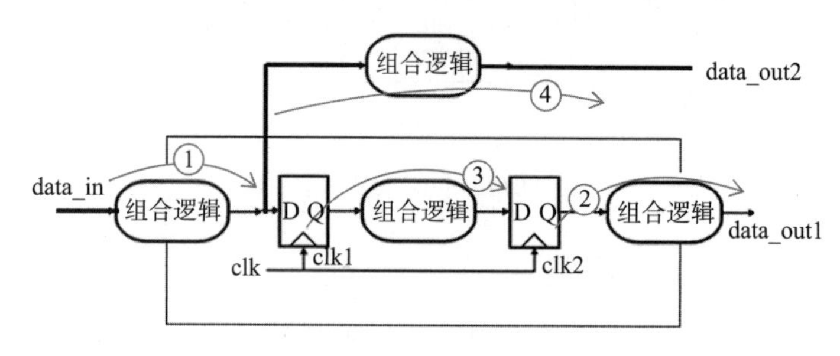

图 15.6 同步时序电路

我们使用以下步骤尝试创建脚本用于执行时序分析（模块级 STA）。

1. 定义时钟

对于处理器顶层模块，使用如下命令定义具有 50% 占空比的 500MHz 时钟：

```
create_clock 2.00 -name clk [get_ports {clk}]
```

以上 SDC 命令，定义了占空比 50% 的 500MHz 时钟，位置在输入 clk 上。

2. 定义时钟的网络延迟

如果时钟网络延迟为 0.25ns，则使用命令 set_clock_latency 定义如下：

```
set_clock_latency 0.25 [get_clocks clk]
```

3. 定义时钟的起始延迟

起始时钟延迟可通过以下 SDC 指定：

```
set_clock_latency -source -early -rise 0.10 [get_clocks clk]
set_clock_latency -source -early -fall 0.05 [get_clocks clk]
```

4. 定义建立时间余量

建立时间余量可通过以下 SDC 指定：

```
set_clock_uncertainty -setup 0.5 [get_clocks clk]
```

5. 定义保持时间余量

保持时间余量可通过以下 SDC 指定：

```
set_clock_uncertainty -hold 0.25 [get_clocks clk]
```

6. 定义最小的输入延迟

最小的输入延迟可通过以下 SDC 指定：

```
set_input_delay -clock clk -min 0.1 find(port data_in)
```

7. 定义最大的输入延迟

最大的输入延迟可通过以下 SDC 指定：

```
set_input_delay -clock clk -max 0.15 find(port data_in)
```

8. 定义最小的输出延迟

最小的输出延迟可通过以下 SDC 指定：

```
set_output_delay -clock clk -min 0.1 find(port data_out1)
```

9. 定义最大的输出延迟

最大的输出延迟可通过以下 SDC 指定：

```
set_output_delay -clock clk -max 0.15 find(port data_out1)
```

15.4 时序报告

执行时序分析，然后使用命令 report_timing 获得关于设计的时序报告。时序报告如示例 15.1 所示，裕量为负，表示本设计存在时序违例。

示例 15.1 裕量为负的时序报告

```
Startpoint: c_in (input port)
Endpoint: c_out (output port)
```

```
Path Group: clk
Path Type: max
Point                                      Incr              Path
-----------------------------------------------------------------
input external delay                       0.00              0.00 f
c_in (in)                                  0.00              0.00 f
U19/Z (AN2)                                0.87              0.87 f
U18/Z (EO)                                 1.13              2.00 f
add_8/U1_1/CO (FA1A)                       2.27              4.27 f
add_8/U1_2/CO (FA1A)                       1.17              5.45 f
add_8/U1_3/CO (FA1A)                       1.17              6.62 f
add_8/U1_4/CO (FA1A)                       1.17              7.80 f
add_8/U1_5/CO (FA1A)                       1.17              8.97 f
add_8/U1_6/CO (FA1A)                       1.17             10.14 f
add_8/U1_7/CO (FA1A)                       1.17             11.32 f
U2/Z (EO)                                  1.06             12.38 f
C_out (out)                                0.00             12.38 f
Data arrival time                                           12.38 f
clock clk (rising edge                     15.0              15.00
clock network delay (ideal)                0.00              15.00
output external delay                      -3.00             12.00
data required time                                           12.00
-----------------------------------------------------------------
Data required time                                           12.00
Data arrival time                                           -12.38
Slack (violated)                                             -0.38
```

修复完建立时间违例的时序报告如示例 15.2 所示。

示例 15.2 裕量为正的时序报告

```
Startpoint: c_in (input port)
Endpoint: c_out (output port)
Path Group: max
Path Type: max
Point                                      Incr              Path
-----------------------------------------------------------------
```

```
input external delay                0.00       0.00 f
c_in (in)                           0.00       0.00 f
U19/Z (AN2)                         0.87       0.87 f
U18/Z (EO)                          1.13       2.00 r
add_8/U1_1/CO (FA1A)                2.27       4.27 f
add_8/U1_2/CO (FA1A)                1.17       5.45 f
add_8/U1_3/CO (FA1A)                1.17       6.62 r
add_8/U1_4/CO (FA1A)                1.17       7.80 f
add_8/U1_5/CO (FA1A)                1.19       8.99 r
add_8/U1_6/CO (FA1A)                1.15      10.14 f
add_8/U1_7/CO (FA1A)                0.79      10.93 f
U2/Z (EO)                           1.06      11.99 f
C_out (out)                         0.00      11.99 f
data arrival time                             11.99 f
clock clk (rising edge)             15.00      15.00
clock network delay (ideal)         0.00       15.00
output external delay               -3.00      12.00
data required time                             12.00
-------------------------------------------------------------
Data required time                             12.00
Data arrival time                             -11.99
Slack (met)                                     0.01
```

由示例 15.2 可知，裕量为正，表示本设计没有建立时间违例。

我们将在随后的章节具体讨论采用其他策略和性能改进方法来修复建立时间的违例。

15.5 解决时序违例的策略

如果设计中存在建立时间和保持时间违例，那么对 STA 团队来说，修复这些违例的行为就像噩梦一样。对于任何一种 ASIC 设计，在 STA 期间我们都需要报告所有的时序违例路径，并且我们要制定策略来修复这些时序违例。考虑到图 15.7 所示的处理器，我们不仅要在模块级别，还要在顶层级别进行 STA。

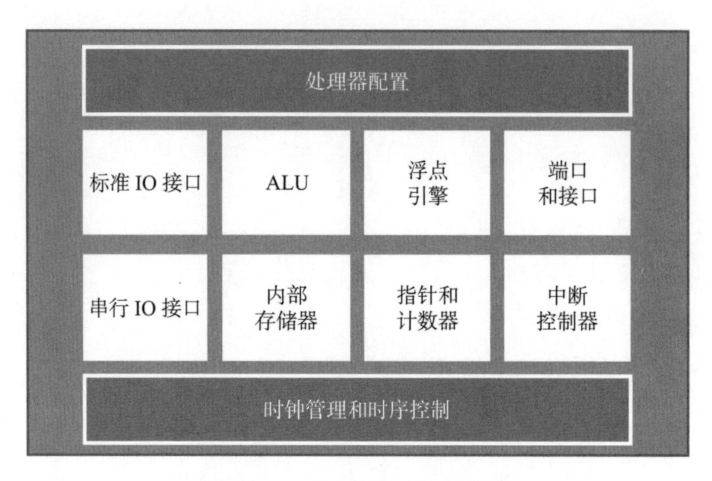

图 15.7 处理器顶层架构图

以下是我们可能遇到的一些问题和 STA 的违例：

（1）模块级时序满足，但顶层时序有问题。

（2）浮点运算单元（FPU）有多个建立时间违例。

（3）GPU 模块存在多个保持时间违例。

（4）高密度的乘法器模块存在时序特例。

（5）在异步电路的边界处，同步器的亚稳态输出会导致时序违例。

以下是修复时序冲突的一些有用的技术：

（1）使用基于工具的指令：在时序优化阶段，很多基于工具的指令可以用来平衡寄存器到寄存器的路径。寄存器的平衡技术可以通过引入延迟来改善时序。

（2）以性能改进为目标重新综合设计：使用流水线架构、寄存器平衡和复制技术来修复时序违规。如果无法修复所有的时序违例，则使用架构和 RTL 调整。

（3）架构和微架构调整：为了修复时序违例，可以采用并行性或管道来进行架构调整。但是，这将严重导致设计周期的延长，产生额外的影响。

在大多数的情况下，进行 STA 检查时，我们发现模块级的 STA 是通过的，但顶层的 STA 存在时序违例。这可能是由于顶层集成和不恰当的设计划分导致的。在这种情况下，这些额外导入的延迟信息会对整个设计的时序产生重大的影响。以下是解决该类时序问题的非常有用的策略：

（1）尝试检查设计的分区和额外导入的那部分延迟信息的内容并分析原因。

（2）尝试将异步多时钟域边界处的假路径设置为不相关（false path）。

（3）尝试找到最晚到达的信号来修复建立时间违例。

（4）尝试找到提前到达的信号来修复保持时间违例。

（5）尝试找到时序特例，并在 Tcl 脚本中固化。

15.5.1 建立时间违例的修复

建立时间违例指到达的数据在触发器的建立时间窗口发生了变化。以下是解决这类建立时间违例的常用技巧：

（1）通过保留设计功能来分割组合延迟。

（2）使用编码方法来避免级联逻辑。

（3）有解决晚到信号的策略。

（4）使用寄存器平衡或流水线。

1. 逻辑复制

假设有一个 reg 到 reg 的路径，因组合逻辑造成了大量的延误，导致建立时间违例。在这种情况下，我们使用逻辑复制概念来复制逻辑，虽然这会对面积产生影响，但由于并行性，可以修复建立时间违例，如图 15.8 所示。

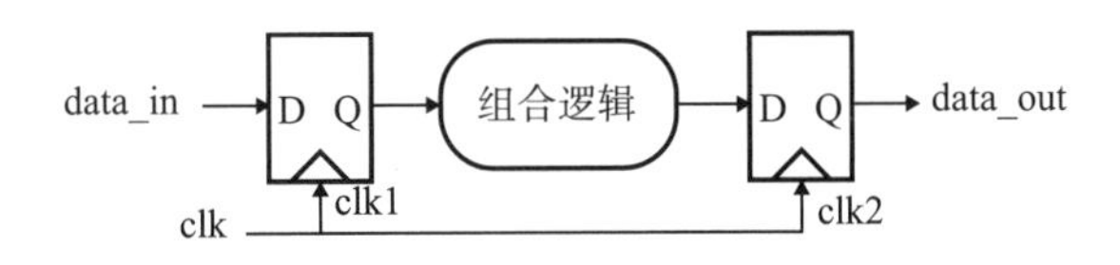

图 15.8 大延迟的组合逻辑

2. 优先级与多路编码方法

常用的编码方法有优先级编码和多路编码。连续赋值会产生胶合逻辑，如图 15.9 所示。

```
assign y_out=a_in && b_in && c_in && d_in && e_in && f_in &&
  g_in && h_in;
```

assign 构造推断出 a_in 具有最高优先级的优先级逻辑。由于采用级联与门，胶合逻辑具有更大的延迟且速度较慢，因此有可能造成建立时间违例。通过使用并行逻辑，也就是说，进行结构化和分组，可以减少延迟。如果每个 AND 门级的延迟为 0.25ns，则总的级联级的延迟为 1.75ns。

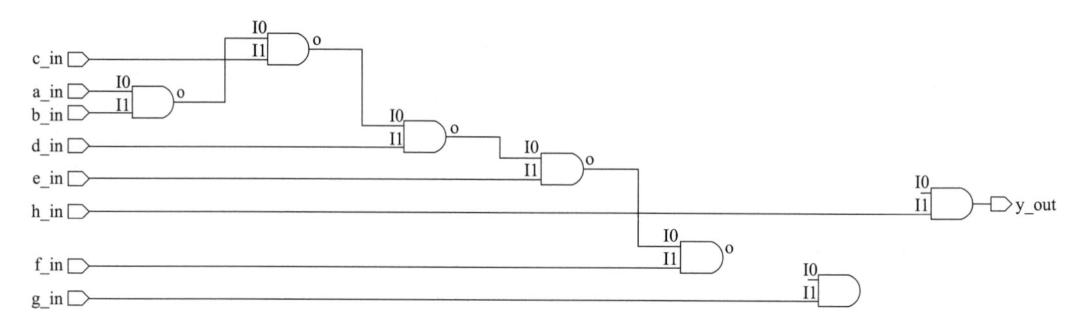

图 15.9 级联或优先级逻辑

如图 15.10 所示，如果我们采用并行逻辑结构，那么这部分胶合逻辑将被分成 3 级结构，也就是 0.75ns 的延迟。

```
y_out= ( (a_in && b_in) && (c_in && d_in)) && ( (e_in &&f_in)
  && ( g_in && h_in);
```

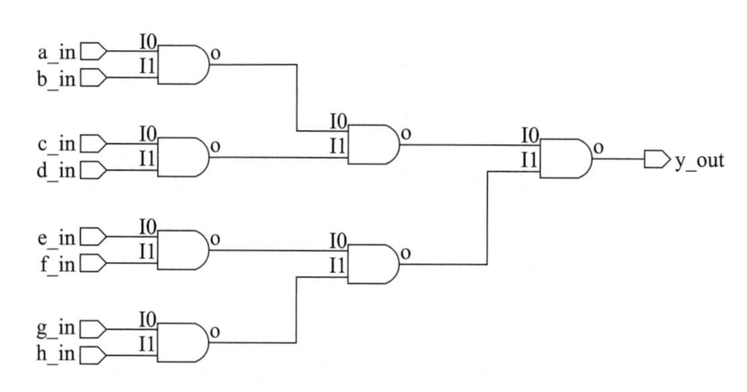

图 15.10 多路或并行逻辑

3. 最晚到达的信号

由于信号到达晚，造成了建立时间违例，从而导致整个设计无法满足时序要求。如图 15.11 所示，胶合逻辑用于从两个输入 data_in_1 或 data_in_2 中进行选择，并且两个输入同时到达。但是 sel_in 输入到达迟了。由于 y_out 被用作 D 触发器的输入，因此该设计存在建立时间违例。也就是说，数据在触发器的建立时间窗口发生改变，从而造成建立时间违例。

可以使用一些在输入端移动设计模块的位置或者使用逻辑复制的策略来修复建立时间违例。sel_in 是最晚到达的信号，也是产生建立时间违例的主要原因，我们可以在多路复用器的输入端复制组合逻辑，从而消除建立时间违例。图 15.12 描述了使用 RTL 设计调整所使用的策略。

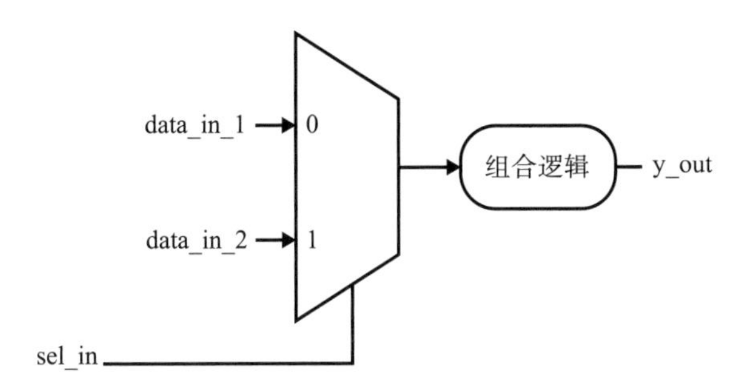

图 15.11 sel_in 信号最晚到达的逻辑图

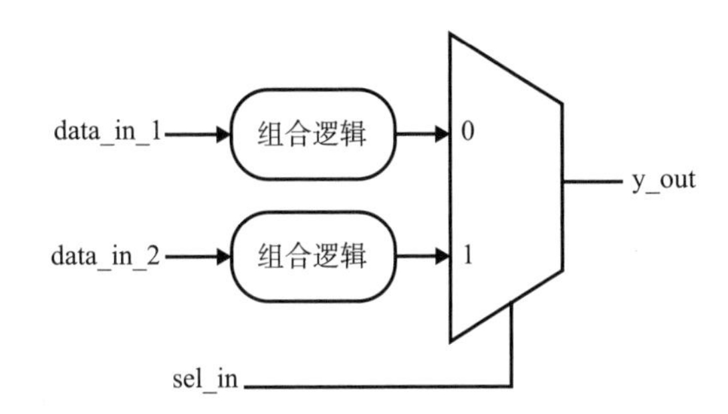

图 15.12 延迟到达信号 sel_in 的逻辑复制

4. 寄存器平衡

寄存器平衡可以修复建立时间违例并提高设计性能。考虑设计的工作频率为 500MHz（时钟周期为 2ns），如果 reg 到 reg 路径有更多的组合逻辑延迟，则数据到达时间缓慢，触发器进入亚稳态并由此产生建立时间违例，如图 15.13 所示。

图 15.13 没有采用寄存器平衡的电路图

因此，如图 15.14 所示，通过拆分组合逻辑来使流水线或寄存器平衡。应该注意的是，不要对设计功能产生影响。

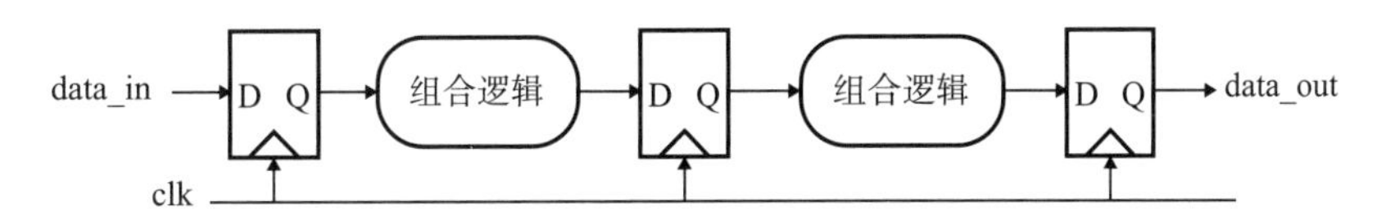

图 15.14 采用寄存器平衡的电路图

15.5.2 保持时间违例的修复

如果触发器 D 输入端的数据发生非常快的变化，则在设计中容易引起保持时间违例。例如，图 15.15 所示的输入到寄存器的时序路径，如果组合逻辑的延迟非常小，则在触发器的保持数据期间就存在数据切换的可能性。这将导致保持时间违例，设计无法满足时序约束的要求。

要修复保持时间违例，请尝试在数据路径中插入缓冲器，但要小心它不应该对建立时间产生影响，而且建立时间裕量是正的，这一策略如图 15.16 所示。

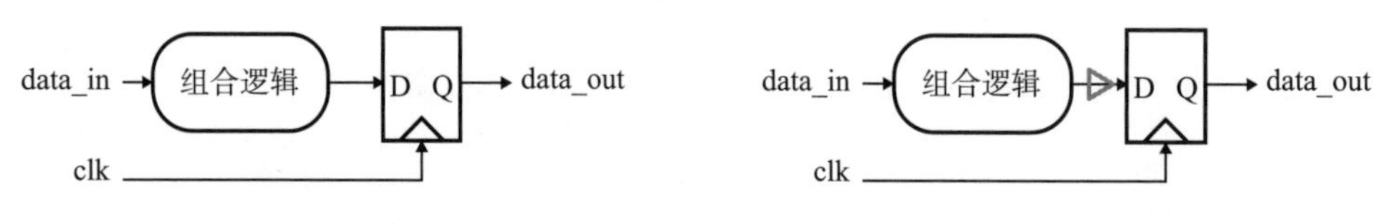

图 15.15 数据提前到达的电路图（容易产生保持时间违例）

图 15.16 通过使用数据缓冲来修复保持时间违例

15.5.3 时序特例

有两种主要的时序特例，分别是假路径和多周期路径，详情请参阅第 13 章和第 14 章。这些时序特例需要在时序分析期间指定。

15.6 总 结

下面是对本章重要知识点的汇总：

（1）STA 是静态时序分析，不需要输入测试向量。

（2）DTA 是动态时序分析，需要测试向量。

（3）STA 的目标是报告时序违例并加以纠正，而不是功能验证。

（4）如果存在建立时间违例或者保持时间违例，就说明设计有时序违例。

（5）多周期路径和假路径是设计中的时序特例，需要指定。

（6）建立时间违例是由于数据延迟到达造成的，可以通过 RTL、综合和架构调整的方法来修复。

（7）保持时间违例是由于数据快速到达造成的，可以通过在数据路径中插入缓冲器来解决。

第16章　物理设计

复杂ASIC的物理设计非常耗时，需要避免拥塞并提高芯片的性能。在物理设计的各个阶段，共同面临的问题包括：

（1）拥塞。

（2）布线问题和布线延迟。

（3）时钟的分布和时钟的偏差。

（4）线延迟和寄生参数带来的影响。

（5）满足芯片级约束，比如时序和最大工作频率。

（6）噪声和降速造成的问题。

（7）设计规则检查失败。

（8）布线导致的LVS问题。

上述所有问题都需要在物理设计阶段解决，而且需要设计师制定策略，使布局和GDSII满足所需的时序和功耗要求。本章将详细讨论物理设计流程的步骤和策略。

16.1 物理设计流程

正如第2章所讨论的那样，门级网表可以从逻辑设计流程中获得。门级网表文件、约束文件、库文件共同作为物理设计流程的输入。

物理设计从布局规划开始，是根据逻辑设计做的规划映射，目标是布线时不发生拥塞并满足整个芯片的纵横比。一个比较好的布局规划，要求尽可能解决布线拥塞，并满足面积、速度、功耗的要求。电源规划阶段用于规划电源和地，以及满足芯片功耗需求的主干电源网络。

电源规划完成后，需要进行时钟树综合，平衡时钟偏差。时钟树可以是H树、X树、平衡树。

布局布线之后，我们将得到GDSII数据，也就是物理数据。可以从这些GDSII数据抽取出物理连线的信息，从而提取出寄生参数，这将帮助STA工具精确计算时序信息并修复时序违例。

芯片的布局需要以下规则来验证：

（1）DRC：工艺厂商的设计规则。

（2）LVS：检查布局和原理图之间的一致性，目的是用门级网表验证布局和布线是否正确。

如果所有的设计规则都符合要求（DRC 干净），布局和原理图一致（LVS 干净），那么后端团队将开始执行 STA 的签收。在这一阶段，需要考虑寄生参数对时序的影响，一旦 STA 不能通过，就要根据违例的程度，在 RTL 或者布局上进行迭代。整个流程是迭代的，要一直做到整个芯片的约束要求都满足为止。

STA 检查通过后，生成 GDSII。GDSII 是一种数据库文件格式，它描述了整个芯片的模块、单元布局和相互之间的连接关系。

晶圆代工厂使用 GDSII 来制造芯片，通常称为流片，如图 16.1 所示。

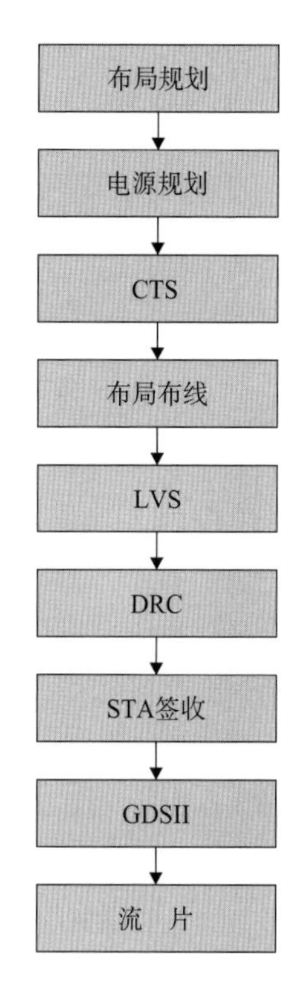

图 16.1 物理设计流程

16.2 基础及重要术语

最初，芯片的面积是未知的，可以通过估算大致的面积利用率来估算芯片的总面积。在 ASIC 设计期间，面积的优化是最重要的一项工作。在这个过程中，我们需要考虑以下内容：

（1）芯片占比：标准单元、宏、IO 电路的面积之和同芯片总面积的比值，即

芯片占比 =（标准单元面积 + 宏单元面积 +IO 电路面积）/ 芯片总面积

（2）布局占比：标准单元、宏、IO 电路的面积之和同芯片总面积减去 core ring（core 到 IO）面积的比值，即

布局占比 =（标准单元面积 + 宏单元面积 +IO 电路面积）/
（芯片总面积 –core ring 面积）

（3）单元行占比：标准单元行面积总和与 core 内面积减去宏单元面积再减去遮挡面积的比值，即

单元行占比 = 标准单元行面积总和 /（core 内面积 –
宏单元面积 – 遮挡面积）

表16.1是我们应该知道的重要格式。

表 16.1　文件格式列表

格　式	描　述
DSPF：详细标准寄生格式	包含线上的RC信息
RSPF：简化标准寄生格式	包含基于π模型结构的RC延迟信息
SDF：标准延迟格式	包含标准单元的延迟和线延迟信息
SPEF：标准寄生交换格式	包含寄生信息
LEF：库交换格式	包含逻辑单元信息
DEF：设计交换格式	包含网表的物理信息
EDIF：电子设计交换格式	包含原理图和布局的连接关系信息
GDSII：数据库文件格式	芯片厂使用的光刻数据格式
PDEF：物理设计交换格式	包含网表的物理信息，类似于DEF

16.3　布局和电源规划

我们需要知道综合之后的网表描述了哪些重要的信息，这个问题的答案有助于我们实现更好的布局策略。

综合后的网表作为ICC的布局布线的输入，包含以下内容：

（1）所有的设计和功能模块。

（2）模块（硬核）。

（3）存储器。

（4）模块之间的连接关系。

物理设计团队使用的是门级网表，该网表由满足设计约束的逻辑和连接关系组成。因此，物理设计团队需要通过合适的布局来体现这样的设计特征。简单来说，布局是在物理设计中得到物理描述的设计步骤。

最佳的平面布局应该采用什么策略？

为了获得最佳的布局，物理设计团队应当：

（1）使用最小的面积解决方案。

（2）在布局中，采用合适的策略来降低拥塞。

（3）尽可能使线延迟最小化，让有逻辑连接关系的模块距离更小。

因此，在布局中，我们将执行以下重要任务：

（1）芯片面积和尺寸的预估。

（2）安排各种模块位置的策略。

（3）引脚分配策略。

（4）IO 的规划。

就 ASIC 而言，合理的布局有助于改善芯片的时序和面积需求。在大多数时候我们需要同时考虑电源的规划和时钟树的综合策略。为了便于理解，我们将这两个不同的步骤分别记录如下：

（1）布局规划。

（2）电源规划。

（3）时钟树规划。

布局需要使用一些重要元素，如图 16.2 所示，对于任何类型的 ASIC 而言，这些重要元素包括：

（1）标准单元：专用于特定的工艺节点。

（2）IO 单元：用于建立芯片内部与外界的连接。

（3）宏单元：存储器，比如 SRAM 和 DRAM。

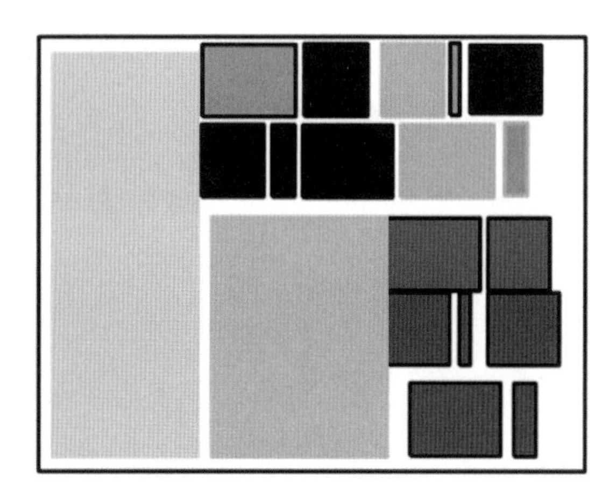

图 16.2　整体模块的布局图（图片由 UCSD 的 Andrew Kahng 提供）

16.4　电源规划

根据电源需求，创建 VDD 和 VSS 电源环。

电源环：构建整个芯片的电源和地通道。

电源骨干网络：构建芯片内部的主干网络。

电源轨道：负责连接电源和地到标准单元上，如图 16.3 所示。

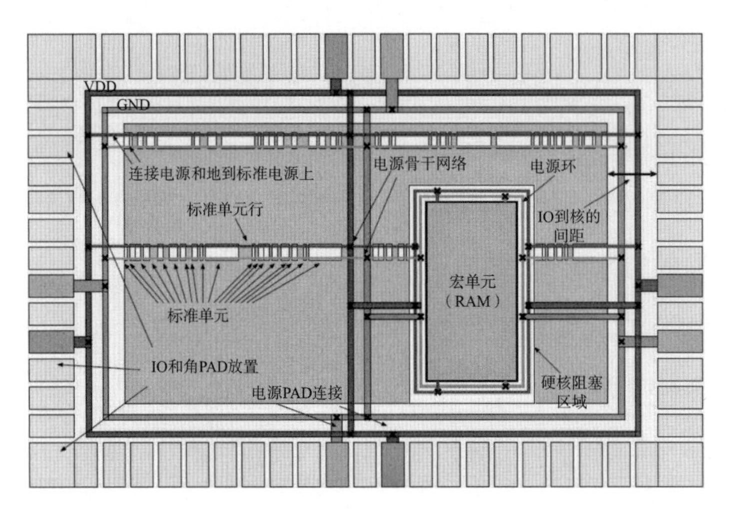

图 16.3 电源规划

16.5 时钟树综合

下面我们使用基于 Tcl 的脚本尝试进行时钟树综合。

使用不同的时钟策略来统一分配时钟偏差。

时钟树：将时钟均匀分布在整个芯片上，并使其具有均匀的时钟偏差，如图 16.4 所示。

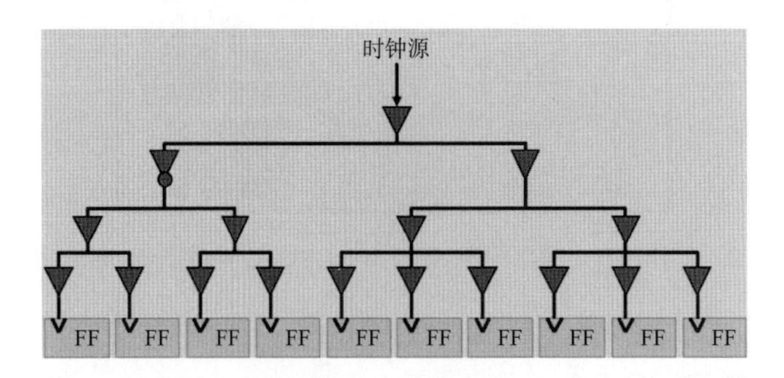

图 16.4 时钟树结构

H 树：采用 H 形结构的方法，将时钟均匀分布在整个芯片上，如图 16.5 所示。

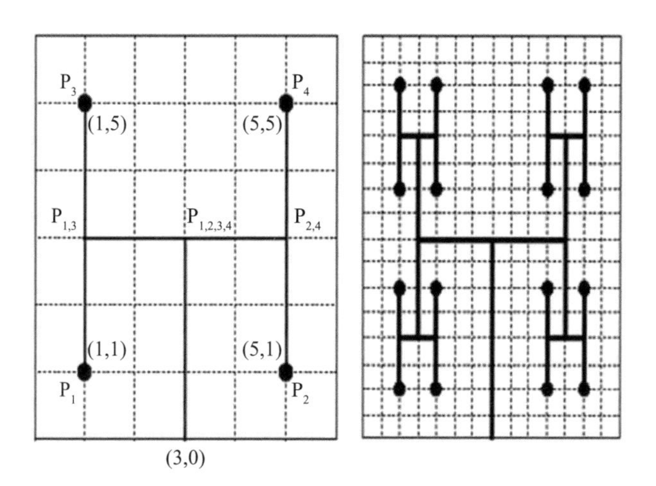

图 16.5 时钟的 H 形结构图

在使用物理设计工具时需要遵循以下策略：

（1）检查各种基于工具的优化步骤并启用它们。

（2）使用 Tcl 脚本执行 CTS。

（3）使用时钟树优化。例如，使用 ICC，我们可以使用如下命令：

```
clock_opt -effort high
```

（4）存储 CTS 结果并以报告形式列出以下内容：

① Placement 的使用比例。

② 时序报告（QOR）。

③ 报告建立时间和保持时间违例。

（5）在 CTS 之后执行 CTS 的后期优化。对于任何类型的建立时间和保持时间违例，执行以下操作：

① 修复建立时间违例。

② 时钟优化（网络延迟）。

③ 时钟树优化（通过 SIZE 方式调整时钟树的功耗和网络延迟）。

④ 保持时间违例修复。

⑤ 报告时序并分析结果。

16.6 单元放置和布线

在初始的布局阶段，我们没有准确的标准单元的位置信息。在单元的放置过程中，所有标准单元的具体物理位置信息将被定义。放置之后，就可以准确估算出每个标准单元的容性负载。

使用放置算法来放置标准单元，并根据布线的拥塞程度来预留空间，从而获得更好的布通率。

以下是放置标准单元期间的重要目标：

（1）采用分组的面积约束策略，从而减轻局部区域的拥塞。

（2）尽可能减小距离，从而获得更少的线延迟，方便满足时序。

（3）为了在布线阶段获得更佳的布通率，在单元放置期间不应该有标准单元重叠的问题。

（4）采用时序和面积约束进行整体和局部的放置。

单元放置期间会用到一些非常有用的命令：

`place_opt`：通过增加缓冲的方法避免设计规则违例。

`set_buffer_opt_strategy -effort low`：在 ICC 中通过该命令来获得更佳的缓冲器插入策略。

此外，还有其他命令用来处理面积和拥塞：

```
place_opt -congestion
place_opt -area_recovery -effort low
```

这些命令具有非常多的选项，比如 high、medium。

用来报告单元放置阶段的占用率的命令如下：

```
report_placement_utilization
```

在单元放置之后，可以使用 `report_qor` 和 `report_timing` 这两个命令来报告整体的时序满足情况及放置标准单元之后的整体指标，如图 16.6 和图 16.7 所示。

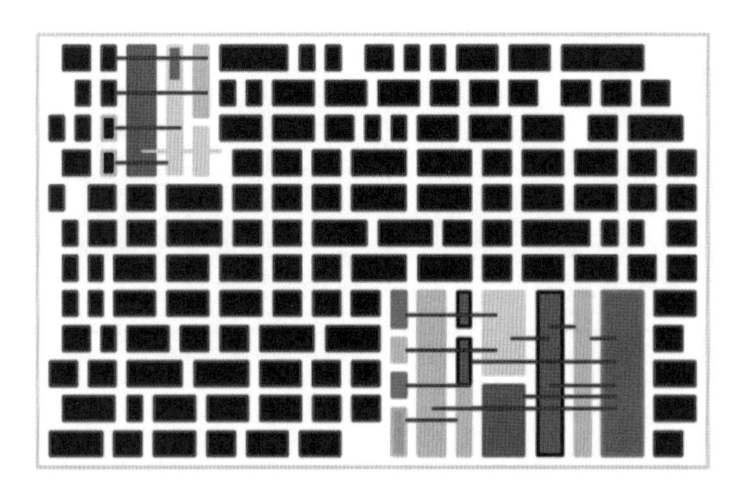

图 16.6 按照 site row 排列的标准单元（图片由 UCSD 的 Andrew Kahng 提供）

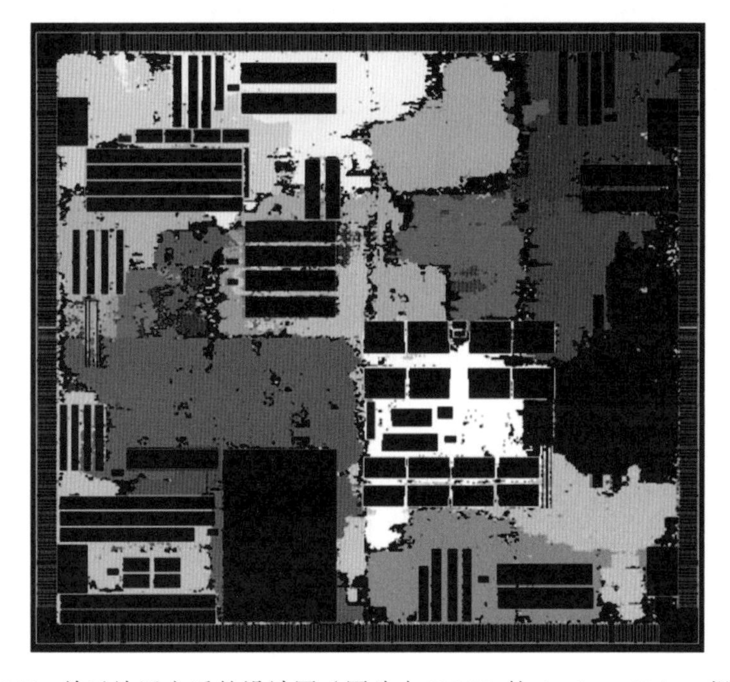

图 16.7 单元放置之后的设计图（图片由 UCSD 的 Andrew Kahng 提供）

16.7 布 线

单元放置阶段完成后，使用物理设计工具执行全局和详细布线。所谓的布线，即指在不同的功能块之间进行物理连接，如图 16.8 所示。

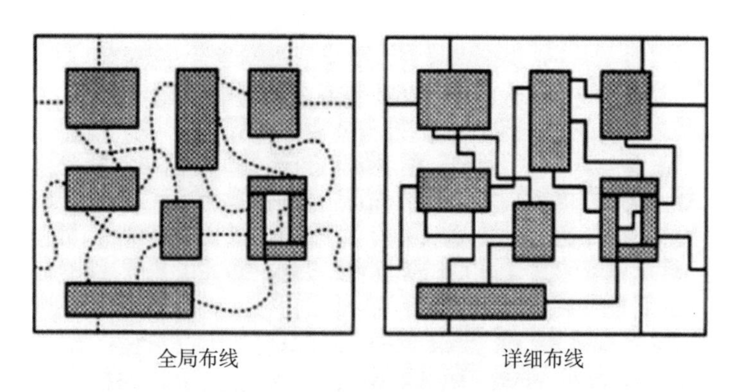

图 16.8 全局和详细布线

1. 全局布线

全局布线用于执行所有块之间的连接，目的是使连线的总长度最小：

（1）减少互联线的总长度。

（2）最小化关键路径的长度。

（3）确定每个互连线的分配。

（4）减少拥塞。

在执行布线操作的同时，布线算法将确定上述所有参数。

2. 详细布线

该阶段建立真实的线连接。这一步对于创建实际的通孔和金属连接层非常有用。主要的详细布线的目标如下：

（1）最小化面积。

（2）尽量减少连线的长度。

（3）优化关键路径上的延迟。

在布线的最后阶段，连线的宽度、金属层之间的互连的确切位置和形状都是确定的。

使用 route_opt 执行布线操作。

现在尝试使用以下命令来获得放置阶段的利用率：

```
report_placement_utilization
```

使用 report_timing、report_qor 报告时序和 qor，并尝试修复时序的问题。

要解决这些问题，请使用增量布线和优化设计命令，如图 16.9 所示。

图 16.9 布线完成之后的设计图（图片由 UCSD 的 Andrew kahn 提供）

16.8 反 标

寄生参数提取就是提取出每个线上的电阻和电容，从而以实际数据来建立线负载模型。这些反标的信息可以帮助工具精确计算时序并优化时序。

16.9 STA和版图数据的签收

反标之后进行时序分析，如果设计不符合时序要求，则工具通过反标之后的线负载模型重新执行优化。针对较小的时序违例，可以使用增量优化的方式解决时序问题。重复执行以上操作，直到整个设计没有时序违例。

如果设计没有达到时序要求，可以使用重新优化和就地优化（增量优化）等策略。

重新优化使用物理聚类及其信息来满足整体的时序目标，类似于增量编译，但增量编译的工作是基于逻辑聚类的。

重新优化后，如果设计不符合时序要求，则执行就地优化（IPO），通过提高在关键路径上的优先级，优先分配资源给关键路径。该技术对满足整个芯片的时序要求是非常有帮助的，如图 16.10 所示。

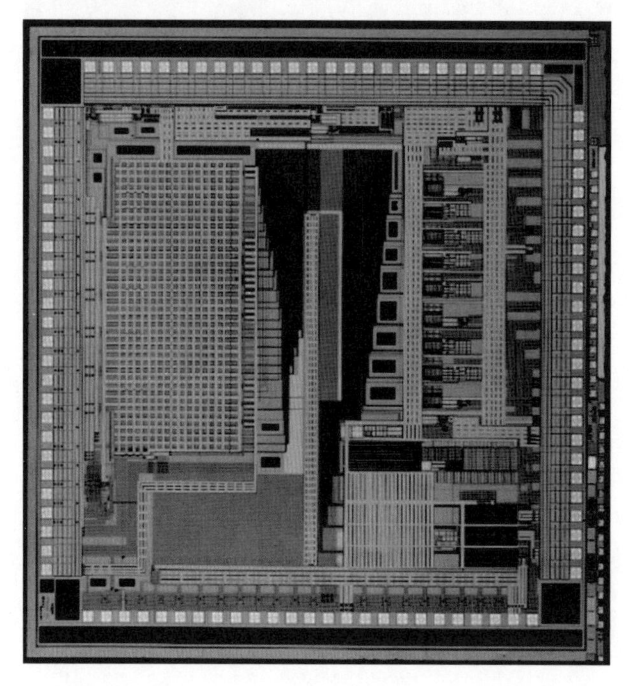

图 16.10 FRICO ASIC（350nm 工艺节点）

相关物理设计和各种算法的更多详细信息，请参阅物理设计和 ICC 相关书籍。

16.10 总 结

下面是对本章重要知识点的汇总：

（1）逻辑综合之后的网表作为物理综合的数据输入。

（2）在放置过程中定义了所有标准单元的物理位置。

（3）放置过程之后，执行全局和详细布线，该过程通过物理设计工具完成。

（4）执行寄生提取，即找出每个线的 R 和 C，使用实际数据来计算线的负载模型。

（5）在寄生参数提取之后，执行 STA 的签收。

第17章　案例：处理器的ASIC实现

处理器的设计从功能规范到 GDSII 是非常耗时的，因为我们需要解决非常多的问题，比如在多个时钟域之间的数据完整性的问题，以及如何配置和管理处理器架构从而获得更佳的处理器性能。即使在物理设计阶段，我们也需要考虑关于整体布局的策略，方便我们获得更佳的布线效果。比如浮点操作，它需要消耗大量的资源而且对时序要求非常高。即使满足模块级约束，在整体芯片的签收阶段也不太可能满足所有的时序要求。

本章将讨论处理器设计从 RTL 到 GDSII 过程中的各种策略和使用技巧。

17.1 功能理解

当今的 ASIC 设计，其复杂度是非常高的。为了更快地产品发布，我们可能需要考虑使用处理器的 IP（知识产权）。在 ASIC 的设计周期中，市场上可以提供非常多的具有高密度的处理器内核供使用。处理器内核用于执行对有符号数、无符号数和浮点数的各种操作。它可以提供并行性和多级流水线操作从而提升整个处理器的性能。

本章旨在探讨如何将功能规格转化为逻辑设计，以及如何获得 GDSII。

下面我们考虑具有以下设计规格的 32 位处理器：

（1）能执行有符号数、无符号数、浮点数的算术运算，比如加、减、乘、除和求模运算。

（2）能对 32 位二进制数执行逻辑运算。

（3）能执行数据传输和分支操作。

（4）能执行移位和旋转操作。

（5）外部接口可以是标准 IO 接口、串行 IO 接口和高速接口。

（6）具有 64KB 的内部存储器。

（7）处理器具有中断控制器。

（8）处理器有两个时钟域，应分别使用 clk1 和 clk2。

这些规格是从需求中提取出来的，我们尝试使用这些规格来获得更好的架构和微架构。

17.2 架构设计中的策略

我们通过使用功能规格书来最终确定处理器的架构。采用如下策略可以获得更佳的架构。

1. 多时钟域

由于设计为多个时钟域，因此我们应该有部署同步器的策略。以下为架构设计中我们需要考虑的关键点。首先让我们尝试理解这些不同时钟域的不同功能。

（1）时钟域 1：由 clk1 控制，它能控制的功能模块有算术逻辑单元（ALU）、内部存储器、中断控制器、指针和计数器、串行 IO 接口、标准 IO 接口。在该架构中，时钟域 1 由白色框表示。

（2）时钟域 2：由 clk2 控制，它能控制的功能模块有浮点运算单元（FPU）和高速接口。在该架构中，时钟域 2 由黄色框表示。

2. 处理器引擎

如设计规范文档所述，处理器引擎执行对有符号数、无符号数及浮点数的各种操作。因此，更好的策略是为 ALU 和浮点引擎分别提供专用模块，如图 17.1 所示。

图 17.1 处理器引擎

ALU：对有符号数和无符号数执行通用操作。

浮点引擎：用于执行浮点运算。

3. 内部存储器

通过使用专用的 64KB 内存块，可以根据地址范围进行分区，使各种功能单元能够执行读和写操作。

为了存储内部数据，处理器需要有内部的可以共享的存储器，方便在通用 ALU 和 FPU 之间交换数据。由于我们使用的是多时钟域的设计，那么更好的方法是分别使用独立的内存给 ALU 和 FPU。

参考设计规范，64KB 内存被分成两个块，分别为 16KB 和 48KB，如图 17.2 所示。

4. 高速接口

高速接口用于执行浮点操作之后，交换来自外部存储器和 IO 的数据。架构设计需要高速接口，这些高速接口需要被设计成具有更低的延迟和最小的互连延迟。

5. 指针和计数器

考虑到在数据的处理过程中，其结果可能需要存储在内部存储器的保留区域中，因此设计需要堆栈指针，并从外部获取数据和指令。除此之外，设计还需要程序计数器。堆栈指针和程序计数器是 16 位的，架构如图 17.3 所示。32 位计数器和定时器作为专用定时器和计算应用程序的计数器。

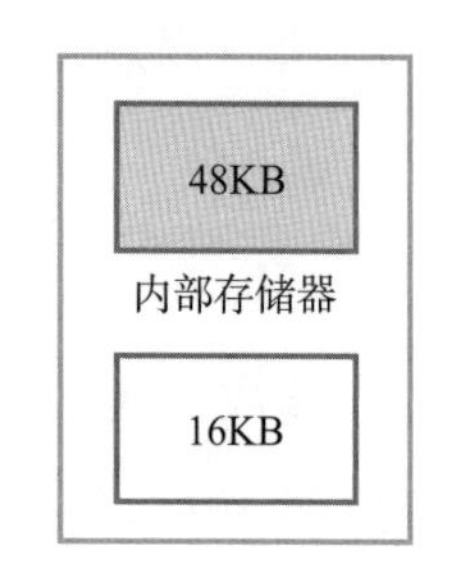

图 17.2　内部存储器分区

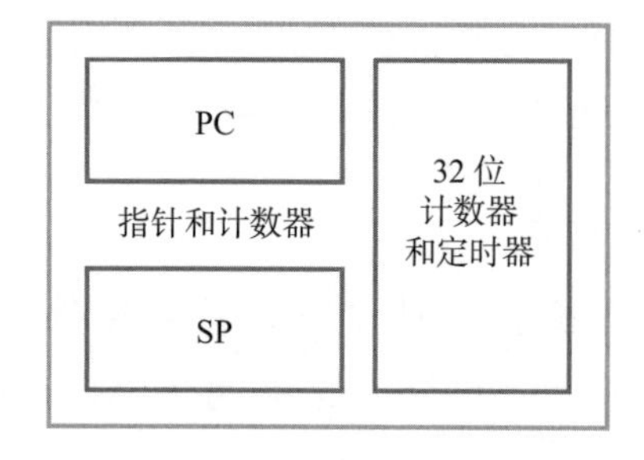

图 17.3　指针和计数器

6. IO 和通信块

要想与外部设备（比如串行和并行设备）进行通信，处理器架构中必须具备以下专用的通信模块：

（1）标准 IO 接口：用于 32 位数据传输的专用高速 IO 接口，可在 IO 设备和处理器之间交换 32 位的数据。

（2）串行 IO 接口：串行设备可以通过使用串行 IO 接口与通用设备进行通信。

7. 中断控制器

该结构通过提供专用的模块（电平触发和边沿触发）来触发中断。中断控制器可以在处理有效中断的同时，停止当前的处理器操作，如图 17.4 所示。

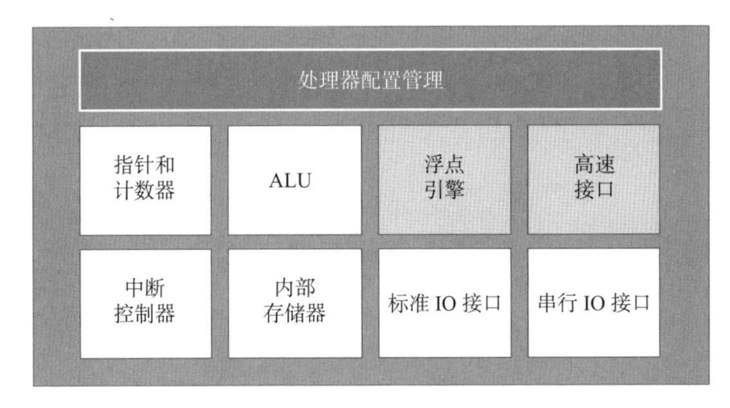

图 17.4 处理器架构

17.3 微架构的策略

正如第 9 章所讨论的那样，微架构是子块级描述，我们可以使用以下策略来实现更好的微架构：

（1）对每个块的功能密度进行粗略的初始估计。

（2）根据功能需求，尝试使用子块级别表示。例如，我们可以将 ALU 表示为图 17.5 那样。

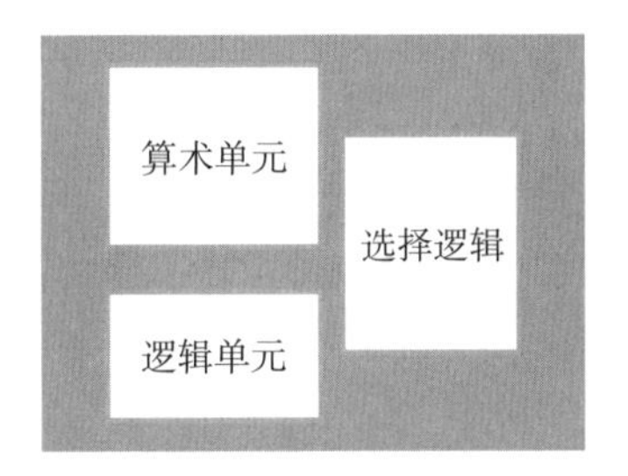

图 17.5 ALU 分区

（3）对于每个功能块，绘制并记录子块级表示。

（4）确定每个子模块的接口，并尝试记录它们的时序信息。

（5）如果架构需要使用 IP，那么功能和接口可以记录时序信息。

（6）尝试将多个时钟域功能单元描述为单独的组。

下面我们试着了解一下 32 位 ALU 的微架构。ALU 通过算术单元执行加、减、乘、除和求模运算；通过逻辑单元执行逻辑运算，如与、或、异或、非。因此，微架构有两个子块，即算术块单元和逻辑单元。输出处的选择逻辑用于选择其中一个输出。ALU 的子块级表示如图 17.6 所示。

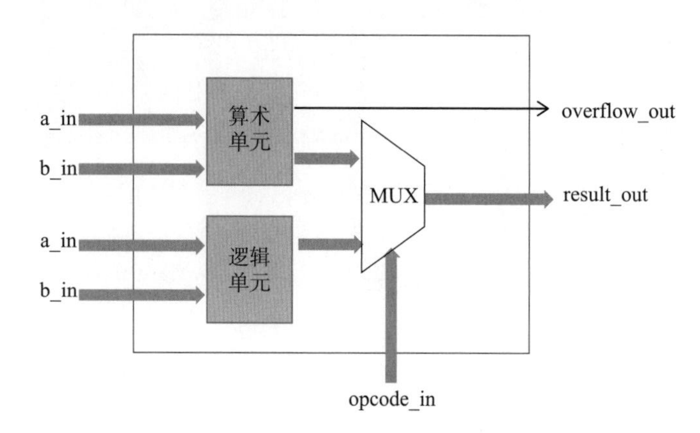

图 17.6　ALU 微架构示意图

与处理器相关块的接口信息如表 17.1 所示。

在微架构设计期间，建议外部接口严格遵守寄存器的输入和输出准则，因此，图 17.7 所示的 ALU 的架构是更佳的选择。ALU 的微架构具有独立的数据和控制路径。

表 17.1　ALU 的 IO 接口

信号名称	方　向	位　宽	描　述
a_in	输　入	32 位	ALU 输入
b_in	输　入	32 位	ALU 输入
opcode_in	输　入	8 位	输入到 ALU 的操作码
result_out	输　出	72 位	携带结果和标志信息
overflow_out	输　出	1 位	指示结果溢出，即如果结果大于 64 位，那么 flag=1

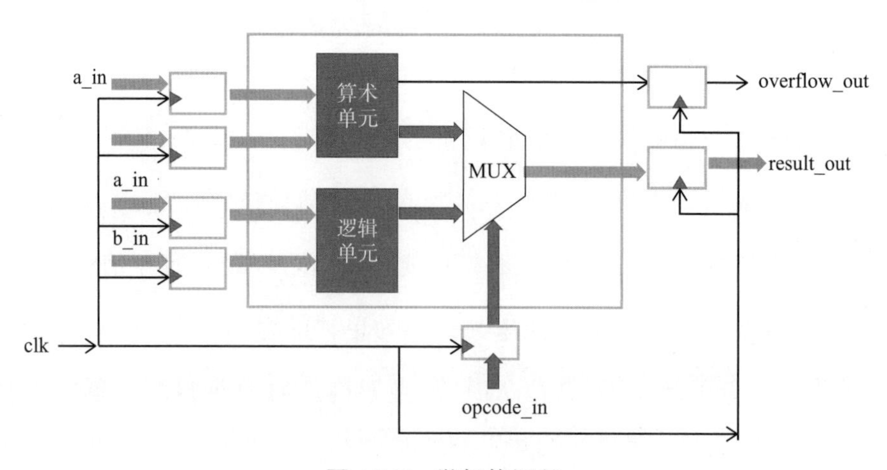

图 17.7　微架构调整

通过上述策略，为其他功能创建了微架构，子块级表示如图 17.8 所示。

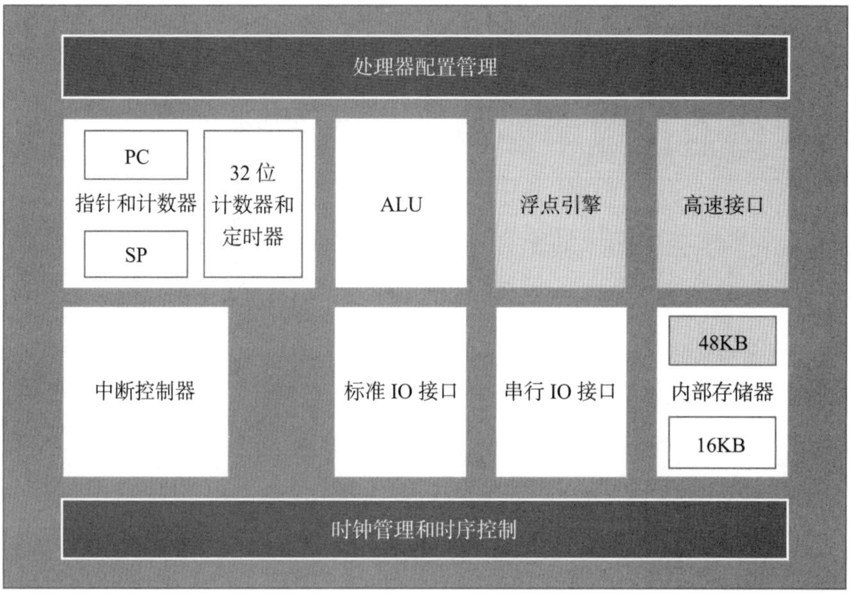

图 17.8　处理器的微架构

17.4　RTL设计与验证中的策略

在 RTL 设计过程中使用以下策略：

（1）分区的模块级设计，减少了整体的面积并提升了速度。

（2）使用 case 构造而不是 if-else 来避免优先级逻辑。

（3）有独立的 FSM 控制器，方便更好地控制时序。

（4）为控制和数据路径同步器提供单独的模块。

（5）使用可综合的资源共享和流水线构造。

在 RTL 验证过程中使用以下策略：

（1）有较好的模块级和顶层验证计划及体系结构。

（2）对于模块级设计和顶层设计，记录例外处理和测试用例。例如，乘以 0、除以 0、溢出和标志生成检查。

（3）在验证过程中使用自动测试平台。

（4）检查覆盖率：功能、代码、翻转等。

（5）监视和记录模块与顶层设计的结果。

17.5 综合过程中使用的示例脚本

下面的示例脚本可用于约束工作频率为 500 MHz 的设计。

```
/* 设置时钟 */
set clock clk
/* 设置时钟周期 */
set clock_period  2
/* 设置延迟 */
set latency 0.05
/* 设置时钟偏差 */
set early_clock_skew [expr $clock_period/10.0]
set late_clock_skew [expr $clock_period/20.0]
/* 设置时钟转换 */
set clock_transition [expr $clock_period/100.0]
/* 设置外部延迟 */
set external_delay [expr $clock_period*0.4]
/* 定义时钟不确定性 */
set_clock_uncertainty -setup $early_clock_skew
set_clock_uncertainty -hold $late_clock_skew

/* 命名该文件为 clock.src，在 DC 的命令窗口 souce 该脚本 */
/* 时钟和时序报告 */
dc_shell> report_timing
dc_shell> report_clock
dc_shell> report_timing
dc_shell> report_constraints -all_violations
```

17.6 综合问题和修复

以下是综合与优化过程中常见的应用场景和解决方案。

1. 面积没有优化

Synopsys 的 DC 工具无法优化分层，因此，对于 ALU 设计，面积没有优化。

解决方案：使用算术资源执行逻辑运算，调整微架构和 RTL，使单块 ALU 能够同时执行算术和逻辑运算。

2. 输入操作码到达较晚

从解码过程可以看出，操作码到达比较晚，这将对时序产生影响。对于该微架构来说，建立时间容易产生违例，如图 17.7 所示。

解决方案：将公共逻辑部分向输出侧（ALU 推到输出端）移动，在输入端使用组合逻辑从而改善数据路径的综合效果。该微架构级别的调整有助于消除模块级综合过程中的建立时间违例。

如图 17.9 所示，opcode_in 被压在输入端，这样我们就可以使用干净的 reg 到 reg 路径来消除建立时间违例。

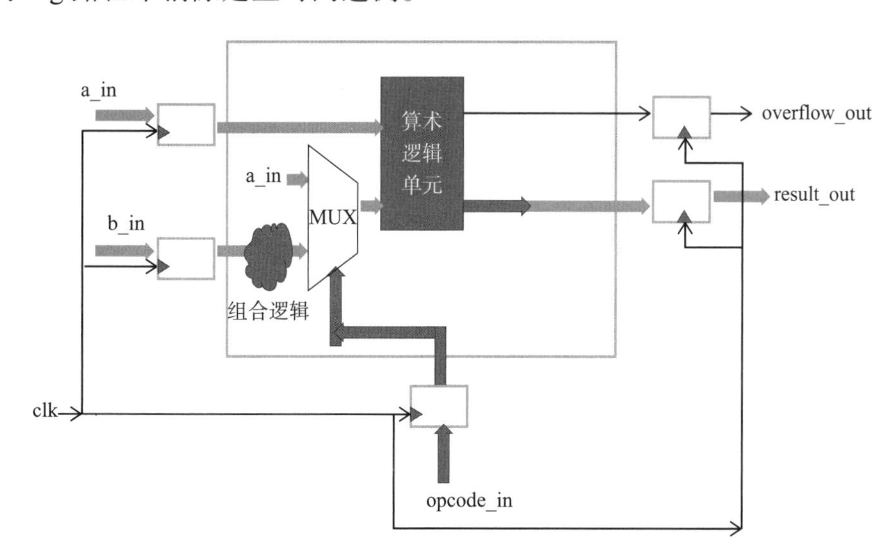

图 17.9　通过微架构的调整来实现迟到信号的修复

17.7　预布局的STA问题

以下几个是需要在预布局阶段了解和解决的问题。

1. 通用处理器的时序问题

建立时间违例非常大的通用处理器依然有非常大的机会提升性能。

解决方案：使用流水线架构提高设计性能。图 17.10 所示的策略增加了面积，并引入了一些时钟的延迟来获得更佳的设计性能。

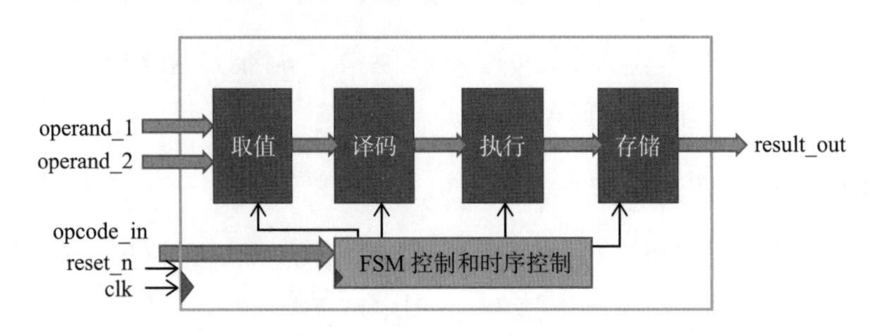

图 17.10　流水线架构

2. 违反 FPU 时序约束的违例

在模块级综合过程中，模块满足时序要求，但针对 FPU 模块，从顶层的视角出发，依然有时序违例路径存在。

解决方案：浮点运算单元由许多乘法器组成，这些乘法器的路径非常长，对延迟的消耗非常大。本设计的关键路径在 3.3ns，为了消除建立时间违例，可以采用以下策略：

（1）寄存器平衡和优化。

（2）通过引入一个时钟周期的延迟来分割组合电路。

（3）使用逻辑复制调整 RTL。

这些策略有助于提高速度并满足建立时间。

3. 时序特例

浮点运算单元设计有很多时序问题，在综合和优化过程中无法消除。

由于使用了大位宽的乘法器，该设计明显存在时序特例：

（1）多时钟周期路径。

（2）不相关时序路径。

解决方案：以脚本的形式告知综合工具这些时序特例，然后再优化从而满足时序要求。

17.8 物理设计问题

布局和布线之后依然有时序违例的情况。

解决方案：针对不符合时序目标的设计，采用重新优化设计和就地优化等策略。在物理集群上采用再优化策略，它类似于增量编译（增量编译只适用于逻辑集群）；在重新优化之后，如果设计不符合时序要求，则执行就地优化，该技术针对关键路径。通过提升关键路径等级的方法，优先满足关键路径的时序要求。该技术对满足整体芯片的时序要求非常有用。

17.9 总 结

下面是对本章重要知识点的汇总

（1）如果架构需要使用 IP，那么功能和接口可以记录时序信息。

（2）对于多个时钟域设计，尝试使用独立的时钟组。

（3）如果设计使用大位宽的乘法器，那么设计明显存在时序异常，需要采用时序特例的方法来处理，比如设置多周期时序路径。

（4）预布局 STA 期间满足模块级时序要求，并不表明在顶层时序也是满足的。

（5）要修复建立时间违例，可以使用寄存器平衡和优化、分割组合电路（引入一个时钟周期的延迟）、逻辑复制等技术。

第 18 章　可编程的ASIC技术

现代 ASIC 设计非常复杂，可以由数百万或数十亿个门组成。在 ASIC 进入制造流程之前，有必要制作原型设计以检查设计的功能正确性。要想在系统级别验证设计的正确性，需要首先了解可编程 ASIC 和 FPGA 综合。

FPGA 是一种可编程的 ASIC，使用多个 FPGA 可对复杂的 ASIC 进行原型设计。

以下各节有助于理解 FPGA 的综合和如何使用 FPGA 进行设计。

18.1　可编程ASIC

为了获得最低的一次性工程费用和 ASIC 设计原型，常采用多 FPGA 架构。原型设计团队使用复杂的 FPGA 来测试不同设计模块的功能及其连通性。

FPGA 版图构造如图 18.1 所示，由 CLB（片寄存器、LUT、MUX）、时

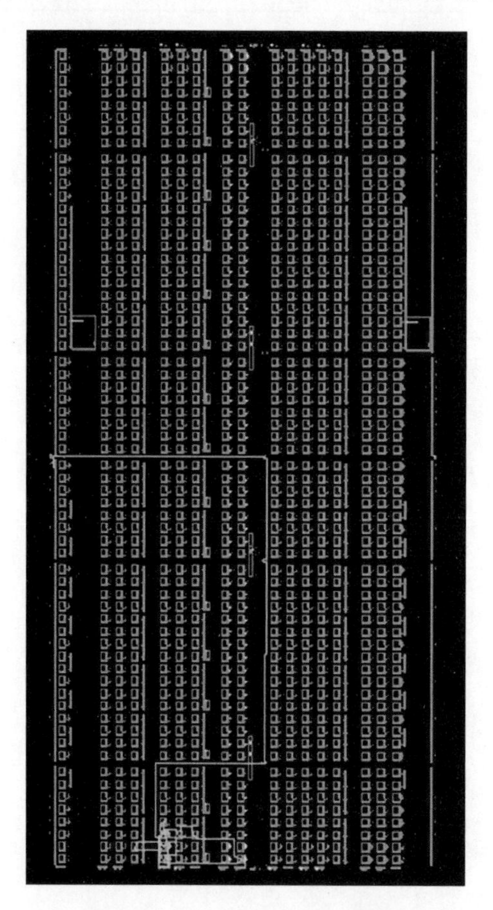

图 18.1　FPGA 版图构造图

钟管理单元、IOB（输入输出单元）、乘法器、DSP（数字信号处理器）模块、内存块组成。

现代的 FPGA 也有处理器内核、高速接口和内存控制器，可以方便地访问和处理大量的数据。

18.2 设计流程

FPGA 设计流程也可以视为可编程 ASIC 流程，如图 18.2 所示。

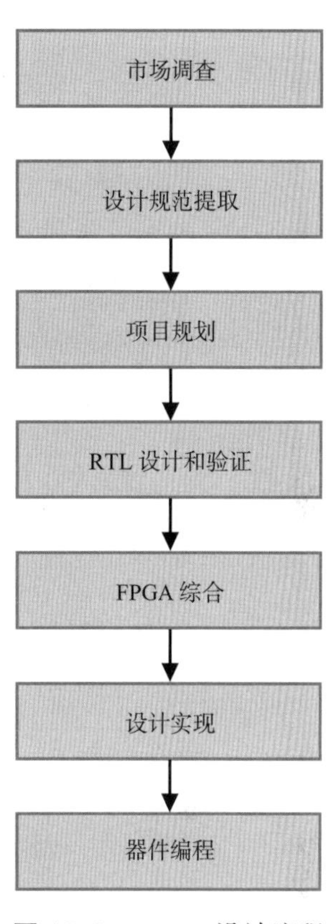

图 18.2 FPGA 设计流程

重要的设计步骤如下：

（1）项目规划。

（2）RTL 设计和验证。

（3）FPGA 综合。

（4）设计实现：

① 逻辑功能映射。

② 布局和布线。

③ 基于 SDF（反标延迟文件）的验证。

④ STA 签收。

（5）器件编程。现代 FPGA 架构复杂，其重要模块如图 18.3 所示。

① 可配置逻辑块（CLB）：CLB 阵列可用于映射逻辑，通过 LUT、片寄存器和多路复用器来实现所需的功能。

② 输入输出单元（IOB）：在 FPGA 外围，用于外部和 FPGA 结构上的逻辑进行通信。

③ 开关盒：用于建立不同 CLB 之间的连通性。

④ DSP 块：作为重要的编程资源，实现复杂的 DSP 功能。

⑤ 乘法器：专用的乘法器，用来执行快速的乘法操作。

⑥ 处理器块：可配置的处理器，用于数据的处理。

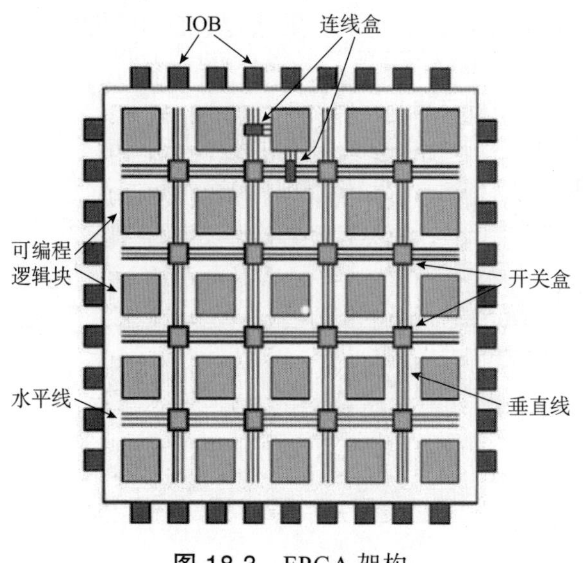

图 18.3 FPGA 架构

18.3 现代FPGA结构与元件

现代 FPGA 具有结构复杂、便于 ASIC 原型化的特点。原型设计团队需要使用单个或者多个 FPGA 来规划 ASIC 原型。

正如上一节所讨论的那样，FPGA 由可编程模块组成。本节讨论现代 FPGA 的可编程模块。FPGA 的重要模块如图 18.4 所示。

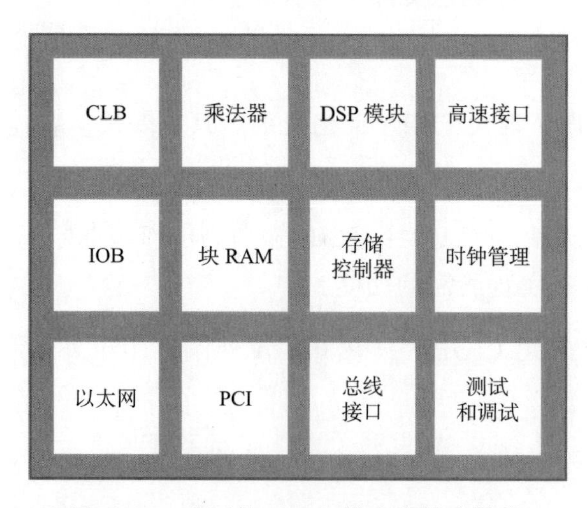

图 18.4 重要的 FPGA 供应商特定模块

本节将讨论原型验证过程中几个有用的模块。

（1）CLB：CLB 由片寄存器和带相关逻辑（如带进位链的加法器和多路复用器）的 LUT 组成。Xilinx FPGA 的 CLB 由 6 个输入 LUT 和片寄存器组成，相关逻辑如图 18.5 所示。

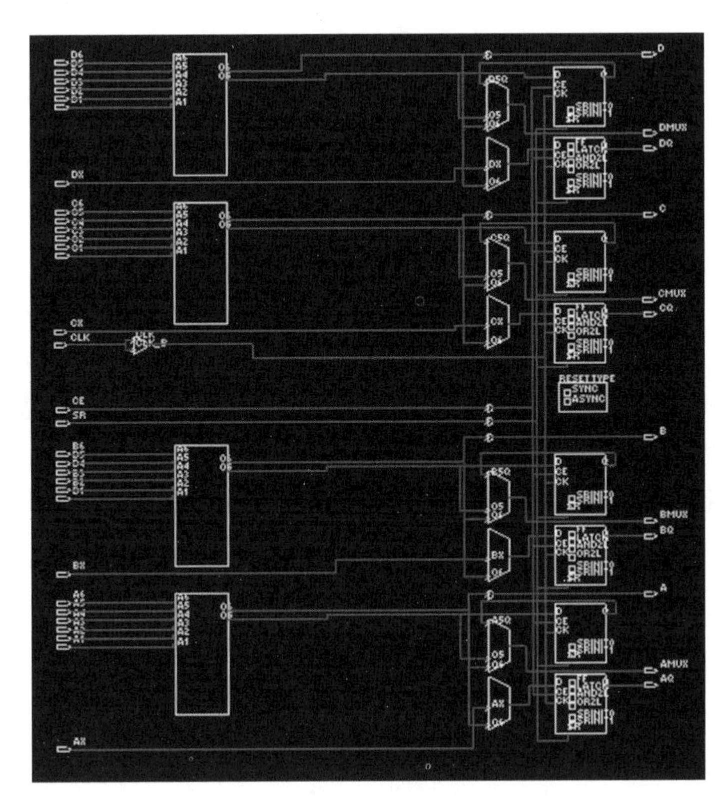

图 18.5 CLB 架构

简单地说，CLB 逻辑可以很容易地解释为可编程的逻辑块，它具有组合逻辑和时序逻辑的输出能力，如示例 18.1 所示。

示例 18.1 使用 Verilog 的 RTL 设计

```
module fpga_design (
    input  clk,a_in,b_in,sel_in,
    output q2_out
);
  reg q1_out;
  always @(posedge clk) begin
    q1_out <= q_out;
  end
  assign q_out  = a_in ^ b_in;
```

```
  assign q2_out = (sel_in) ? q1_out : q_out;
endmodule
```

以上 RTL 设计，经过 FPGA 综合后，使用片寄存器和 LUT 构成的电路如图 18.6 所示。

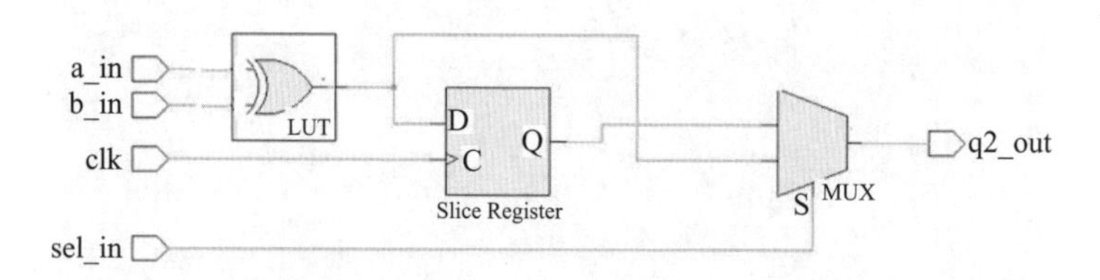

图 18.6　使用 LUT 和片寄存器进行综合

（2）IOB：用于 FPGA 内部逻辑和外界进行交换数据。FPGA 的输入模块如图 18.7 所示，数据流从 PAD 到 FPGA 逻辑块；FPGA 的输出模块如图 18.8 所示，数据流从 FPGA 逻辑块到 PAD。甚至可以将 IO 配置为双向端口，以便在 FPGA 内部逻辑和外部世界之间传输数据。

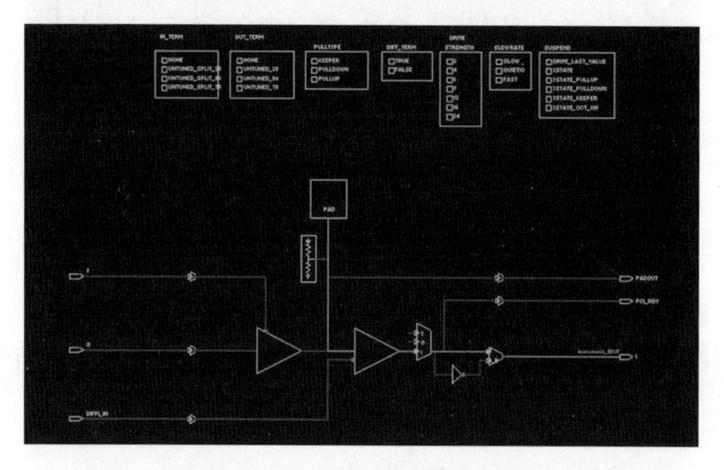

图 18.7　FPGA 的输入模块

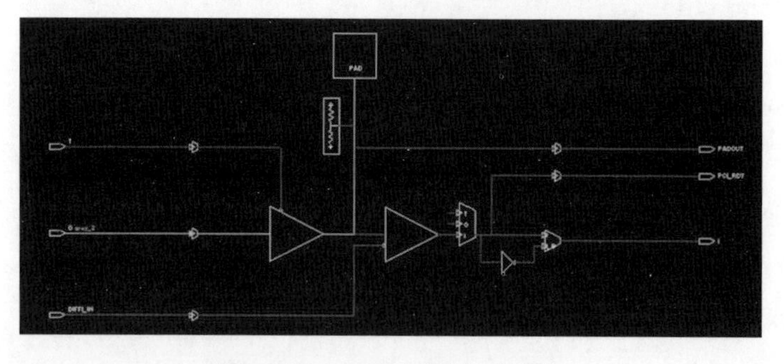

图 18.8　FPGA 的输出模块

（3）块 RAM：FPGA 通过块存储器来存储和调用数据。

（4）乘法器：FPGA 架构都是特定于供应商的，通常都有专用的乘法器。

（5）DSP 块：复杂的 DSP 功能可以通过配置 FPGA 上的专用 DSP 来实现。

（6）时钟管理单元：时钟管理器用于在保证较小的时钟偏差的前提下分发时钟。

（7）控制器：现代 FPGA 具有高速存储控制器和处理器。

（8）接口：现代 FPGA 架构具备建立高速接口连接的能力。

18.4 RTL设计和验证

复杂逻辑的 RTL 设计需要更好的架构和分区设计。在 RTL 设计阶段，以下策略非常有价值：

（1）对架构和微架构有详细的了解。

（2）采用模块化方法，对功能模块进行合理分区。

（3）通过使用 FPGA 设计指南，对 FPGA 架构有更好的理解。

（4）更好地理解 ASIC 到 FPGA 的转换，如门控时钟。

（5）多个时钟之间交换数据时，要合理部署同步器。

（6）为了更好地对数据和控制路径进行综合，分别使用独立的 FSM 控制器。

考虑到使用格雷码计数器的设计，示例 18.2 给出了 RTL 的描述，原理如图 18.9 所示。

示例 18.2 4 位格雷码计数器的 RTL 描述

```
module  gray_counter (parameter data_size =4)(
    input clk;
    input reset_n;
    input increment;
    output reg [data_size-1:0] gray;
);
```

```
  parameter data_size =4;
  reg [data_size-1:0] gray_next, binary_next, binary;
  integer m;
  always@(posedge clk or negedge reset_n)
    if (~reset_n)
      gray <= 4'b0000;
    else
      gray <= gray_next;
  always@(*) begin
    for (m=0; m < data_size; m=m+1)
    begin
      binary[m] =^(gray >> m);
      binary_next = binary +  increment;
      gray_next = (binary_next >>1) ^ binary_next;
    end
  end
endmodule
```

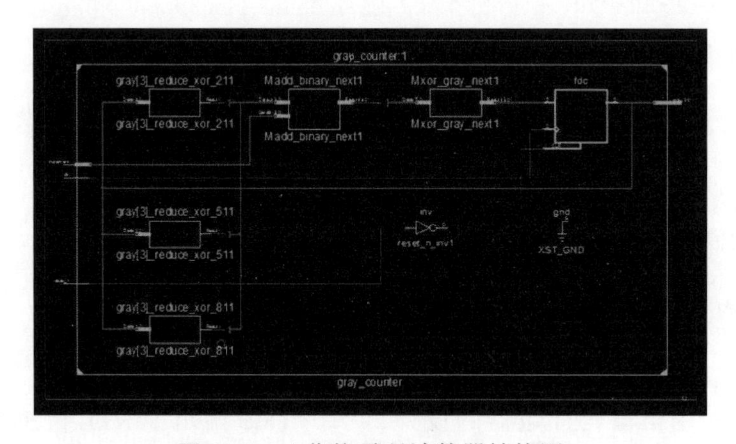

图 18.9　4 位格雷码计数器结构图

设计的工艺原理如图 18.10 所示。

该格雷码计数器的测试平台如示例 18.3 所示，采用不可综合的 RTL 结构。

示例 18.3　4 位格雷计数器的测试平台

```
module test_gray;
  // 输入
```

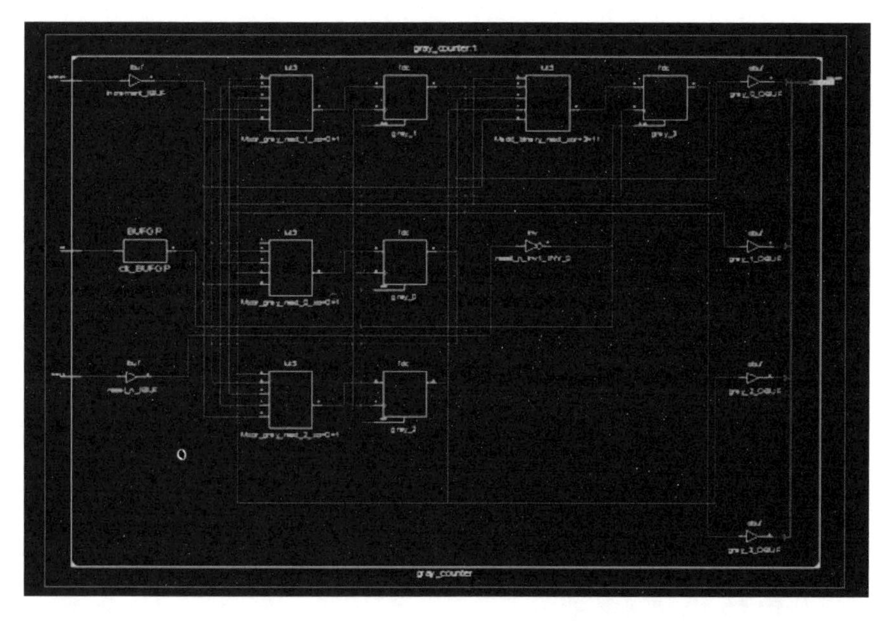

图 18.10 映射后的 4 位格雷码计数器结构图

```
reg clk;
reg increment;
reg reset_n;
// 输出
wire [3:0] gray;
// 实例化被测单元 ( UUT )
gray_counter uut (
    .clk(clk),
    .increment(increment),
    .reset_n(reset_n),
    .gray(gray)
);
always #10 clk = ~clk;
initial begin
  // 初始化输入
  clk = 0;
  increment = 0;
  reset_n = 0;
  // 等待 100ns 以完成全局重置
  #100;
  increment = 1;
```

```
    reset_n   = 1;
  end
endmodule
```

仿真波形如图 18.11 所示，reset 信号无效时，每个时钟的上升沿输出有效的格雷码。

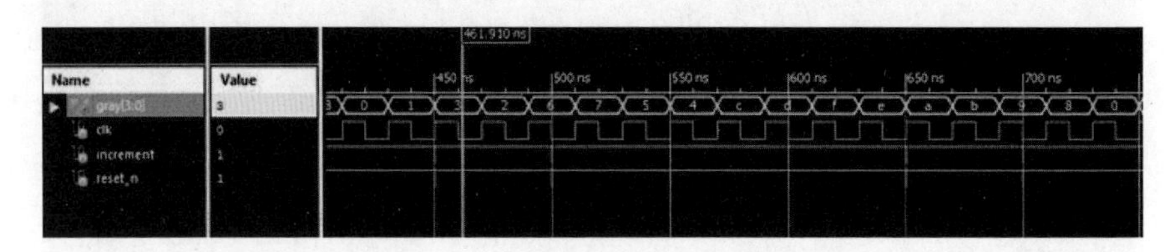

图 18.11　4 位格雷码计数器仿真结果

18.5 FPGA综合

FPGA 使用 CLB、IOB、BRAM 和其他模块来实现设计功能。

如第 1 章所述，ASIC 使用标准单元和宏来映射逻辑。

对于使用少量逻辑门的中等门数的设计，RTL 原理图可能看起来很相似。但实际上在资源的使用上，FPGA 综合和 ASIC 综合有非常多的不同之处。

18.5.1 算术运算符与综合

我们考虑在 RTL 中使用算术运算符，如 +（加法）、-（减法）、*（乘法）、/（除法）和 %（求模），看看 ASIC 综合结果和 FPGA 综合结果的不同之处。

示例 18.4 描述了算术单元的 RTL。

示例 18.4　使用算术操作符

```
module arithmetic_operator_synthesis (
    input [1:0] a_in,b_in,
    output reg [2:0] y1_out,
    output reg [1:0] y2_out,
    output reg [3:0] y3_out,
    output reg [1:0] y4_out,
    output reg [1:0] y5_out
);
```

```
  always @* begin
    y1_out = a_in + b_in;   // 加法运算符
    y2_out = a_in - b_in;   // 减法运算符
    y3_out = a_in * b_in;   // 乘法运算符
    y4_out = a_in / b_in;   // 除法运算符
    y5_out = a_in % b_in;   // 模运算符
  end
endmodule
```

该设计的 RTL 原理如图 18.12 所示，完成所有操作并产生并联输出。

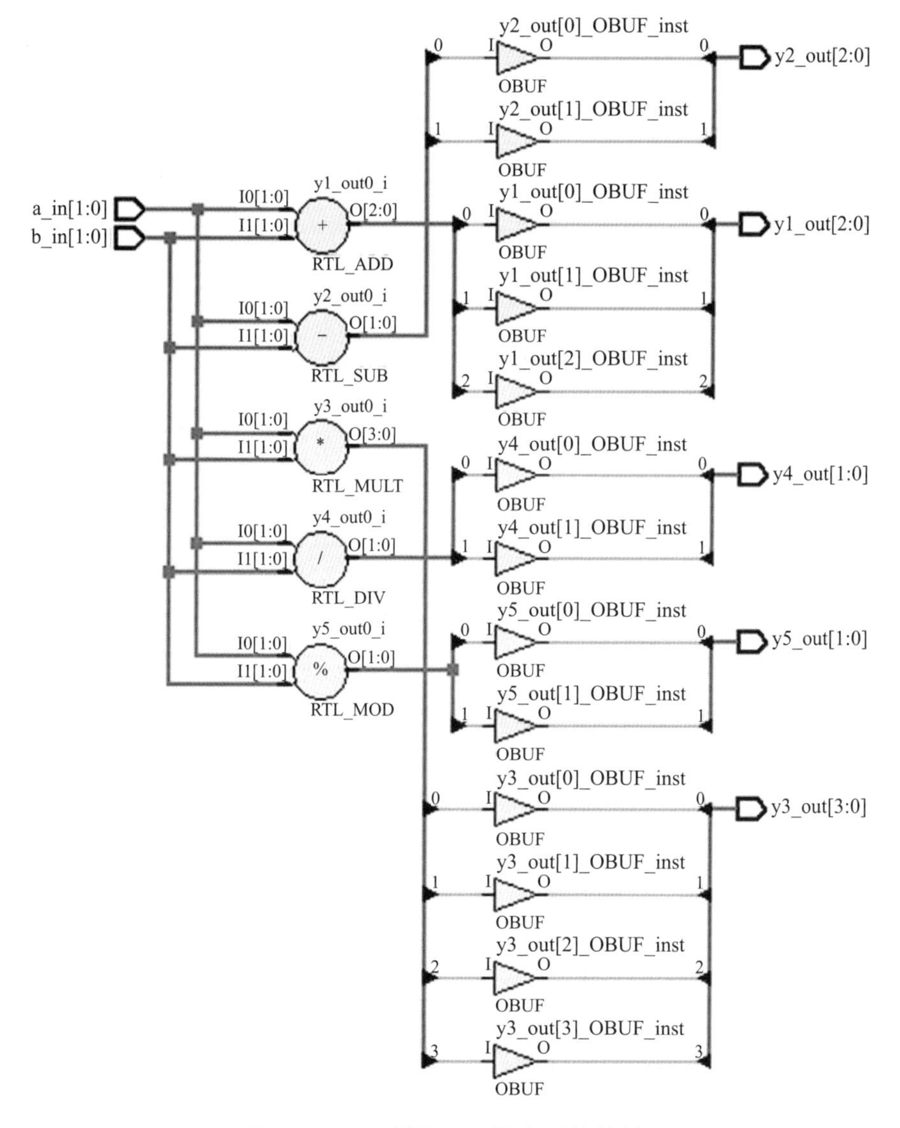

图 18.12　示例 18.4 综合后的结果

18.5.2　关系运算符操作与综合

如果我们需要组合逻辑来计算小于和大于，那么我们将使用关系运算符。

示例 18.5 中描述的 RTL 使用<（小于）、<=（小于等于）、>（大于）、>=（大于等于）运算符。

示例 18.5　使用关系运算符

```
module relational_operator (
    input [1:0] a_in,b_in,
    output reg y1_out,
    output reg y2_out,
    output reg y3_out,
    output reg y4_out
);
   always @* begin
     y1_out = a_in < b_in;   // 小于运算符
     y2_out = a_in <= b_in;   // 小于等于运算符
     y3_out = a_in > b_in;   // 大于运算符
     y4_out = a_in >= b_in;   // 大于等于运算符
   end
endmodule
```

RTL 原理如图 18.13 所示。

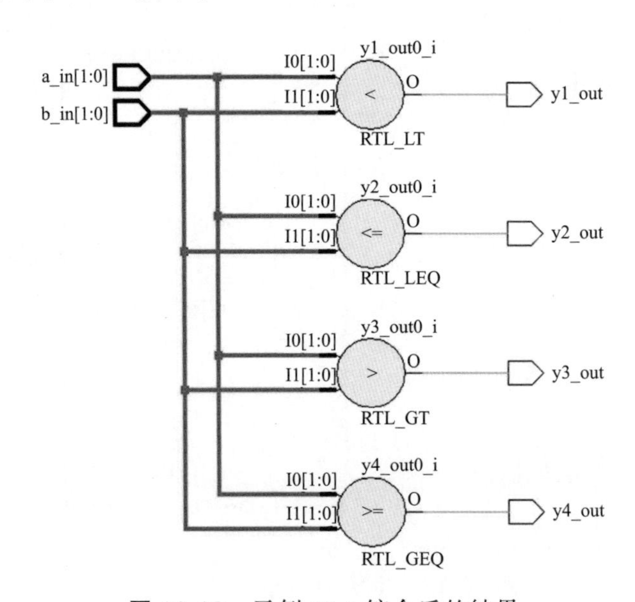

图 18.13　示例 18.5 综合后的结果

18.5.3 相等运算符与综合

大多数情况下，我们需要在 ASIC 或 FPGA 设计期间比较字符串，在这种情况下，我们可以使用相等运算符。

示例 18.6 中描述的 RTL 使用 ==（相等）、!=（不相等）运算符，RTL 原理如图 18.14 所示。

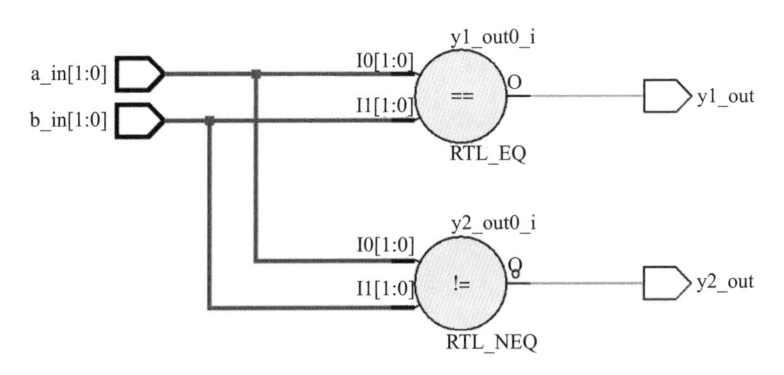

图 18.14 示例 18.6 综合后的结果

示例 18.6 使用相等运算符

```
module equality_operator (
    input [1:0] a_in,b_in,
    output reg y1_out,
    output reg y2_out
);
  always @* begin
    y1_out = (a_in == b_in);   // 相等运算符
    y2_out = (a_in != b_in);   // 不相等运算符
  end
endmodule
```

18.6 FPGA的物理设计

FPGA 的物理设计分为如下几步：

（1）设计实现：

① 逻辑功能映射。

② 布局和布线。

③ 基于 SDF 的验证。

④ STA 的签收。

（2）FPGA 器件编程。

对于复杂的设计，需要解决以下问题：

（1）在放置和布线阶段对较大数量的块进行调整：尝试检查冗余逻辑并调整 RTL。

（2）设计中多周期和假路径导致的时序异常：指定 STA 期间的时序特例。

（3）设计超出 FPGA 能提供的最大容量：尝试启用工具指令来优化该区域。如果设计依然不满足，则使用面积优化技术，即尝试调整 RTL 和架构设计。

（4）时序不满足：尝试优化时序目标或使用性能改进技术，如寄存器平衡和优化。

图 18.15 显示了 FPGA 结构上的逻辑，我们可以将其视为 FPGA 的布局。

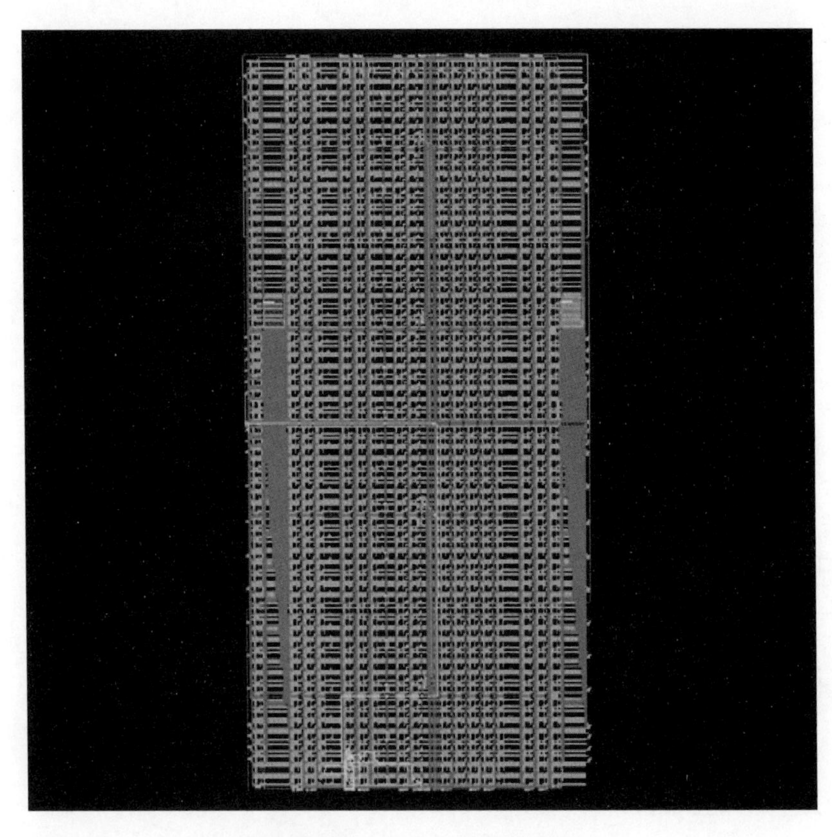

图 18.15 FPGA 的物理版图

执行放置和布线是为了将逻辑实际放置在 FPGA 上，不同簇的设计快照如图 18.16 所示。布线用绿色连线表示，采用时延最小的布线算法进行连接。

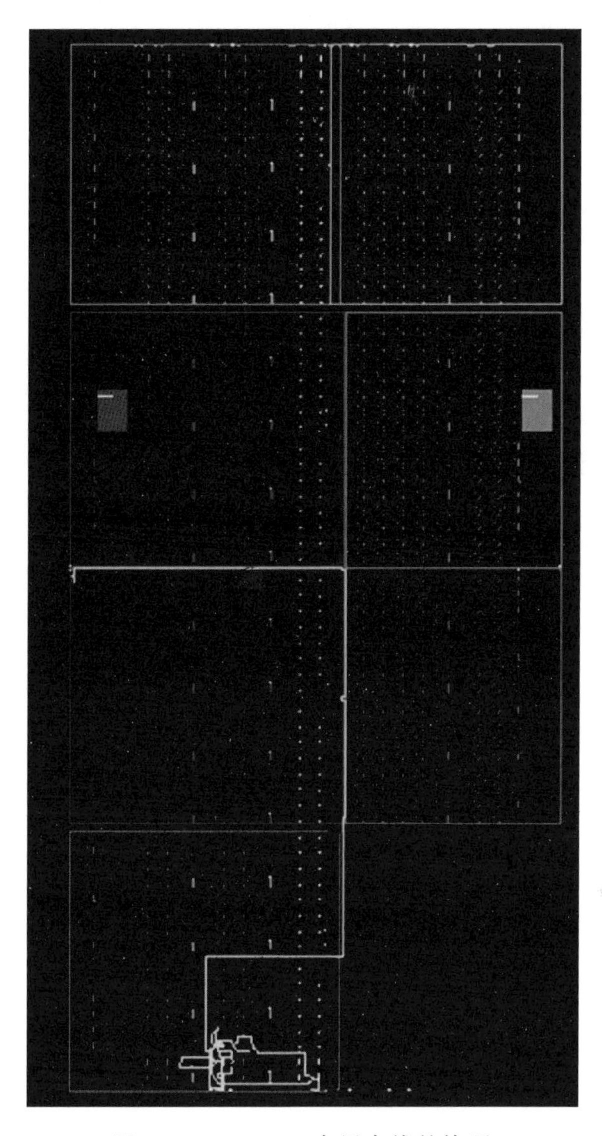

图 18.16 FPGA 布局布线的快照

在对设计进行最终布线后，进行基于 SDF 的验证，并执行 STA 的签收。对于任何时序问题，设计都需要优化或者在 RTL 和架构级别执行调整。对于复杂的设计来说，相关的迭代是非常消耗时间的。

在满足所有时序目标后，对 FPGA 器件进行编程，就可以在设备级别执行测试和验证。

18.7 总　结

下面是对本章重要知识点的汇总：

（1）FPGA是现场可编程门阵列，称为可编程ASIC。

（2）FPGA的重要模块是可配置逻辑模块，由LUT、片寄存器，以及特定于供应商的架构组成。

（3）在逻辑设计过程中，更好的架构设计和划分可以提高设计性能。

（4）FPGA综合不同于ASIC综合。ASIC使用标准单元库和宏，而FPGA使用LUT、片寄存器、专用块和IO。

（5）在FPGA的物理设计中，使用以下重要步骤来实现设计：

① 逻辑功能映射。

② 布局和布线。

③ 基于SDF的验证。

④ STA的签收。

第 19 章　原型设计

我们已经讨论了 ASIC 的设计和设计流程。进行逻辑综合和初步的平面规划之后就可以开始原型设计了。更好的原型设计方法是使用多个 FPGA 并通过少量的 RTL 调整来实现 ASIC 到 FPGA 的转换。

在原型设计过程中，我们需要考虑以下几点：

（1）原型整体架构和最佳 FPGA 架构的策略。

（2）原型和系统测试计划。

（3）STA 和实际测试期间产生的互连延迟。

我们通常希望通过使用 FPGA EDA 工具，高效检测和测试所需的 FPGA 的功能，从而模仿真实 ASIC 的功能。在原型设计期间，时钟频率通常会受到限制，难以达到 ASIC 的性能和指标。因此，基于 FPGA 的系统只可以在较低的时钟频率下进行检测，用来判断设计是否满足系统的要求。如果 FPGA 系统满足功能和时序约束，则几乎可以表明 ASIC 的设计功能是正确的。在这种情况下，通常认为 ASIC 的设计结果可以转入生产制造阶段。

本章讨论的内容有助于理解原型策略、问题和概念。

19.1 FPGA原型

考虑一下我们在第 17 章讨论过的 32 位处理器的设计。

参考图 19.1 所示的微架构设计，试着根据以下几点来确定目标：

（1）原型开发计划。

（2）设计复杂性和与设计相关的约束。

（3）外部接口和 IO 需求以及引脚多路复用策略。

（4）合适的 FPGA 架构与 IO 接口。

（5）设计原型所需的 FPGA 数量。

（6）适合该设计的功能和时序验证通过的 IP。

（7）关于 ASIC 到 FPGA 转换的文档。

（8）系统测试计划和文档。

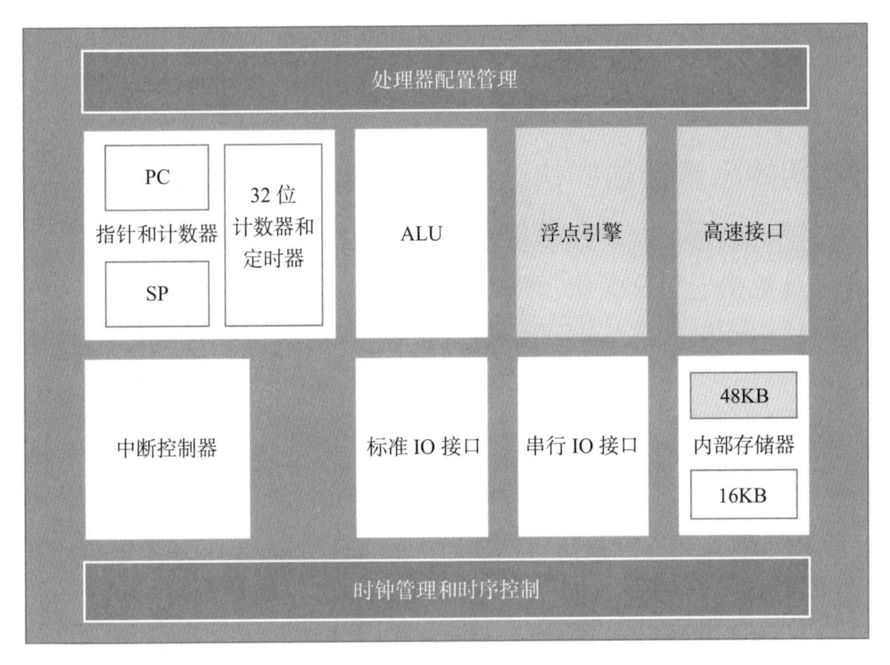

图 19.1　微架构设计

如果 RTL 设计是为基于 FPGA 的设计从头开始设计的，那么就不需要 ASIC 到 FPGA 的转换，因为进行综合时可以使用 FPGA 功能块，如 CLB、IOB 和 BRAM。

现在，试着理解 ASIC 原型，随着逻辑设计和综合、预布局 STA 阶段的结束，原型设计团队有了关于整体的相关信息、逻辑密度、IO 要求。虽然 FPGA 约束与 ASIC 约束不同，但仍可最终确定其原型策略，以便原型设计团队使用多个 FPGA 移植 ASIC RTL。

下面将讨论其中的一些策略及其在原型设计中的应用。

19.2　原型设计中的综合策略

由于 ASIC 的速度比 FPGA 快，并且逻辑密度更大，因此合理的设计分区对于百万门级 SoC 来说至关重要。设计分区可以在综合之前进行，也可以在综合之后进行。原型团队需要选择正确的划分设计的方法。

事实是，设计可能不会以 SoC 的速度运行，因此通过 FPGA 的等效资源修改 SoC 是必不可少的。在综合过程中，必须对架构、初始布局、时序约束和 FPGA 具备的资源有清晰的认知。与之相比，原型流程和 SoC 仿真相比，应该实现更好的性能。为此，综合阶段是主要的里程碑。为了达到更好的效果，可以通过多种方法进行综合。以下是综合过程中使用的几种方法。

19.2.1 初始资源评估的快速综合

快速综合可以帮助我们理解初始阶段的设备利用率和性能，但在这类综合中，综合工具忽略了完全优化，原因是运行时间大约是正常综合的两到三倍。但对于复杂的设计和初始设计分区来说，快速综合可以节省数周 / 天的时间。

19.2.2 增量综合

对于复杂的 SoC 设计，增量综合是一种较好的方法。对于那些高密度的设计来说，增量方式的放置和布线过程，可以极大提高工作效率。随着版本的更新，可以采用给 RTL 有改变的模块单独综合的方式。

例如，具有 100 个子模块的 SoC 设计，RTL 变化仅包含在 10 个子模块中，在进行增量综合的过程中，综合工具仅针对这 10 个子模块重新综合，这将大大减少综合过程消耗的时间。

也就是说，如果子模块或架构没有改变，那么综合工具就会忽略这些没有改变的子模块，并保留以前的综合后结果。针对复杂 SoC 的综合，增量综合可以节省数周 / 天的时间。

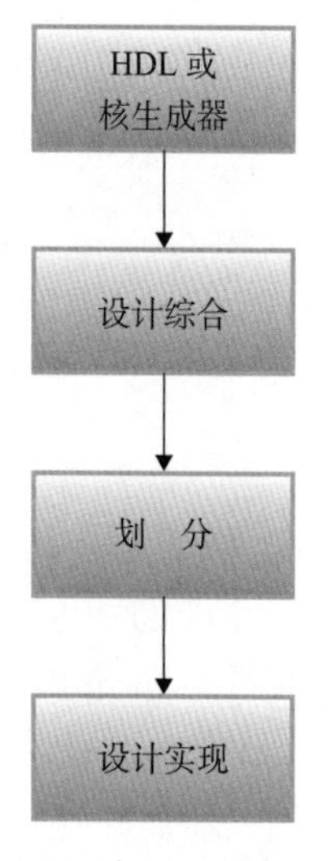

图 19.2 设计综合与实现

EDA 工具如 Synopsys Certify 或 Xilinx 布局和布线工具的优点在于它们保留了层次结构，以及前一版本的逻辑、位置、约束、映射，如果 RTL 未被修改，则映射为重新综合之前的版本，减少了循环迭代的周转时间。

如果设计的一小部分被修改了，那么运用增量综合技术可以缩短设计运行时间，方便布局和布线工具快速得到综合后的结果。

增量综合技术的使用可以大幅减少原型设计阶段的时间。最重要的一点是，越是复杂的设计，在布局和布线阶段的运行时间越长。所以，应该在综合、布局、布线阶段使用增量综合策略，如图 19.2 所示。

Xilinx EDA 工具后端流程如图 19.3 所示。

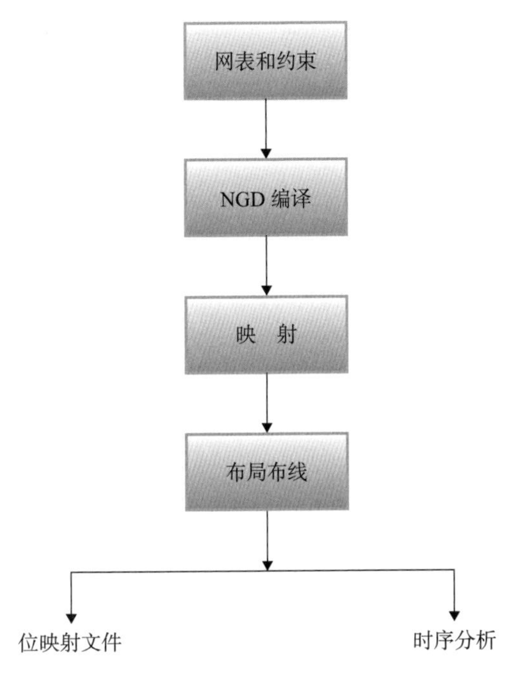

图 19.3　Xilinx 后端流程

19.3　FPGA综合过程中的约束

本节将讨论 FPGA 合成过程中使用的工具命令。

FPGA 综合命令如表 19.1 所示。

表 19.1　FPGA 综合过程中使用的命令

命　令	描　述
set_port_is_pad <port_list> <design_list>	给指定的端口列表放置属性，属性允许 DC 映射 PAD
set_pad_type <type of pad> <port_list>	该命令用于将设计选择的 IO 的类型映射到 PAD 上
insert_pad	该命令用于插入 PAD
replace_fpga	该命令用于转换可综合的 FPGA 数据库到原理图。它由逻辑门组成，而不是由 CLB 和 IOB 组成的可视化的原理图

以下是 Synopsys DC FPGA 工具在综合过程中要执行的重要步骤：

（1）读取 Verilog 设计文件。

（2）设置设计约束。

（3）插入 IO PAD。

（4）执行设计综合。

（5）执行 replace_fpga 命令。

（6）写入数据库。

用于 FPGA 合成 top_processor_core 的示例脚本如下所示：

```
dc_shell > read -format verilog top_processor_core.v
dc_shell> create_clock -name clk -period 10
dc_shell> set_input_delay 2 -max < list all the input ports
  using the same command and required delay attribute>
dc_shell > set_port_is_pad
dc_shell> insert_pad
dc_shell> compile -map_effort high
dc_shell> report_timing
dc_shell> report_area
dc_shell> report_cell
```

时序报告由时序路径信息、数据要求时间、数据到达时间、要求时间和到达时间裕量（slack）组成。

面积报告列出了以下内容：

```
Number of ports
Number of cells
Number of nets
Number of references
Combinational area
Non-combinational area
Net Interconnect area
Total cell area
Total area
```

要获取有关 FPGA 资源的信息，可以使用以下命令：

```
dc_shell > report_fpga -one_level
```

上述命令给出了关于 FPGA 资源使用的以下信息：

```
Function Generators:
Number of CLB
```

```
Number of ports
Number of clock pads
Number of IOB
Number of flip flops
Number of tri state buffers
Total number of cells
```

使用以下命令将网表写入数据库格式：

```
dc_shell > write -format db -hierarchy -output
  top_procesor_core.db
```

可综合的数据库（网表）和时序信息可用于放置和布线工具使用。

19.4 重要的考虑和调整

以下是原型设计中一些非常重要的注意事项，有助于获得FPGA等效逻辑。

（1）门控时钟实例化：SoC的门控时钟结构可能与FPGA等效结构不匹配，因此，有必要修改RTL来推断门控时钟结构，如图19.4和图19.5所示。

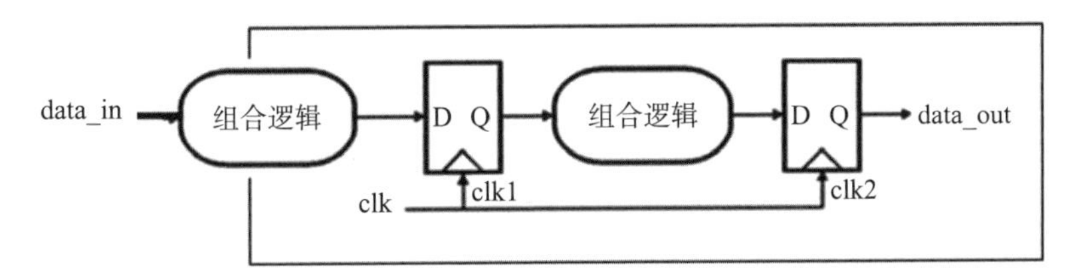

图19.4 设计中使用的门控时钟

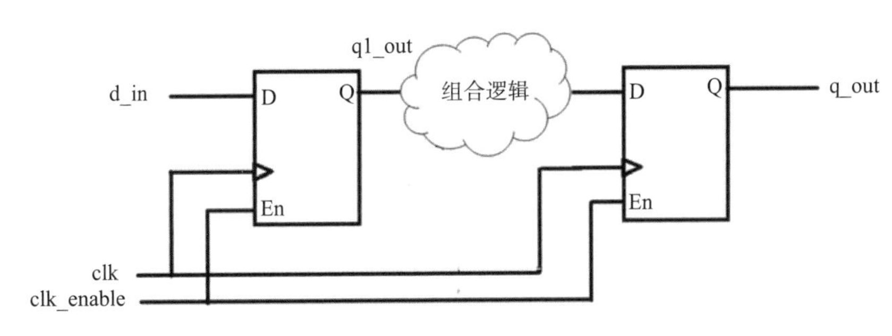

图19.5 FPGA等效的门控时钟

（2）SoC IP：大多数情况下，IP提供的RTL设计是不可用于综合的，仅供仿真使用。因此，具有与此类IP等效的FPGA是必不可少的。

（3）ASIC/SoC 存储器：ASIC 或 SoC 的存储器结构不确定，因此，需要在原型设计阶段对 FPGA 中的存储器进行修改。

（4）顶层 PAD：由于 FPGA 工具无法理解实例化的操作，因此，在原型设计过程中对它们进行修改是必要的。

（5）网表形式的 IP：网表形式可能不是 FPGA 等效的 IP，因此需要在原型过程中进行修改。

（6）最底层单元：来自 ASIC 库的最底层单元可能无法被 FPGA 理解，因此，需要修改。

（7）测试电路：内建自测试（BIST）和其他测试或调试的电路需要与 FPGA 等效，因此需要修改。

（8）未使用的输入：对于未使用的输入引脚，必须调整 RTL。

（9）生成时钟：为了在原型设计期间实现更好的性能，需要用 FPGA 等效时钟对生成时钟进行修改。

19.5 用于FPGA综合的IO PAD

FPGA 工具无法理解实例化的操作，因此，必须在原型设计过程中对它们进行修改。由于它不处理 RTL 中的 IO PAD，而是推断 FPGA PAD，所以将 PAD 的输出移动到顶层边界。对于原型设计，替换每个 IO，使其具有 FPGA 等效和可综合。

该模型应该具有 RTL 级别的逻辑连接，并且可以通过在 RTL 中编写一小段代码来完成。高效的原型设计，需要准备 SoC 的 PAD 库。FPGA 基本 IO 单元如图 19.6 所示。

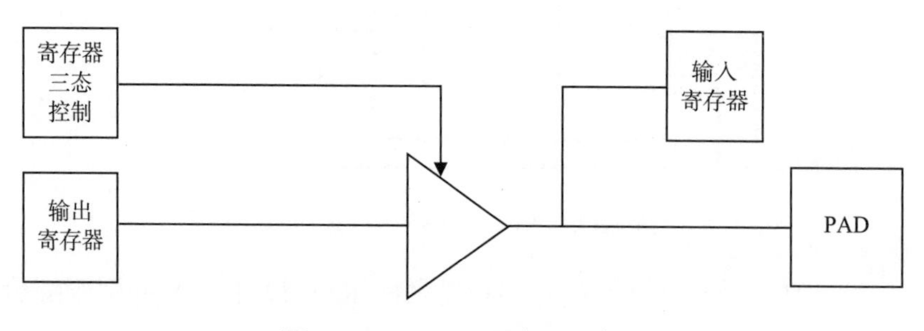

图 19.6 FPGA 基本 IO 单元

使用 Synopsys DC 执行以下命令：

```
dc_shell> set_port_is_pad
dc_shell> insert_pad
dc_shell> compile -map_effort high
```

有关 FPGA 综合的更多信息请参考 18.2 节。

19.6 原型设计工具

ASIC 原型设计通过使用行业标准领先的工具（如 Design Compiler）来实现。EDA 工具通常用于使用高密度的 FPGA 来转化 ASIC 原型设计。DC 是业界领先的 EDA 工具，经常用来获得最优的综合结果和最优的时序。ASIC 原型设计流程如图 19.7 所示。在随后的章节，我们将讨论如何使用多个 FPGA 来高效地实现 ASIC 的原型设计。

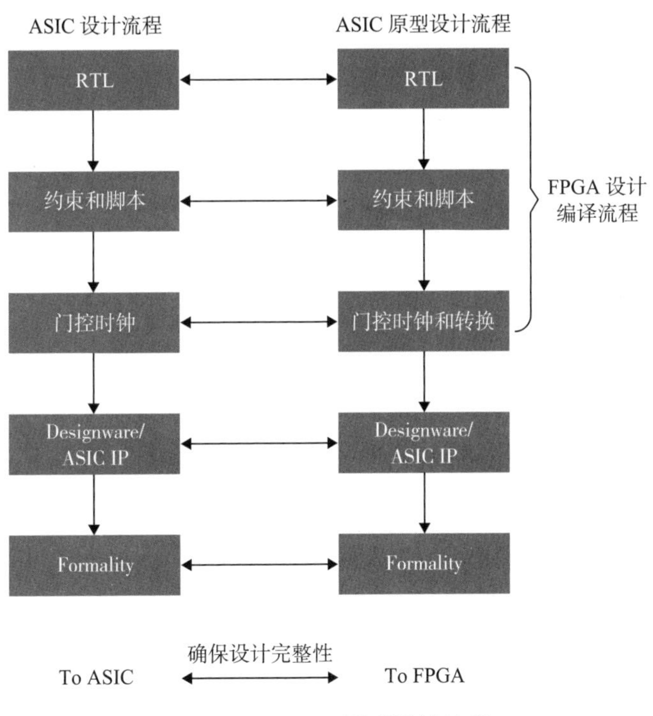

图 19.7　ASIC 原型设计流程

19.7 总 结

下面是对本章重要知识点的汇总：

（1）多个 FPGA 被用于原型设计。

（2）对于复杂的 SoC 设计，增量综合是一种较好的方法。

（3）ASIC 原型是通过使用行业标准领先的工具来实现的，比如 Design Compiler。

（4）ASIC 的门控时钟结构可能与 FPGA 不匹配，因此，有必要通过修改 RTL 来匹配。

（5）FPGA 工具无法理解 PAD 的实例化，因此必须在原型设计过程中对其进行修改。

第 20 章　案例：IP设计与开发

ASIC 设计功能复杂，在设计时需要用到各种各样的 IP。设计 IP 或使用 IP 时的重要考虑因素是基于设计的 IO 需求、功能、时序需求。在这种情况下，设计团队了解各种可用 IP 是很有帮助的。本章将讨论 IP 设计和开发策略及其在设计过程中的重用。

20.1 IP设计与开发

SoC 设计由各种功能块组成，例如处理器、浮点运算单元、H.264 编码器、DDR 控制器等。为了加快开发周期，行业的一般做法是复用 IP。

考虑到 DDR 内存控制器 IP 在市场上可用，那么设计团队就不需要从零开始设计存储控制器，可以直接使用这个经过市场检验的、功能和时序正确的 IP。

原型设计团队需要在设计周期的不同阶段使用不同的 IP 格式：

（1）RTL IP 源代码：IP 源代码的开源代码或授权版本，源代码使用 VHDL 或 Verilog。

（2）软 IP（软核）：这种类型的 IP 核有时是加密版本，在设计和重用过程中需要进行一些处理。

（3）网表形式的 IP：以预综合的形式提供 SoC 组件或 Synopsys GTECH 格式的网表。

（4）物理 IP：也称为硬 IP，是服务商根据生产厂家的设计规则，完全设计好的 GDSII 格式。

（5）加密源代码：RTL 受到加密密钥的保护，被解密以获得 RTL 源。

20.2 选择IP时需要考虑的问题

以下是我们在选择 IP 时考虑的要点：

（1）功能需求和可用 IP 支持的特性。

（2）该 IP 的 IO 和高速接口。

（3）IP 可用的格式。通过 IP 调整提升性能是否可行？

（4）IP 的配置环境。

（5）IP 中可用的调试和测试特性是什么？

（6）IP 供应商提供什么样的文档？

（7）IP 的电气特性是什么？

（8）IP 可以在什么环境下使用？

（9）IP 是否提供不同的时钟和功率域。

（10）IP 的时序特性和 IO 延迟是什么？

考虑到以上这些，我们将尝试选择 IP。

20.3 IP设计中有用的策略

以下是一些在 IP 设计过程中有用的策略。虽然 IP 设计和验证是一个耗时的阶段，但如果设计要求新的功能，那么就必须进行 IP 设计和开发。例如，市场上出现了新的标准，那么设计公司就必须参与 IP 的设计和开发。

1. IP 设计和复用

大多数 SoC 设计团队总是使用第三方提供的功能和时序经过验证的 IP。在设计复杂或者开发周期非常短的 ASIC 时，IP 的复用就显得至关重要了。在设计和原型过程中可以使用硬 IP 或软 IP，IP 的复用有助于快速实现原型设计。

（1）专注于设计额外支持的功能，以实现快速的设计开发。

（2）缩短上市时间。

（3）设计团队能够花更多的时间来实现低功耗和高速设计。

（4）设计团队能够使用多个时钟域和多电源域设计。

（5）解决时间违例是物理设计的挑战，它需要消耗更多的时间。所以如果使用 IP，这个时间就会减显著少。

2. 硬件软件协同设计

硬件软件协同设计也被称为设计分区，设计必须被分割成硬件和软件两部分。划分时需要考虑的重点是，如何将并行执行纳入设计中。现实情况下，由于 SoC 是复杂的，功能可以使用并行方式实现，反过来又可以提高设计性能。复杂的计算和核心的算法部分需要单独进行设计划分。设计分区是定义什么是重要的和决定性的阶段，需要确定哪些部分是软件实现，哪些部分是硬件实现。

例如，考虑需要支持多帧的视频解码器的设计。该视频解码器可以有效地利用硬件实现，甚至可以利用硬件的并行性实现更多的解码器特性。高算力的 DSP（具备 FFT、FIR、IIR 能力）或高速的乘法器均可以使用硬件有效地实现。

让我们考虑一下协议实现的场景，大多数协议，比如以太网、USB 和 AHB，都可以通过硬件软件协同设计有效地实现。这些算法在功能和时序上都得到证明，优势很明显，可以帮助设计团队克服和减少设计中的延迟。对于大多数协议来说，这是必须考虑的问题之一。

硬件软件协同设计的主要挑战是分析数据的吞吐量和功耗需求。例如，在 SoC 设计中，需要在固定时间间隔内传输固定长度数据包。如果设计是通过使用硬件实现的，那么硬件和软件之间的交互应该最小化，最大限度地减少硬件和软件之间的相互作用。该策略可以使用 FIFO 缓冲器和计数器来解决。

3. 接口细节

对于每个 IP 而言，具有功能和时序经过验证的总线接口至关重要。在大多数应用中，都会使用高级高速总线协议。这些协议需要对设计的功能和时序正确性进行验证。IO 接口需要以高速数据传输为目标。SoC 设计中使用的 IO 接口种类繁多，有通用 IO、差分 IO 和高速 IO 等。

4. 复位时钟要求

时钟分配网络的作用是为 SoC 中的各个触发器提供均匀的时钟偏差。时钟策略在整体设计中起着至关重要的作用。采用时钟树综合的方法，选择合适的时钟树结构，可以得到均匀的时钟偏差。使用单时钟结构或多时钟域结构需要在架构级别决定。采用同步复位还是异步复位，同样需要在架构级别进行定义。

5. EDA 工具和许可

为 FPGA 原型设计选择所需的必要 EDA 工具和许可。大多数工业标准工具如下：

（1）仿真器：Questasim 和 VCS。

（2）综合：Synpilfy Pro 和 Synopsys DC。

（3）静态时序分析：Synopsys PT。

6. 开发所需的原型平台

对于 SoC 和 IP 验证，必须使用必要的原型和开发平台。原型平台可以由多块 FPGA 板卡来实现，可以验证 SoC 功能、IP 功能、DSP 功能、存储器和通用处理器功能。FPGA 的原型板需要具备必要的接口以满足 SoC 的调试或测试。

大多数 SoC 都是通过现有 EDA 工具和逻辑分析仪组成的测试装置进行测试的。在 SoC 设计周期开始阶段，架构师按功能要求和速度要求进行分析，并对设计总门数进行估计，从而设计出原型平台。在这里，需要重点考虑的是上市时间、预算分配和设计时间。如果 DSP 功能在 FPGA 中可用，那么选择它实现 FPGA 上的 DSP 功能是明智的。

7. 制定测试计划

对于复杂的 SoC 设计，需要开发所需的测试向量。可以使用顶层设计规范提取特征操作，所需的测试用例可以在测试计划文档中进行记录。开发的测试向量会对验证的质量产生重大影响，特别是测试覆盖率。测试用例可以被记录为基本的、边角的、随机测试用例。随机验证与所需的覆盖目标可以通过使用必要的测试用例来实现。

8. 开发验证环境

可以使用 Verilog 等验证语言和 System Verilog 或 System C 等高级验证语言，尽早发现 bug 并实现测试覆盖率的目标。制定验证计划，通过捕获早期设计周期中的 bug，提高整体设计质量，对于大容量 SoC 设计来说至关重要。总体目标是在更短的时间内实现所需的设计功能。需要构建验证环境来实现覆盖率测试目标。验证架构包含有必要的总线功能模型和驱动程序、监视器和记分牌，以便对设计规范进行鲁棒性检查。验证环境的总体验证计划和创建是有目标的、自动化的，以尽量减少完成功能验证所需的时间。

20.4 基于多个FPGA的原型设计

考虑一个包含通用计算处理器、DDR3 存储控制器和视频编解码器 IP 的

SoC 设计，如果设计需要 20 万个逻辑门，那么该设计就无法在 Artix-7 的单个 FPGA 上实现。在这种情况下，我们需要使用多个 FPGA，重新进行设计分区。对于大多数 SoC 设计，我们需要使用多 FPGA 架构的原型。FPGA 可以用环形或星形型拓扑结构连接。图 20.1 描述了如何连接多个 FPGA。

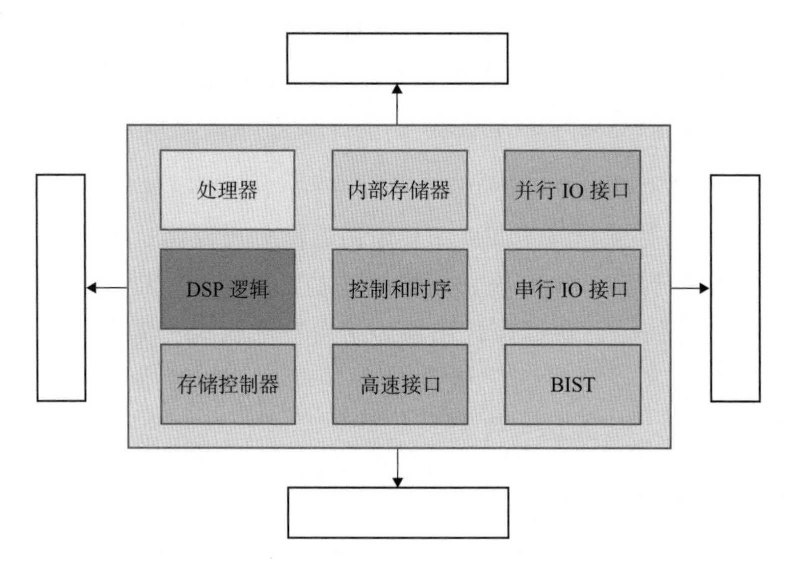

图 20.1 多个 FPGA 实现 SoC 的原型设计

以下是一些在原型开发过程中使用多个 FPGA 的重要建议：

（1）对设计有更好的理解：理解设计中的模拟和数字部分的功能，尝试将设计划分成模拟域和数字域。使用分区工具可以获得更好的结果。自动分区工具可以用来实现跨越时序边界的分区设计。

（2）模拟功能和附加接口：FPGA 可以实现数字化设计，但实际设计中既有模拟模块又有数字模块，因此，尝试选择额外的子板来连接 ADC 和 DAC。

（3）有效利用资源：在制定策略时，让 EDA 工具最大限度地使用 70% 的 FPGA 资源。这将允许原型设计团队在测试过程中添加 BIST 和调试逻辑。

（4）IO 和引脚复用的要求：IO 的速度在原型设计中是一个重要的影响因素，有必要为多个 FPGA 系统部署额外的多路复用策略。

（5）时钟策略：根据星形、环形拓扑结构的要求，必须考虑多 FPGA 系统的时钟策略。时钟偏差和其他板卡带来的延迟也需要在调试和测试阶段考虑。

（6）IO 接口：在 SoC 架构级别，应就原型功能需求做出决定。使用单个或多个 FPGA 设计原型时，应充分考虑 IO 速度、IO 电压、带宽、时钟和复位网络、外部接口等实际情况。

（7）FPGA 连接性：原型设计团队需要考虑环形、星形或混合型连接作为多个 FPGA 系统的连接。以下是几个亮点：

① FPGA 之间的环形连接。采用这种类型时，多个 FPGA 连接形成环。这种类型的连接增加了总体路径延迟。当信号通过 FPGA 时，等效原型逻辑可以类似于优先级逻辑。与其他类型的连接相比，这种类型的连接速度较慢。如果我们试着将环形连接可视化，那么在高层次上，我们可以考虑使用这种类型的 FPGA 间连接的引脚连接。这种连接方式会浪费掉 IO，并且给电路板带来额外的开销，这种情况下，需要把未连接的 IO 设置成高阻抗状态。

② FPGA 之间的星形连接。与环形连接相比，由于直接连接到另一个 FPGA，这种类型的 FPGA 间连接速度更快。为了获得更好的原型性能，使用 FPGA 之间的高速互连和配置，未使用的引脚将设置为高阻抗状态。

③ FPGA 之间的混合型连接。在电路板设计和布局时，我们可以混合使用环形连接和星形连接。这种类型的连接具有适中的性能。市场上供应商提供的电路板通常具有固定连接，大多数的情况下不适合原型设计，因为它们不符合设计规格和要求。在这种情况下，根据设计的复杂性，最好是选择接口连接性适配的电路板以获得更好的原型性能。

20.5　H.264编码器IP设计与开发

下面我们尝试进行 H.264 编码器的 IP 设计。H.264 编码器的架构如图 20.2 所示。

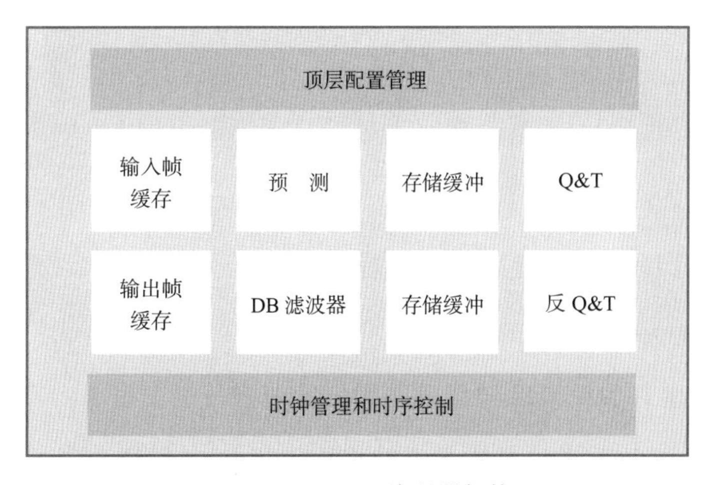

图 20.2　H.264 编码器架构

在 H.264 编码器的微架构设计中，我们需要考虑以下几点。

20.5.1 特性与微架构设计策略

（1）支持的视频格式：编码器支持标清、高清等多种视频格式。

（2）最大帧尺寸：以 1920 × 1080 预测帧为例，最大帧尺寸是多少？

（3）时序要求：每秒能处理的帧数和整体时钟的要求。

（4）视频数据的处理：软硬件协同设计、配置管理。

（5）设计分区：为了更好地理解，我们需要制定如下的手动分区策略。

① 功能级。

② 接口级。

③ 跨多个时钟域级。

④ 跨多个电源域级。

（6）功能理解和接口：为了获得更好的设计结果，需要理解：

① 模块级预测（帧内、帧间）、量化、变换、反量化、反变换和去块效应滤波器。

② 绘制每个功能块的微架构。

③ 以文档形式记录每个功能块的接口。

（7）外部接口：拥有外部高速通信接口。

（8）存储器需求：有更好的策略来满足数据存储需求并对缓冲机构进行规划。

（9）所需的 EDA 工具：拥有满足项目预算需求的 EDA 工具和调试测试工具。

20.5.2 RTL设计与验证中的策略

1. RTL 设计

我们可以在 H.264 编码器的 RTL 设计阶段进行以下思考：

（1）使用模块化方法并为每个功能块编写 RTL 代码。尝试在不同的逻辑层次之间消除组合逻辑，从而获得更佳的优化效果。

（2）在 RTL 设计期间为 H.264 编码器的每个模块提供 DFT 测试策略。

（3）根据时钟域的分区和组合，定制设计的层次化结构。为每个时钟域编写单独的 RTL 代码，并在不同的时钟域之间分别对数据路径和控制路径部署同步器。

（4）如果设计对功耗敏感，请在 RTL 设计中使用低功耗的设计技术。

（5）顶层设计和集成应使用有意义的命名约定，并且应该在时序边界处设置接口，以获得更佳的时序性能。每个 RTL 设计团队成员都应该注意这一点。

2. RTL 验证

我们可以在 H.264 编码器的 RTL 验证阶段进行以下思考：

（1）是否制定了模块级和顶层的验证计划。

（2）具有模块级和顶层自动测试平台，有更好的覆盖率目标。

（3）尝试为模块级功能和顶层功能提供测试用例和测试向量。

（4）是否有顶层验证策略来发现 RTL 设计中存在的问题并告知 RTL 团队。

20.5.3 综合和DFT的策略

在 H.264 编码器的逻辑综合过程中使用以下策略：

（1）使用自底向上编译策略。

（2）对每个功能块采用单独的模块约束进行综合。

（3）使用顶层约束执行顶层综合。

（4）使用 11 ~ 13 章中讨论的各种技术提高面积和速度性能指标。

（5）使用全扫描或部分扫描策略检测设计中的故障：

① 使用 DFT 技术查找固定故障和提供故障覆盖率。

② 找出 DFT 测试违例并向设计团队报告。

20.5.4 预布局STA策略

在预布局 STA 中使用以下策略：

（1）使用 STA 工具有目标地报告设计中的所有违规行为。

（2）使用第 15 章中指定的技术修复设计中的建立时间违例。

（3）使用各种性能改进技术来达到时序目标。

20.5.5 物理设计中的策略

在物理设计中使用以下策略：

（1）通过布局工具在前端和后端工具之间交换信息。

（2）以优化设计为目标进行布局和布线，以获得干净的时序。

（3）修复所有的建立时间违例和保持时间违例。

（4）使用 LVS 和 DRC 检查来报告物理设计违规，并制定相应的策略修复这些物理设计违例。

20.6 ULSI和ASIC设计

现代设计需要大量的智能芯片。ASIC 广泛应用于航空航天、通信、视频等领域，这些 ASIC 不仅需要具备自测试的能力，而且应具有基于人工智能的能力。

随着技术的进步和需求的萎缩，ASIC 的制造工艺也在不断演变。如果我们仔细观察的话，不难发现日益增长的消费市场对使用人工智能和基于机器学习能力的芯片的需求。

我们将数十亿逻辑门组成的电路称之为超大规模集成电路。此类 ASIC 由代工厂制造，拥有更佳的可靠性、耐用性。技术的进步在过去的十年里使工艺节点缩小到 10nm 以下，这给我们芯片的整体设计、制造流程都带来了巨大的挑战：

（1）低电压等级。

（2）噪声的影响。

（3）互连线延迟。

（4）代工厂根据工艺特性制定的规则。

所以为了适应生产工艺和 ULSI 的发展，设计和制造工艺都有了革命性的进步。ULSI 通常有几十亿个逻辑门，并在较低的电压水平下工作（0.8 ~ 1.5V）。

由于需要较低的内核电压和功耗，ULSI 设计在初始架构最终确定期间需要着重解决时序和性能指标的问题。

对于这类 ASIC 来说，布局布线中的噪声问题是最大的瓶颈之一。对于数十亿逻辑门级别的 ULSI 芯片来说，实际的互连线延迟和对其的优化成为最具挑战性的任务之一。

甚至内部信号的完整性和复杂模块中的多个时钟域之间的数据同步也是设计的主要挑战。干净的版图也是解决这些问题的必要手段。

随着工艺节点的不断缩小，基于 EDA 工具的适应性成为另一个挑战。新产品研发过程中产生的一次性工程费用对于设计、测试甚至 EDA 行业来说都是非常高的。EDA 行业正在通过算法的演变使其能够具备基于 2nm 或 3nm 的设计。这需要在设计中嵌入智能化，许多芯片公司正致力于推广和研究基于人工智能和机器学习的芯片。

20.7 总 结

下面是对本章重要知识点的汇总：

（1）在快速设计复杂 ASIC 时，IP 可以是复用的。

（2）在设计和原型设计过程中使用经过功能和时序验证的 IP。

附　录

附录A

Verilog 对大小写敏感，下面是 Verilog-2005 中一些重要的语法结构。

1. 模块声明

```
module comb_design (
    input wire a_in,b_in,
    output wire y1_out,y2_out,
    output reg [7:0] y3_out
);
  // 并行结构、时序语句和赋值语句
endmodule
```

2. 连续赋值语句

既不是阻塞赋值语句也不是非阻塞赋值语句。

assign y1_out = a_in ^ b_in;// 线网类型是 wire

3. always @*

always @* 是组合逻辑过程块。

```
always @* begin
// 阻塞赋值语句或者顺序执行的结构
end
```

4. always @(posedge clk)

always @(posedge clk) 是时序逻辑过程块，时钟上升沿敏感。

```
always @(posedge clk) begin
// 同步复位
// 非阻塞赋值语句或者时序逻辑结构，数据类型为 reg
end
```

5. always @(posedge clk or negedge reset_n)

always @ (posedge clk or negedge reset_n) 是时序逻辑过程块，时钟上升沿敏感。

```
always @(posedge clk or negedge reset_n) begin
```

```
// 异步复位和赋值语句
// 非阻塞赋值语句和时序逻辑结构，数据类型为 reg
```

6. always @(negedge clk)

always @(negedge clk) 是时序逻辑过程块，时钟下降沿敏感。

```
always @(negedge clk) begin
// 非阻塞赋值语句或者时序逻辑结构，数据类型为 reg
```

7. 过程块中的多个阻塞赋值语句（=）

```
begin
tmp_1 = data_in;
tmp_2 = tmp_1;
tmp_3 = tmp_2;
q_out = tmp_3;
end
```

8. 过程块中的多个非阻塞赋值语句（<=）

```
begin
tmp_1 <= data_in;
tmp_2 <= tmp_1;
tmp_3 <= tmp_2;
q_out <= tmp_3;
end
```

9. always 过程块中的 if-else 结构

```
if（条件）
// 赋值语句或者表达式
else
// 赋值语句或者表达式
end
```

10. always 过程块中的 case-endcase 结构

```
case (sel_in)
// 分支表达式
endcase
```

11. always 过程块中的 casex-endcase 结构

```
casex (sel_in)
// 分支表达式
endcase
```

12. always 过程块中的 casez-endcase 结构

```
casez (sel_in)
// 分支表达式
endcase
```

13. initial 过程块

```
initial begin
// 不可综合的赋值语句
end
```

其他语法结构可以参考 Verilog-2005 语言手册。

附录B

综合过程中重要的 Synopsys DC 命令如下表所示。

DC 命令	约束类型	命令描述
set_max_transition	设计规则约束	定义最大的转换时间
set_max_fanout	设计规则约束	定义最大的扇出数
set_max_capacitance	设计规则约束	定义最大的容性负载
set_min_capacitance	设计规则约束	定义最小的容性负载
set_operating_conditions	优化约束	设置 PVT 环境
set_load	优化约束	在输出端口上设置容性负载
set_clock_uncertainty	优化约束	定义预估的时钟偏差
set_clock_latency	优化约束	定义时钟的延迟
set_clock_transition	优化约束	定义时钟的最大转换时间
set_max_dynamic_power	功耗约束	定义最大的动态功耗
set_max_leakage_power	功耗约束	定义最大的静态功耗
set_max_total_power	功耗约束	定义最大的总功耗
set_dont_touch	优化约束	防止优化某些单元或者模块